高等学校机电工程类系列教材

机电一体化技术

主　编　王文东

副主编　张　鹏　庞　明

参　编　阎　龙

主　审　史仪凯

西安电子科技大学出版社

内容简介

机电一体化技术是电子技术、控制技术向机械工业渗透过程中逐渐形成并发展起来的综合性技术,已成为现代工业发展中不可或缺的专业技术。本书包含机电一体化技术基础知识(绪论)、机电一体化系统模型、伺服驱动技术、传感检测技术、接口技术、计算机控制技术、机电一体化系统设计以及典型机电一体化产品等 8 章内容。本书重点讲解了电类和控制类相关内容,结合人工智能和智能制造的发展要求,还介绍了智能传感器、新型执行元件、创新设计案例等。

本书既可以作为大学本科、研究生相关专业的教材,也可以用于职业院校的专业技能培训,还可作为相关领域的教师和专门技术人才的参考资料。

图书在版编目(CIP)数据

机电一体化技术 / 王文东主编. —西安:西安电子科技大学出版社,2021.9
ISBN 978-7-5606-6205-3

Ⅰ. ①机… Ⅱ. ①王… Ⅲ. ①机电一体化—教材 Ⅳ. ①TH-39

中国版本图书馆 CIP 数据核字(2021)第 191337 号

策划编辑　刘小莉
责任编辑　宁晓蓉
出版发行　西安电子科技大学出版社(西安市太白南路 2 号)
电　　话　(029)88202421　88201467　　　邮　　编　710071
网　　址　www.xduph.com　　　　　　　电子邮箱　xdupfxb001@163.com
经　　销　新华书店
印刷单位　陕西天意印务有限责任公司
版　　次　2021 年 9 月第 1 版　　2021 年 9 月第 1 次印刷
开　　本　787 毫米×1092 毫米　1/16　印　张　16
字　　数　377 千字
印　　数　1~2000 册
定　　价　41.00 元

ISBN 978-7-5606-6205-3 / TH

XDUP 6507001-1

如有印装问题可调换

前　言

　　机电一体化技术通过多学科交叉，从系统的角度分析与解决问题，打破了单一学科的常规分类。机电一体化技术正处于快速发展阶段，在一定程度上代表着机械工业技术发展的方向，被世界各国列入重大发展战略。

　　机电一体化技术将机械技术、微电子技术、信息技术、自动控制技术、传感检测技术、电力电子技术、接口技术及软件技术等加以综合，多个技术相互取长补短、有机结合。

　　随着科学技术水平的不断发展，机电一体化在理论与技术方面都取得了重要进步，机电一体化系统(产品)已融入国民生活和经济发展的方方面面，成为推动社会进步的重要力量。

　　目前，机电一体化技术正向光-机-电一体化、微-机-电一体化方向发展，以期实现系统的多功能、高性能、高可靠性和智能化。

　　在"互联网+"和"智能制造"背景下，各行业对机电一体化系统的要求逐渐趋向于自动化、智能化、精细化、微型化、柔性化和高速化等，对科技人才的需求也逐渐趋于应用型和创新型人才。目前，我国很多高校和高职高专院校在机械工程及相关学科的培养方案中设置了机电一体化课程。另外，企业和科研院所也有相当多的工程技术人员从事机电一体化技术方面的研究与开发工作。为适应新形势的要求，特编写出版了这本教材。

　　本书以机电一体化的共性关键技术为基本框架，围绕各种技术的融合与综合应用组织内容结构，主要设置了绪论、机电一体化系统模型、伺服驱动技术、传感检测技术、接口技术、计算机控制技术、机电一体化系统设计、典型机电一体化产品等8章内容，结合新兴技术的发展介绍了生物电信号传感器、智能传感器、新型执行元件等内容。本书最大的特点是，从机电有机结合的角度，系统地阐述机电一体化技术的基础知识和系统设计方法，基于机械背景，重点突出检测、接口和控制的内容，使读者在掌握基本概念和原理方法的同时，能够综合运用共性关键技术进行机电一体化产品乃至系统的分析、设计与开发。

本书是对所学理论课与专业基础课内容的综合，同时也融合了编者多年的教学经验和科研成果。

本书在西北工业大学"中央高校建设世界一流大学(学科)和特色发展引导专项资金"和"研究教育教学改革专项"的资助下完成。本书由王文东主编并统稿，史仪凯担任主审，张鹏和庞明担任副主编，阎龙为主要参编人员。其中第1章、第7章和第8章由王文东编写，第2章和第6章由张鹏编写，第4章和第5章由庞明编写，第3章由阎龙编写。硕士研究生张俊博、李杰、王鑫参与了本书的图表绘制、资料搜集和文字编排等工作。

机电一体化技术的发展日新月异，由于编者水平有限，书中难免有不妥之处，恳请读者谅解并予以批评指正。

编者

2021 年 4 月

※※ 目 录 ※※

第1章　绪　　论

1.1　机电一体化技术概述

1.1.1　基本概念

　　机电一体化又称为机械电子学(Mechatronics)，是电子技术与机械技术相互渗透过程中形成的新概念。早在 1971 年，日本《机械设计》杂志副刊提出 Mechatronics 一词，随着多个相关学科的快速发展，机电一体化的概念逐渐被人们广泛接受和使用。日本机械振兴协会经济研究所对机电一体化的解释为"在机械的主功能、动力功能、信息功能和控制功能上引入微电子技术，并将机械装置与电子装置用相关软件有机结合而构成的系统"。因此，机电一体化是信息技术、机械技术、计算机技术、电子技术等多个学科有机融合的一种新形式，如图 1.1 所示。

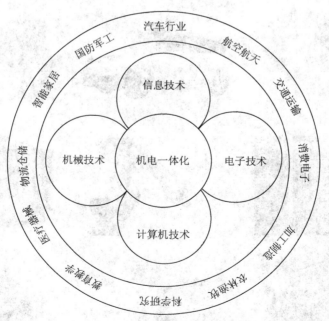

图 1.1　机电一体化的技术领域

　　机电一体化打破了单一学科的限制，通过多学科交叉，从系统的角度分析与解决问题，在一定程度上代表着机械工业技术发展的方向。从概念的延伸看,机电一体化包含机电一体化技术和机电一体化系统(产品)两个方面。机电一体化技术是一门跨学科的综合性技术,是实现机电一体化系统的技术,主要包含机械设计技术、制造技术、电子技术、计算机技术、信息技术、控制技术、接口技术、伺服驱动技术、传感与检测技术等。机电一体化技术有效促进了现代工业的快速发展,在一定程度上代表着一个国家科学技术的发展水平,成为各国重点发展的技术之一。机电一体化系统是融合了机电一体化技术后被赋予新功能、新性能的高科技系统(产品),与单纯的机械系统相比,机电一体化系统的性能得到根本性的提高,更能满足人们对功能的追求。

机电一体化技术是一个发展中的技术,早期的机电一体化技术主要是机械技术与电子技术的结合。计算机、通信、控制为特征的相关技术,也就是所谓的"3C"(Computer、Communication、Control)逐渐渗透到机械技术中,丰富了机电一体化的内容。现代的机电一体化技术,又融入了人工智能、网络、智能制造等新兴的技术。总之,机电一体化技术是多种技术的有机融合,而不是简单的叠加。

1.1.2 机电一体化的应用领域

随着科学技术水平的不断发展,机电一体化思想在理论与技术方面都实现了高速发展,机电一体化系统已融入我国社会生活和经济发展的方方面面,与日常生活和工作的联系越来越密切,在许多领域中都能找到机电一体化系统的应用案例,如工业生产、交通运输、仓储物流、休闲娱乐、智能家居、科学研究、医疗器械、国防航天等。图 1.2 为典型的机电一体化系统。表 1.1 为典型机电一体化系统在各领域的应用案例。

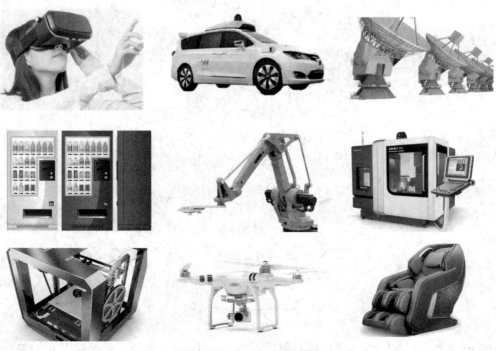

图 1.2 典型机电一体化系统

表 1.1 典型机电一体化系统的应用

应用领域	典型产品
工业生产	工业机器人、计算机数控(CNC)机床、3D 打印机、计算机集成制造系统(CIMS)、柔性制造系统(FMS)、模块化生产加工系统(MPS)等
交通运输	无人驾驶汽车、防抱死刹车系统(ABS)、安全气囊、自动引导运输车(AGV)、数控包装机等
仓储物流	自动化立体仓库、仓储机器人、自动售货机、物流机器人等
休闲娱乐	无人机、电子游戏机、足球机器人、VR 设备、智能跑步机等
智能家居	扫地机器人、洗衣机、电饭煲、电脑、电视、空调等
科学研究	3D 打印机、三坐标测量仪、工控机、示波器、电子天平、万用表等
医疗器械	CT 扫描仪、激光治疗仪、糖尿病治疗仪、电动按摩椅、血糖仪等
国防航天	雷达、火箭、飞机、制导导弹、卫星等

表 1.2 为依据《中国制造 2025》第一个十年行动纲领要求整理出的典型机电一体化系统优先发展领域与优先发展原因。机电一体化技术的发展不仅受内部技术水平的影响,同时还受到技术发展的需求程度与所能带来的对社会发展的有益效果等外部条件的影响。应根据我国实际情况,因地制宜地按层次、有重点、有步骤地发展符合表中所述条件的相关领域。

表 1.2 机电一体化系统优先发展领域与优先发展原因

优先发展原因		计算机数控机床	智能仪器仪表	工业机器人	家用电器	节能与新能源汽车	智能机器人	航空航天装备	海洋工程装备及高技术船舶	先进轨道交通装备	智能电网成套装备	农业机械装备	高端诊疗设备	增材制造技术	机电一体化办公设备
短期或中期急需		√	√	√	√	√	√			√	√	√		√	
能产生良好的经济效益	提升技术及产品质量	√	√	√	√	√	√			√	√	√		√	√
	减少原材料消耗	√										√		√	
	有利于外贸	√	√	√	√	√	√			√	√	√		√	
	提升相关产品质量	√	√	√			√			√					
	提高管理效率	√													
	节约能源					√					√				
具备前期发展必需的技术基础		√	√	√	√	√	√			√	√	√		√	
能产生良好的社会效益	促进产品国有化	√	√	√	√	√	√	√		√	√	√	√	√	√
	提高国际影响力							√	√	√	√				

1.2 机电一体化系统的基本组成与共性关键技术

1.2.1 机电一体化系统的基本组成

工业三大要素包括物质、能量和信息。一个完整的机电一体化系统需要完成物质流、能量流、信息流在时间和空间上的相互交换及传递。其中，物质是机电一体化系统所操作的对象(如原料)，能量为系统在处理物质过程中提供动力(如电能)，信息主要用于控制系统利用能量对物质进行处理。针对不同的机电一体化系统，我们可以将其基本组成概括为以下六大要素：机械本体、动力及驱动、传感检测单元、执行机构、控制与信息处理单元和接口单元。机电一体化系统的基本架构及各组成要素间相互关系如图 1.3 所示。

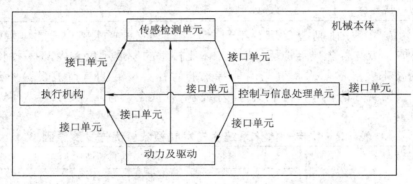

图 1.3 机电一体化系统各构成要素之间的相互关系

1. 机械本体

机械本体是机电一体化系统的基础，起着支撑系统中其他功能要素的作用，一般包括机架、机械连接、机械传动装置等。机械本体的主要功能是按照系统需要，将系统中其他部分按照设定的时间和空间关系安装在某一位置上，并保持特定的相互关系。与传统的纯机械装置相比，机电一体化系统的性能和功能得到进一步增强，这就要求机械本体在结构形式、材料、加工工艺以及几何尺寸等方面必须具备高精度、小巧、轻量、美观、高可靠性等特点。

2. 动力及驱动

动力及驱动是机电一体化系统的能量供应环节，其作用是向系统提供能量和动力，保证系统正常运行。常见动力及驱动包括电能、气能、液压能等。其功能是按照机电一体化系统的控制要求，为系统提供能量和动力，从而保证系统的平稳运转。机电一体化系统除了要求动力及驱动具有较高的效率外，还要求其具有良好的可靠性，满足系统的动力需求，用尽可能小的动力输入来获得尽可能大的输出功率。

3. 执行机构

执行机构是机电一体化系统的运动部件，其作用是根据控制与信息处理单元指令，将输入的各种形式的能量转换成机械能，驱动机械本体工作。通常采用电气驱动、液压驱动、气压驱动等驱动方式，常见执行机构包括电动机、液压缸、液压马达、气缸、气动马达等。机电一体化系统一方面要求执行机构效率高、响应速度快、维修方便，另一方面要求执行机构对水、油、温度、尘埃等外部环境具有良好的适应性及高可靠性，尽可能实现产品的标准化、组件化和系列化。随着伺服驱动技术的快速发展，高性能步进电机、直流和交流伺服驱动电机目前已广泛应用于机电一体化系统中。

4. 传感检测单元

传感检测单元是实现机电一体化系统自动控制的关键环节，其作用是监测运行过程中机电一体化系统内部状态和外界环境各种参量的变化，然后将信息转化为可识别信号传递给控制与信息处理单元，并由控制与信息处理单元进行信息处理，向执行机构发出相应控制指令。传感检测单元包括各种传感器及其信号检测电路，机电一体化系统要求传感检测单元具有高精度、高灵敏度、强抗干扰能力，并且体积小、响应快速、便于安装和维护，还需要具备高稳定性、高信噪比、价格低廉等特性。

5. 控制与信息处理单元

控制与信息处理单元是机电一体化系统的核心部分，其作用是对来自各传感器的检测信号和外部输入命令进行分析、处理、存储和决策，根据信息处理结果，按照一定的规则发送相应控制指令，通过输出接口送往执行元件，控制整个系统有目的地运行。控制与信息处理单元由软件和硬件两部分组成，其中系统软件为根据系统正常工作的要求编写的相关程序，固化在计算机存储器内。系统硬件一般包括计算机、可编程逻辑控制器(PLC)、单片机、数控装置以及逻辑电路等。机电一体化系统要求控制与信息处理单元具有较快的信息处理速度、高可靠性、较强的抗干扰能力、完善的系统自诊断功能，实现信息处理智能化、轻量化、标准化等。

6. 接口单元

接口单元是机电一体化系统的重要组成部分，其作用是将机电一体化系统各部分连接成一个有机的整体，使其相互协调完成设定任务。接口单元包括机械接口、电气接口、人机接口等。其功能包括：信息交互，交换不同模式的信息(如数字量与模拟量)；信号放大，对强度较低的信号进行放大处理，使其满足设备功率要求；信号传递，对经过信息交互和放大后的信号进行高速可靠传递，避免信号失真。机电一体化系统要求接口单元具有高稳定性、高传输速度、强抗干扰能力等特点，并采用标准化通信协议。

机电一体化系统的六个基本组成要素之间并非简单拼凑、叠加在一起，而是在系统工作的过程中互相补充、互相协调，及时交换信息，共同完成所规定的任务。在机械本体所提供的框架上，由传感器检测系统内部运行状态及外界环境变化，将信息反馈给控制与信息处理单元，控制与信息处理单元对接收到的信息进行处理，并按要求控制动力及驱动，这些组成要素之间通过接口单元联系在一起。各组成要素之间通过各种接口及相关软件实现有机结合，完成信息处理、能量转换及运动传递，整体构成一个内部配置合理、外部效能最佳的完整的机电一体化系统。

1.2.2　机电一体化系统的共性关键技术

作为设计开发者，要想获得性能优良的机电一体化系统，必须解决其设计开发所面临的共性关键技术，主要包括伺服驱动技术、传感检测技术、接口技术、计算机控制技术、精密机械技术、人机交互技术等。

1. 伺服驱动技术

伺服驱动技术的研究对象主要是执行元件(如电动、气动、液动等)及驱动装置。机电一体化系统中多采用电动式执行元件，其驱动装置主要是各种电动机的驱动电源电路，目前大多采用电力电子器件或集成化功能电路元件构成。执行元件一方面接收控制指令，另一方面与机械传动机构连接实现规定的动作。液压与气压执行元件在性能、可靠性、轻量化、小型化等方面存在许多问题有待解决，在某些场合无法满足驱动要求。但在某些电机不适宜使用的场合，比如磁共振成像环境中，传统电机对成像质量有明显影响，液压与气压驱动具有一定的优势。因此，伺服驱动技术对机电一体化系统的动态性能、稳态精度、控制质量有重要影响，需要进一步研究以提高精度、可靠性和快速响应等。

2. 传感检测技术

传感检测的对象有温度、湿度、角度、压力、电压、电流、光照、流量、位移、速度、力、力矩等物理量，以及化学和生理的指标等，其检测精度直接影响机电一体化系统的性能，一般要求传感器具有高精度、高可靠性和高灵敏度等特点。传感检测器件集机、电、光、声、信息等技术于一体，从其传感机理、结构设计、制造工艺到信息处理都有需要研究和解决的问题，比如提高材料和元器件的灵敏度、改进传感检测结构、提高抗干扰能力、实现自诊断和自动补偿等。

3. 接口技术

机电一体化系统由多个子系统(构成要素)组成，各子系统之间的接口性能将影响整体系统的性能。因此，接口技术是机电一体化系统设计中最重要的技术之一。接口主要包含机械接口、电气接口和人机接口。机械接口主要完成机械与机械部分、机械与电气部分的连接；电气接口主要实现电信号的传输；人机接口主要提供人与系统之间的物理与信息的交互。

4. 计算机控制技术

计算机因其优越的特性在工业、农业、生活、国防等领域有广泛应用，比如工业机器人、数控机床、导弹发射系统、无人驾驶车辆等。计算机控制技术包含计算机技术与自动控制技术，两者结合得越来越紧密，随着微型计算机的发展，计算机控制技术已成为机电一体化的关键技术。计算机强大的信息处理能力使得控制技术达到一个新的水平，对控制系统的性能、结构和控制理论形成了重要影响。计算机控制系统接收传感器的检测信息与控制指令，经分析、转换和处理发出控制指令，控制系统的运行。被控对象的种类较多，所以控制技术的内容较为丰富，其难点在于如何将相应的控制方法应用于工程实践，并解决相应的控制问题。随着人工智能、大数据、5G等技术的发展，研究人员有了更多实现智能控制的方法和途径，计算机控制技术得以应用于更复杂的被控对象或场景。目前，计算机控制技术正朝着集成化、网络化、智能化方向发展。

5. 精密机械技术

精密机械技术是机电一体化系统实现相应功能的基础，采用现代设计方法不断优化，结合其他相关技术，实现结构、材料、性能和功能的匹配，满足轻量化、小型化、便携性、经济性和功能性等多方面要求。机械结构有刚性结构和柔性结构，随着应用要求的提高，以及相关技术的发展，刚柔耦合系统逐渐成为研究热点。为使机电一体化系统安全可靠地工作，机械结构必须具备良好的静态和动态特性，开展相应的静态和动态特性分析。针对不同的性能要求与使用环境，既要考虑静强度、静刚度，又要考虑动强度、动刚度，以及机械结构的寿命、磨损、噪声等内容分析。

6. 人机交互技术

人机交互最早是指人-计算机交互(Human-Computer Interaction)，通过计算机输入、输出设备，以有效的方式实现人与计算机对话的技术。随着机电一体化相关技术的发展，又出现了人-机器交互(Human-Machine Interaction)和人-机器人交互(Human-Robot Interaction)。人机交互技术与认知学、人因工程学、心理学等学科领域有密切的联系，尤其是可穿戴设备的出现，语音和生物电信号(脑电信号、肌电信号、眼电信号、心电信号等)被大量使用，不仅丰富了人机交互方式，还有助于促进人机协同控制理论和技术的发展。

1.3 机电一体化技术的特征与发展趋势

1.3.1 机电一体化技术的主要特征

机电一体化技术通过将各领域技术有机结合，进而实现优异的产品性能，形成某一技术无法单独达到的优势。机电一体化技术具有系统的综合性和高可靠性、控制的智能化、结构的紧凑化和轻量化、刚柔耦合、运行的高速度和高精度的主要特征。

1. 系统的综合性和高可靠性

机电一体化技术是将机械技术、电子技术、信息技术等技术交叉融合在一起的一门交叉学科，其与机械装置外部装配电子装置的根本区别在于，机电一体化技术强调各领域技术的集成，相互取长补短进而形成一个完整的系统，达到"1+1>2"的效果，并不是各种技术简单拼凑、组合。这使得机电一体化技术具有高可靠性的特点，具体表现在故障率低、寿命长和安全性高等方面。

(1) 故障率低。机电一体化系统中，因自动化装置比例大大提升，相比传统装置运行稳定性得到有效改善，故障率得到进一步降低。

(2) 寿命长。机电一体化系统通过将微电子技术融入传统机械装置，可以实时监测系统寿命，并以新型高可靠性装置替代易出现故障的传统机械装置，大大减少机械磨损情况的发生，提升了系统整体寿命。

(3) 安全性高。机电一体化系统在出现过流、过压、过载等危险状况时，会及时发出警报并采取停机等保护措施，避免人员伤亡与设备的损坏。此外，机电一体化系统往往具备程序的互锁功能，避免人员的误操作，提高设备的可靠性。对于一些特殊环境下作业的机电一体化系统，可以实现在恶劣和危险的环境中远程遥控的无人作业。

2. 控制的智能化

机电一体化系统通过微机对系统其他部件进行控制，进而实现预定的动作与功能。通过设计相应算法，机电一体化系统可具备自动处理信息、自主运动、自动检测、自动控制与调节、自我诊断与保护等功能。此外，某些机电一体化系统根据需要还具有深度学习、自动校正等功能，可根据外部环境的变化及任务需求及时自适应、自动调节、自主预测，实现高效率平稳工作。因此，相比于其他传统产品，机电一体化系统具有智能化控制的特点，能够有效降低人工劳动强度，提升工作效率。

3. 结构的紧凑化和轻量化

机电一体化系统从整体出发，充分利用新技术、新方法及其相互交叉融合的优势来设计产品结构，因此机电一体化系统具有高附加值、高性能、低损耗、低污染、省材料、省能源等特点。机电一体化系统通过从机械、电子、软件、硬件等方面整体把握并合理布局，在机械与电子相互结合的实践中，对结构不断优化设计，使得机电一体化系统在达到结构紧凑化和轻量化的同时，又不降低机械的静刚度与动刚度。例如，工业机器人相比于传统人力劳动，不仅可以长时间持续性进行高强度作业，还提高了产品生产效率和作业安全性。

4. 刚柔耦合(刚性、柔性并存)

机电一体化系统具有刚性、柔性并存的特点，包含以下两个方面：① 系统对不断变化的用户需求具有可调整性和自适应性，可在不改变或仅改变部分结构的前提下，通过修改程序来改变系统工作方式，进而改变生产流程来适应用户需求；② 系统运行过程中对外界条件变化具有强抗干扰能力和适应能力，可通过修改控制模型和算法，提高系统的控制性能。因此在实际生产中，机电一体化技术是解决小批量多品种生产加工的重要途径之一，同一套机电一体化设备往往能够满足多种生产需求，例如，3D打印设备、数控机床、智能机器人等。

5. 运行的高速度和高精度

机电一体化系统通过结合电子技术、精密机械技术等先进技术，并采用高精度导轨及齿轮、精密滚珠丝杠和高性能主轴轴承等精密硬件，以保证系统整体精度，提高机构运行速度，使其具备高速度、高精度的特点。机电一体化系统广泛应用于精密产品的生产加工过程中，通过预先设计相关算法对加工制造过程中可能会出现的误差进行预测并及时补偿，使机构在高速运转的同时也保证了高精度。

1.3.2 机电一体化技术的发展趋势

1. 智能化

21世纪，随着人工智能的发展，机电一体化技术的智能化程度越来越高。智能化是在控制理论的基础上，结合人工智能、计算机科学、运筹学、心理学、应用数学等思想和新方法，使机器具有分析推理、逻辑思维和自主决策的能力，更好地满足人类需求。现阶段已经出现多种智能化机电一体化系统，比如无人驾驶汽车、自主导航移动机器人、情感陪护机器人等，这些机电一体化系统智能化程度越来越高，甚至可以模仿人的动作、声音和表情，但是尚且不具备人的思维。因此，未来具有类人思维的机电一体化系统将是智能化发展的重要方向。智能化发展离不开智能材料和智能控制方法。智能材料是材料科学发展的一个重要方向，其研究内容和成果在农业、工业、生活、国防和经济方面发挥重要作用，有重要应用前景和价值。智能控制方法是人工智能、大数据、互联网、控制科学和计算机等学科交叉的结果，其发展又反过来推进相关学科的进步。

2. 微型化

自 20 世纪 80 年代起，机电一体化系统朝着小型化甚至微型化方向发展，逐渐形成微机电系统(Micro Electro Mechanic System，MEMS)，具有轻巧便携、低功耗、运动灵活等特点，比如仿蜻蜓机器人，甚至可以在体内移动的毫米(微米)级机器人等。MEMS是在微电子技术基础上发展起来的，融合了集成电路、微加工、精密机械等相关技术，集微传感器、微执行机构、微机械、微电路等于一体，在医疗、军事和信息等领域有重要应用前景。现阶段的发展难点在于微机械并不是简单地将尺寸缩小，因结构的微型化，微机械在材料、结构设计、加工工艺、驱动、定位、测试等方面的难题有待解决。

3. 模块化

模块化是指解决一个复杂问题时自顶向下逐层把系统划分成若干模块的过程，有多种属性，分别反映其内部特性。在系统的结构中，模块是可组合、分解和更换的单元，将复杂系统分解成为多个可管理模块。模块化可以减少产品的开发和生产成本，提高机电一体化系统各个模块的通用程度，有助于降低其设计开发周期、维修难度、装配难度等。为提高模块化产品设计的通用性，需要研究和制定不同接口的标准，以便各部件和接口的匹配。因为利益冲突，在短期内很难制定国际或国内标准，所以可以由大型企业逐渐制定相应的行业规范。无论是在机电一体化系统企业，还是在机电一体化单元企业，模块化都将具有广阔的发展空间。

4. 绿色化

绿色化是机电一体化技术的可持续发展模式，尤其是在环境资源保护成为人类共识的背景下，从设计、制造、运输、包装、使用、报废等整个生命周期中，不仅要满足人类健康的要求，还要满足生态环境保护要求，高性能、可拆卸、可维护、低能耗、可回收、无(低)污染等是机电一体化系统绿色化设计的重要特征。要充分考虑对资源和环境的影响，在充分考虑产品的功能、质量、开发周期和成本的同时，更要优化各种相关因素，使产品及其制造过程中对环境的总体负影响减到最小，使产品的各项指标符合绿色环保的要求。绿色化的基本思想是：在设计阶段就将环境因素和预防污染的措施纳入产品设计之中，将环境性能作为产品的设计目标和出发点，力求使产品对环境的影响最小。绿色设计旨在保护自然资源、防止工业污染破坏生态平衡，虽然仍处于萌芽阶段，但已成为一种重要的发展趋势。

5. 网络化

随着网络技术的发展和广泛应用，科学技术、工业生产、教育、军事、政治以及日常生活都发生了巨大变革。网络化是指利用通信技术和计算机技术，把分布在不同地点的计算机及各类电子终端设备连接起来，按照一定的网络协议相互通信，以达到所有用户都可以共享软件、硬件和数据资源的目的。近几年计算机联网形成了巨大的浪潮，它使计算机的实际效用大大提高。现场总线、嵌入式、无线通信、工业控制网络互联等融入控制系统中，使机电一体化系统在体系结构、控制方法以及人机协作方法等方面有了新的变化，不仅可以保证控制系统原有的稳定性、可靠性、实时性、精准性等要求，还可以增强系统的开放性和互操作性，提高系统对环境的适应性，比如远程控制发射装置。网络技术与控制技术结合可以提升机电一体化系统的控制水平，同时也产生远程监控、遥控操作、远程诊断、分布式控制等方面的问题。

6. 人性化

机电一体化系统的最终使用对象是人，其技术的发展更加注重与人之间的关系，要求实现人-机-环境的共融，其设计开发要求考虑人的情感、安全、舒适等要求，即要求机电一体化系统的设计更加人性化。人性化设计是设计理念的提升，一方面是指以人为本，在原有设计基本功能和性能的基础上，根据人的行为习惯、生理结构、心理情况、思维方式等对产品进行优化，在设计中对人的心理、生理和精神需求的尊重和满足，属于人文关怀，比如服务机器人的人性化设计。另一方面是指人机一体化，即要求设计过程中充分考虑人机协同操作、功能互补、操作安全、人机和谐等。人性化设计是人机协作机电一体化系统发展的重要因素，比如人机协作机器人，有助于实现人机共融的最终目标。

1.4 机电一体化系统的分类和设计

1.4.1 机电一体化系统的分类

机电一体化技术的应用最终归结为机电一体化系统(产品)，其种类繁多，按照机械和电子的功能和所占比例，分为以机械装置为主体的机械电子产品和以电子装置为主体的电子产品；按照机电结，又可分为功能附加型(体脂秤、防抱死制动系统)、功能替代型(扫地机器人、加湿器)和机电融合型(外骨骼机器人、数控机床)等。

1.4.2 机电一体化系统的设计

1. 机电一体化系统的设计类型

机电一体化系统种类繁杂，应用场景广泛，涉及多学科技术领域，其设计类型大致可分为以下三种。

(1) 开发性设计。开发性设计是在无已有参考系统和具体设计方案的情况下，根据目标功能要求，利用机电一体化系统设计，综合运用机械技术、电子技术、控制技术等各项技术，进行原创性创新设计。该过程是从无到有的全新设计过程。开发性设计要求设计者具备扎实的基础理论知识、敏锐的市场洞察力和积极活跃的创新创造性思维。

(2) 适应性设计。适应性设计是在不改变原有机电一体化系统的原理的情况下，仅针对目标功能需求，对其局部结构和功能进行改进，以增加系统某些方面的功能，使其满足设计目标的需求，如提高产品性能和质量、降低成本或提高自动化程度等。适应性设计要求设计者对原有产品技术原理及结构熟练掌握，了解产品市场需求方向，掌握产品所需开发的前沿技术方向。

(3) 变异性设计。变异性设计是在原有机电一体化系统设计方案和功能结构不变的前提下，仅调整现有产品的规格尺寸，或通过改变系统部分部件型号(如电机等)来对系统功率、速度、力等参数进行系列化设计，使其满足目标市场需求。变异性设计相比其他两种设计较为容易，但需要注意防止因参数变化而产生的对产品性能、可靠性等方面的影响。

2. 机电一体化系统的设计方法

机电一体化系统设计所考虑的方法通常分为取代法、结合法和组合法。通过合理运用各项技术，结合各领域优势，设计出最佳的机电一体化系统。

(1) 取代法。取代法是开发新机电一体化系统和改造原有产品常用的方法。该方法利用电子部件和自动控制系统取代原有传统机械系统(产品)中的机械部件和机械控制机构，来获得更好的效果。例如通过利用可编程逻辑控制器(PLC)或现场可编程逻辑门阵列(FPGA)等来取代蜗轮蜗杆、棘轮、凸轮机构、离合器等机械机构，弥补机械技术的不足，不仅大大简化了产品中机械结构的复杂程度，还可提高产品的可靠性与效率。

(2) 结合法。结合法主要应用于全新产品的开发。从整体角度考虑，将各项技术有机结合起来，构成一个系统中的子系统，其组成要素之间的结合度比较高。例如打印机中的激光扫描镜，将运动机构与执行元件相结合，电动机的转子轴就是扫描镜的转轴。随着精密机械技术的发展，在集成电路和微机不断普及的今天，通过运用结合法，将运动机构、执行元件、传感检测单元、控制与信息处理单元等要素通过接口有机结合起来，形成新的机电一体化系统将变得完全有可能。

(3) 组合法。组合法将结合法制成的子系统或各种标准功能模块，像积木那样组合在一起形成机电一体化系统，因此称为组合法。例如替换工业机器人末端执行器的种类和检测传感元件，并设计相应接口使其组合到一起，从而组合成不同结构和用途的工业机器人。该方法可以有效缩短设计与研制周期，节省设备开发费用，且有利于模块化生产、管理使用和维修。在针对新产品的机电一体化改造中常常应用这种方法。

习题与思考题

1. 什么是机电一体化技术？
2. 机电一体化的共性关键技术有哪些？
3. 机电一体化技术的特征有哪些？
4. 结合某机电一体化系统，分析其组成及功能。
5. 机电一体化技术的发展趋势是什么？
6. 机电一体化系统有哪些类别？
7. 机电一体化系统的设计类型及设计方法有哪些？

第2章 机电一体化系统模型

　　机电一体化系统不同于传统机械系统，它是在传统机械系统的基础上融合了机、电、信息、计算机等技术的一种综合性系统，其复杂性和综合性远比传统机械系统高得多。机电一体化系统的设计魅力在于如何将相关技术有机整合，形成对内合理匹配，对外性能最优的系统。图2.1为基于ROS(Robot Operating System，机器人操作系统)平台开发的移动智能机器人，由多个机电结合的机械功能结构、多个电子控制单元和各类传感器集成，是机电一体化系统设计的典型范例。本章通过对典型系统进行建模讨论，从数学模型角度描述系统行为，阐述并总结机电一体化系统设计所需的理论方法、技术和实践过程。

图2.1 基于ROS的移动智能机器人

2.1 机电一体化系统数学模型

　　微控制器控制电动机转动的时候，电动机的转速和时间的关系是什么？液压系统水箱内的水位与时间的关系如何？数控机床如何控制刀具完成产品的制作？为了解释并理解这些系统的行为，可以通过模拟建模方法构建数学模型来描述其关系。数学模型是一个真实系统在某些方面的简化表达，通过数学方程式表示系统输入和输出之间的关系，然后用其对指定条件下的系统行为进行预测、评估。为了得到某一个系统的数学模型，建模过程中需要进行一些假设和简化，通过某一个或多个物理定律，在模型简化和真实行为的表达需求之间做出平衡。例如，若假定弹簧伸长量 x 和输出力 F 成正比例关系，可获得数学模型为 $F=kx$。但在伸长量与力不成正比例关系时，这个数学模型不能精确预测一个弹簧的真实行为，就不能通过简单的模型进行预测分析。数学模型将机电系统中各个变量的变化关系用数学的方法和形式进行描述。由于系统相似性原理，不同类型的系统可以拥有相同形式的数学模型，因此，通过数学模型研究控制系统，可以摆脱各种类型系统的外部特征而研究其内在的共性运动规律。

2.1.1　机械系统模型

1. 机械系统模型的组成

机械系统模型一般由弹簧、阻尼器和质量块等基本元件组成。一般情况下，弹簧代表系统的刚度特性；阻尼器表示系统的阻尼特性，如摩擦或者产生阻止运动的反向力；质量块表示惯性或对加速度的阻抗。实际建模时，机械系统不一定由弹簧、阻尼器和质量块组成，但一定会存在刚度、阻尼和惯性的相关特性，因此根据相似性原理，这些基本元件都可以被视为以力作为输入、位移作为输出的系统。

在机械系统中，弹簧的刚度定义为拉伸或压缩弹簧的力 F 与拉伸或压缩长度 x 之间的关系，在输入力和伸缩量成正比，即弹簧为线性的情况下，满足

$$F = kx \tag{2-1}$$

式中，k 为常数。k 的值越大，则拉伸或者压缩弹簧所需的力越大，即弹簧的刚度越大。根据牛顿第三定律，对弹簧施加力的物体同样也受到弹簧的反作用力，方向相反，大小相同，即 $-kx$。

阻尼器用于形象地表示液体阻力中推动物体，或者克服摩擦力推动物体所受的使物体减速的阻尼力的装置，它可以表示为一个活塞在一个封闭的缸体中从一侧流向另一侧，从而产生阻力。理想情况下，阻尼力 F 与活塞速度 v 成正比例关系，从而有

$$F = fv \tag{2-2}$$

式中，f 为常量，在一定的速度下，f 值越大，阻尼力越大。

由于速度 v 是位移 x 的变化率，因此有

$$F = f\frac{\mathrm{d}x}{\mathrm{d}t} \tag{2-3}$$

质量块在机械系统中普遍存在，质量越大，需要使其产生一定加速度的力越大。根据牛顿第二定律，力 F 和加速度成正比关系，满足 $F=ma$，其中比例常数称为质量 m。由于加速度是速度的变化率，即 $a=\mathrm{d}v/\mathrm{d}t$，速度 v 是位移 x 的变化率，即 $v=\mathrm{d}x/\mathrm{d}t$，因此有

$$F = ma = m\frac{\mathrm{d}v}{\mathrm{d}t} = m\frac{\mathrm{d}(\mathrm{d}x\,/\,\mathrm{d}t)}{\mathrm{d}t} = m\frac{\mathrm{d}^2x}{\mathrm{d}t^2} \tag{2-4}$$

2. 机械移动系统建模方法

图 2.2 所示为质量块、阻尼器和弹簧三个基本元件的符号，其中 $F(t)$ 为外力；$x(t)$ 为位移；m 为质量；f 为阻尼系数；k 为弹簧刚度。由图 2.2 可得到质量块的数学模型为

$$F(t) = ma = m\frac{\mathrm{d}^2 x(t)}{\mathrm{d}t^2} \tag{2-5}$$

阻尼器的数学模型为

$$F(t) = f\left(\frac{\mathrm{d}x_1(t)}{\mathrm{d}t} - \frac{\mathrm{d}x_2(t)}{\mathrm{d}t}\right) \tag{2-6}$$

弹簧的数学模型为

$$F(t) = k\left[x_1(t) - x_2(t)\right] \tag{2-7}$$

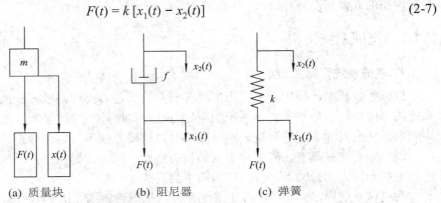

(a) 质量块　　　(b) 阻尼器　　　(c) 弹簧

图 2.2　机械移动系统基本单元零件

下面通过举例说明机械移动系统的建模方法。

图 2.3 所示是组合机床动力滑台。若不考虑运动体 m 与地面间的摩擦力，该系统可以抽象为图 2.4 所示的力学模型，根据牛顿第二定律，整个系统方程可写为

$$F(t) - kx(t) - f\frac{\mathrm{d}x(t)}{\mathrm{d}t} = m\frac{\mathrm{d}^2 x(t)}{\mathrm{d}t^2} \tag{2-8}$$

图 2.3　组合机床动力滑台

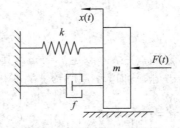

图 2.4　图 2.3 的力学模型

图 2.5 所示是一个简易的减震装置示意图，若不计运动体与地面之间的摩擦，根据牛顿第二定律，可以得到系统方程为

$$F(t) - kx(t) - f\frac{\mathrm{d}x(t)}{\mathrm{d}t} = m\frac{\mathrm{d}^2 x(t)}{\mathrm{d}t^2} \tag{2-9}$$

通过对比可知，式(2-8)和式(2-9)完全相同。对式(2-9)进行拉普拉斯变换，其减震系统传递函数方框图如图 2.6 所示，传递函数为

$$\frac{X(s)}{F(s)} = \frac{1}{ms^2 + fs + k} \tag{2-10}$$

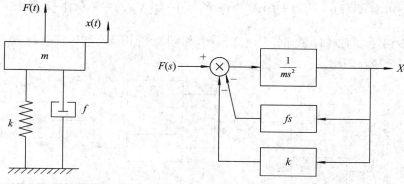

图 2.5　简易减震装置　　　　图 2.6　减震系统传递函数方框图

图 2.7 所示是一个单轮汽车支撑系统的简化模型。图中，m_1 为汽车质量；f 为震动阻尼器系数；k_1 为弹簧刚度；m_2 为轮子质量；k_2 为轮胎弹性刚度；$x_1(t)$ 和 $x_2(t)$ 分别为 m_1 和 m_2 的独立位移。

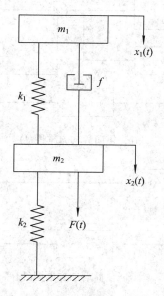

图 2.7　单轮汽车支撑系统简化模型

根据对系统的受力分析，建立 m_1 的力平衡运动方程：

$$m_1 \frac{\mathrm{d}^2 x_1}{\mathrm{d}t^2} = -f\left(\frac{\mathrm{d}x_1}{\mathrm{d}t} - \frac{\mathrm{d}x_2}{\mathrm{d}t}\right) - k_1(x_1 - x_2) \tag{2-11}$$

m_2 的力平衡方程可写为

$$m_2 \frac{\mathrm{d}^2 x_2}{\mathrm{d}t^2} = F(t) - f\left(\frac{\mathrm{d}x_2}{\mathrm{d}t} - \frac{\mathrm{d}x_1}{\mathrm{d}t}\right) - k_1(x_2 - x_1) - k_2 x_2 \tag{2-12}$$

分别对式(2-11)和式(2-12)的力平衡方程进行拉普拉斯变换,可得

$$m_1 s^2 X_1(s) = -fs[X_1(s) - X_2(s)] - k_1[X_1(s) - X_2(s)] \tag{2-13}$$

$$m_2 s^2 X_2(s) = F(s) - fs[X_2(s) - X_1(s)] - k_1[X_2(s) - X_1(s)] - k_2 X_2(s) \tag{2-14}$$

根据式(2-13)和式(2-14)可画出系统方框图,如图 2.8(a)所示。通过简化得到系统方框图,如图 2.8(b)和图 2.8(c)所示。

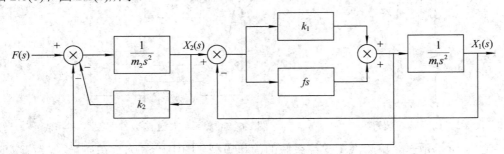

(a) 系统方框图

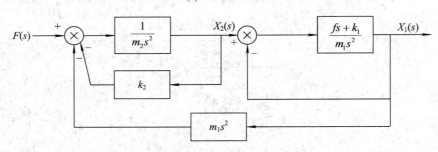

(b) 化简后的方框图(1)

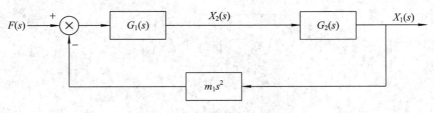

(c) 化简后的方框图(2)

图 2.8　汽车支撑系统方框图

将 $F(s)$ 作为整个系统的输入,分别以 $X_1(s)$ 和 $X_2(s)$ 作为输出位移的传递函数如下:

$$\frac{X_1(s)}{F(s)} = \frac{G_1(s)G_2(s)}{1 + m_1 s^2 G_1(s)G_2(s)} = \frac{fs + k_1}{(m_2 s^2 + k_2)(m_1 s^2 + fs + k_1) + m_1 s^2 (fs + k_1)} \tag{2-15}$$

$$= \frac{fs + k_1}{m_1 m_2 s^4 + (m_1 + m_2) fs^3 + (m_1 k_1 + m_2 k_2 + m_2 k_1)s^2 + fk_2 s + k_1 k_2}$$

$$\frac{X_2(s)}{F(s)} = \frac{G_1(s)}{1 + G_1(s)G_2(s)m_1 s^2} \tag{2-16}$$

$$= \frac{m_1 s^2 + fs + k_1}{m_1 m_2 s^4 + (m_1 + m_2) fs^3 + (m_1 k_1 + m_1 k_2 + m_2 k_1)s^2 + fk_2 s + k_1 k_2}$$

式(2-15)和式(2-16)描述了该汽车支撑机械系统的动力特性，只要给定汽车的质量、轮胎质量、阻尼器及弹簧参数、车胎的弹性，便可决定汽车在行驶过程中的运动状态。

3. 机械转动系统建模方法

弹簧、阻尼器和质量块是机械移动系统的基本元件，包含直线运动，但不包含旋转运动。若存在旋转，则需要对三个基本元件进行等效，替换为扭转弹簧、旋转阻尼器以及转动惯量。

图 2.9 所示为扭转弹簧、旋转阻尼器和转动惯量三个机械转动系统基本元件的表示符号，图中，$M(t)$ 表示外力矩；$\theta(t)$ 表示转角；f 表示黏滞阻尼系数；k 表示弹簧刚度。对于扭转弹簧，转动角度与外力矩 $M(t)$ 成正比例关系，可得到扭转弹簧的数学模型为

$$M(t) = k[\theta_1(t) - \theta_2(t)] \tag{2-17}$$

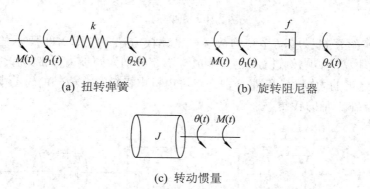

(a) 扭转弹簧　　　　　　　　　　(b) 旋转阻尼器

(c) 转动惯量

图 2.9　机械转动系统基本单元零件

旋转阻尼器相当于一个圆盘在液体中旋转，受到的阻尼转矩与圆盘角速度 ω 成正比例关系，并且角速度 ω 是角度改变的速率，即 $\mathrm{d}\theta/\mathrm{d}t$，因此旋转阻尼器的数学模型为

$$M(t) = f\Delta\omega = f\left[\frac{\mathrm{d}\theta_1(t)}{\mathrm{d}t} - \frac{\mathrm{d}\theta_2(t)}{\mathrm{d}t}\right] \tag{2-18}$$

对于转动惯量元件，转动惯量 J 与旋转加速度 a 成正比例关系，可得 $M(t) = Ja$，由于旋转加速度 a 是角速度的变化率，即 $\mathrm{d}\omega/\mathrm{d}t$，角速度是角位移的变化率，因此可得到转动惯量的数学模型为

$$M(t) = J\frac{\mathrm{d}\omega}{\mathrm{d}t} = J\frac{\mathrm{d}(\mathrm{d}\theta/\mathrm{d}t)}{\mathrm{d}t} = J\frac{\mathrm{d}^2\theta}{\mathrm{d}t^2} \tag{2-19}$$

下面通过扭摆说明机械转动系统的建模方法。

图 2.10 所示为扭摆工作原理图。图中，J 表示摆锤的转动惯量；f 表示摆锤与空气的黏滞阻尼系数；k 表示扭转弹簧的弹性刚度。由式(2-17)、式(2-18)和式(2-19)可知，加在摆锤上的力矩 $M(t)$ 与摆锤转角 $\theta(t)$ 之间的运动数学模型为

$$J\frac{\mathrm{d}^2\theta(t)}{\mathrm{d}t^2} = M(t) - f\frac{\mathrm{d}\theta(t)}{\mathrm{d}t} - k\theta(t) \qquad (2\text{-}20)$$

同样对式(2-20)进行拉普拉斯变换，得到该系统的传递函数为

$$\frac{\theta(s)}{M(s)} = \frac{1}{Js^2 + fs + k} \qquad (2\text{-}21)$$

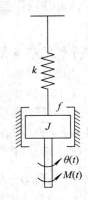

图 2.10 扭摆示意图

为了进一步解释机械转动系统的数学模型建模方法，以图 2.11 所示的打印机步进电机-同步齿轮带驱动装置为例进行说明，其中，k、f 分别为同步齿形带的弹性与黏滞阻尼系数；$M(t)$ 为步进电机的力矩；J_m 和 J_L 分别为步进电机电机轴和负载轴的转动惯量；$\theta_i(t)$ 和 $\theta_o(t)$ 分别为输入轴与输出轴的转角。

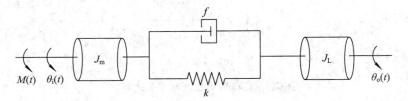

图 2.11 齿形带驱动装置示意图

针对步进电机电机轴和负载轴，可以分别列出力矩平衡方程

$$J_m\frac{\mathrm{d}^2\theta_i}{\mathrm{d}t^2} = M(t) - f\left(\frac{\mathrm{d}\theta_i}{\mathrm{d}t} - \frac{\mathrm{d}\theta_o}{\mathrm{d}t}\right) - k(\theta_i - \theta_o) \qquad (2\text{-}22)$$

$$J_L\frac{\mathrm{d}^2\theta_o}{\mathrm{d}t^2} = -f\left(\frac{\mathrm{d}\theta_o}{\mathrm{d}t} - \frac{\mathrm{d}\theta_i}{\mathrm{d}t}\right) - k(\theta_o - \theta_i) \qquad (2\text{-}23)$$

对上两式取拉普拉斯变换得

$$J_m s^2 \theta_i(s) = M(s) - (fs + k)[\theta_i(s) - \theta_o(s)] \qquad (2\text{-}24)$$

$$J_L s^2 \theta_o(s) = (fs+k)[\theta_i(s) - \theta_o(s)] \qquad (2\text{-}25)$$

根据式(2-24)和式(2-25)可画出步进电机-同步齿轮带装置的系统方框图，如图 2.12(a) 所示，并依次简化为图 2.12(b)和 2.12(c)。由图 2.12(c)可得该系统的传递函数为

$$\frac{\theta_o(s)}{M(s)} = \frac{\dfrac{fs+k}{J_L s^2 (J_m s^2 + fs + k)}}{1 + \dfrac{J_m s^2 + fs + k}{J_L s^2 (J_m s^2 + fs + k)}} = \frac{fs+k}{J_L s^2 (J_m s^2 + fs + k) + J_m s^2 (fs + k)}$$

$$= \frac{fs+k}{(J_m + J_L) s^2 \left(\dfrac{J_L J_m}{J_L + J_m} s^2 + fs + k \right)} \qquad (2\text{-}26)$$

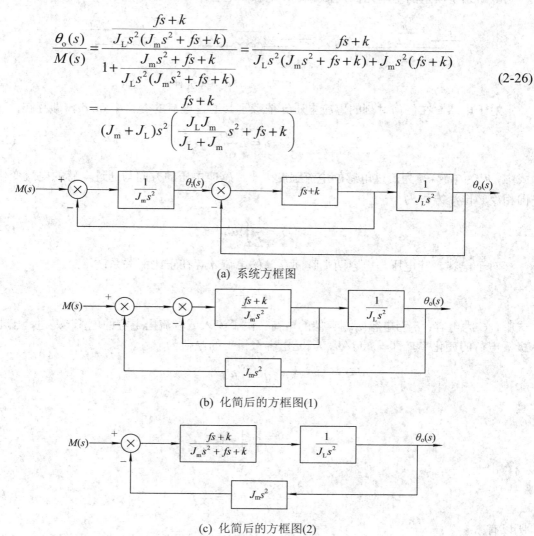

(a) 系统方框图

(b) 化简后的方框图(1)

(c) 化简后的方框图(2)

图 2.12　齿形带驱动装置系统方框图

如前所述，很多机械系统都能通过弹簧、阻尼器和质量块的组合来建立数学模型，其本质上是一个质量块、一个弹簧和一个阻尼器的组合，为了便于计算系统中力和位移的关系，可以认为系统只有一个质量块，并且输入力施加在质量块上。对于多个部分组合的机械系统，获得描述输入/输出关系的微分方程可以按照如下步骤进行：

(1) 将系统中的不同部分进行分离，并画出每个部分的受力分析图；

(2) 根据每个部分的受力分析图和各个基本元件的数学模型，列出受力方程；

(3) 联立系统不同部分的方程得到系统的微分方程。

2.1.2 电路系统模型

1. 电路系统模型的组成

电路系统模型的基本元件包括电阻、电感和电容,如图 2.13 所示。

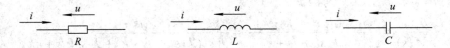

图 2.13 电路系统模型基本元件

对于电感,在任何时刻的感应电压 u 依赖于其通过电流的变化率 $\mathrm{d}i/\mathrm{d}t$,即存在

$$u = L\frac{\mathrm{d}i}{\mathrm{d}t} \tag{2-27}$$

式中,L 为电感;i 为流过电感的电流强度大小。感应电压的方向与通过电感的电流变化方向相反。电流方程为

$$i = \frac{1}{L}\int u\mathrm{d}t \tag{2-28}$$

对于电容,其电压与电容两端瞬间存储的电荷 q 存在正比例关系:

$$u = \frac{q}{C} \tag{2-29}$$

式中,C 为电容;q 为电容两端存储的电荷。由于流入或者流出电容的电流 i 是进、出电容极板电荷的变化率,即 $i = \mathrm{d}q/\mathrm{d}t$,因此电容极板上的电荷为

$$q = \int i\mathrm{d}t \tag{2-30}$$

且

$$u = \frac{1}{C}\int i\mathrm{d}t \tag{2-31}$$

由于 $u = q/C$,则

$$\frac{\mathrm{d}u}{\mathrm{d}t} = \frac{1}{C}\int i\,\mathrm{d}t = \frac{1}{C}i \tag{2-32}$$

所以有

$$i = C\frac{\mathrm{d}u}{\mathrm{d}t} \tag{2-33}$$

对于电阻,其电压 u 与其瞬时电流 i 存在线性关系:

$$u = Ri \tag{2-34}$$

式中,R 为电阻。电容和电感均能储存能量并进行释放,电阻只消耗能量。电感在电流 i 下存储的能量为

$$E = \frac{1}{2}Li^2 \tag{2-35}$$

在电压为 u 时，电容储存的能量为

$$E = \frac{1}{2}Cu^2 \tag{2-36}$$

电阻在电压为 u 时，消耗的功率为

$$P = ui = \frac{u^2}{R} \tag{2-37}$$

表 2.1 总结了电路系统中电流作为输入、电压作为输出时，电路系统基本元件的数学方程。

表 2.1　电路系统基本元件

基本元件	描述方程	能量/功率消耗
电感	$i = \frac{1}{L}\int u\mathrm{d}t$ $u = L\frac{\mathrm{d}i}{\mathrm{d}t}$	$E = \frac{1}{2}Li^2$
电容	$i = C\frac{\mathrm{d}u}{\mathrm{d}t}$	$E = \frac{1}{2}Cu^2$
电阻	$i = \frac{u}{R}$	$P = \frac{u^2}{R}$

2. 电路网络

建立电路网络数学模型大都依据的是电路方面的基本物理定律，如欧姆定律和基尔霍夫定律等。为简化电路网络建模过程，本小节使用动态框图、复阻抗的概念对电路网络(无源电路和有源电路)进行描述，此时电阻值可用 R 表示，电感值可用 Ls 表示，而电容值可用 $1/(Cs)$ 表示，这样就可以用 s 的代数方程代替较为复杂的微分方程，从而得到电路网络的传递函数。

1) RC 有源电路网络

图 2.14 所示为 RC 有源电路网络，可以使用消元法求出它的传递函数。如果方程组的子方程数量较多，消元法就比较麻烦，且消元后仅剩下输入和输出两个变量，整个系统的传递过程得不到很好的反映。采用动态框图，能够直观地表明输入信号在系统或元件中的传递过程。

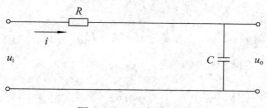

图 2.14　RC 电路网络

由图 2.14 可知，RC 电路网络的微分方程可写为

$$u_i = Ri + u_o \quad 或 \quad u_i - u_o = Ri \tag{2-38}$$

$$u_o = \frac{1}{C}\int i\,\mathrm{d}t \tag{2-39}$$

对式(2-38)和式(2-39)进行拉普拉斯变换，得

$$U_i(s) - U_o(s) = RI(s) \tag{2-40}$$

$$U_o(s) = \frac{1}{Cs}I(s) \tag{2-41}$$

不难发现，将式(2-40)稍加变形，可写成

$$\frac{1}{R}[U_i(s) - U_o(s)] = I(s) \tag{2-42}$$

式(2-42)的数学关系可以用图 2.15 所示的动态框图表示。同样，式(2-41)的数学关系可用图 2.16 表示。

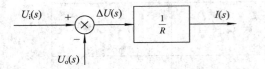 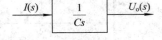

图 2.15　式(2-42)动态框图　　　　图 2.16　式(2-41)动态框图

将图 2.15 和图 2.16 合并，电路网络的输入量置于左端，输出量置于右端，并将同一个变量的信号通路连接在一起，即可构成 RC 电路网络的动态框图，如图 2.17 所示。

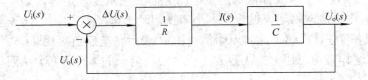

图 2.17　RC 电路网络动态框图

2) RC 无源电路网络

图 2.18(a)所示为 RC 无源网络，利用复阻抗和基尔霍夫定律的概念可直接写出以下关系式：

$$I_1 = \frac{1}{R_1}(U_i - U_o) \tag{2-43}$$

$$I_2 = Cs(U_i - U_o) \tag{2-44}$$

$$I = I_1 + I_2 \tag{2-45}$$

$$U_o = IR_2 \tag{2-46}$$

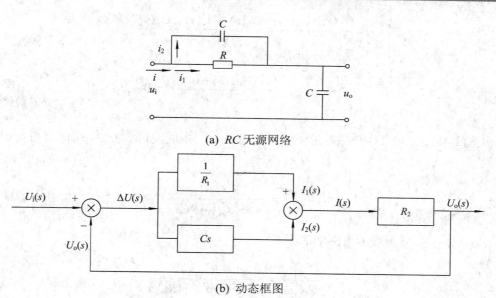

(a) RC 无源网络

(b) 动态框图

图 2.18　RC 无源网络及动态框图

根据式(2-43)、式(2-44)、式(2-45)和式(2-46)建立图 2.18(b)所示的动态框图，其系统传递函数为

$$\frac{U_o(s)}{U_i(s)} = \frac{(Cs + \frac{1}{R_1})R_2}{1 + (Cs + \frac{1}{R_1})R_2} = \frac{R_1R_2Cs + R_2}{R_1R_2Cs + R_1 + R_2} \tag{2-47}$$

3) 无源双 T 形网络

图 2.19 所示为双 T 形电路网络结构，采用阻抗星形-三角形变换法可知，双 T 形网络本质上可以等效为一个简单的 Π 形网络。

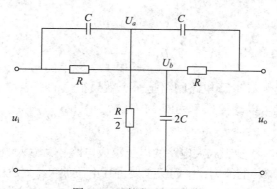

图 2.19　无源双 T 形网络

由图 2.19 可得到下列方程组：

$$\frac{U_i(s) - U_o(s)}{\frac{1}{Cs}} = \frac{U_a(s) - U_o(s)}{\frac{1}{Cs}} + \frac{U_a(s)}{\frac{R}{2}} \tag{2-48}$$

$$\frac{U_o(s) - U_b(s)}{R} = \frac{U_b(s) - U_o(s)}{R} + \frac{U_b(s)}{\frac{1}{2Cs}} \tag{2-49}$$

$$\frac{U_a(s) - U_o(s)}{\frac{1}{Cs}} + \frac{U_b(s) - U_o(s)}{R} = 0 \tag{2-50}$$

由式(2-48)、式(2-49)和式(2-50)构成的方程组消去中间变量 $U_a(s)$ 和 $U_b(s)$，可得到传递函数为

$$\frac{U_o(s)}{U_i(s)} = \frac{R^2 C^2 s^2 + 1}{R^2 C^2 s^2 + 4RCs + 1} \tag{2-51}$$

令 $s = \mathrm{j}\omega$，可得到双 T 形网络的频率特性为

$$\frac{U_o(\mathrm{j}\omega)}{U_i(\mathrm{j}\omega)} = \frac{1 - R^2 C^2 \omega^2}{1 - R^2 C^2 \omega^2 + \mathrm{j}4RC\omega} \tag{2-52}$$

幅频特性为

$$|H(\mathrm{j}\omega)| = \frac{\left|1 - (\omega / \omega_0)^2\right|}{\left\{[1 - (\omega / \omega_0)^2]^2 + \mathrm{j}\,[4(\omega / \omega_0)]^2\right\}^{\frac{1}{2}}} \tag{2-53}$$

相频特性为

$$\phi(\mathrm{j}\omega) = \begin{cases} -\arctan\dfrac{4(\omega / \omega_0)}{1 - (\omega / \omega_0)^2} & (\omega / \omega_0 < 1) \\[3mm] \pi + \arctan\dfrac{4(\omega / \omega_0)}{1 - (\omega / \omega_0)^2} & (\omega / \omega_0 > 1) \end{cases} \tag{2-54}$$

中心频率为

$$f_0 = \frac{1}{2\pi RC}$$

由此可以看出，无源双 T 形电路网络是一个效果很好的带阻滤波器，只需要选择合适的电阻 R 和电容 C，就可以滤掉频率为 ω 的干扰。

4) 运算放大器

运算放大器是一个内含多级放大电路的电子集成电路，其输入级是差分放大电路，具有高输入电阻和抑制零点漂移的能力；中间级主要进行电压放大，一般由共射极放大电路构成；输出级与负载相连，具有带负载能力强、输出电阻低的特点。在实际电路中，通常结合反馈网络共同组成具有某种功能的模块，其输出信号可以是输入信号加、减或微分、积分等数学运算的结果。通常情况下，由运算放大器组成的有源网络可取代无源网络，此时电路系统数学模型可以通过分别求解各个运算放大器得到，大大简化了建模的步骤，降低了难度。

图 2.20 所示为运算放大器工作原理图。由于运算放大器开环增益极大，具有高输入

电阻的特性，因此在系统建模时，一般将 A 点看成是"虚地"，即 $U_A = 0$，同时 $i_2 \approx 0$，$i_1 + i_f \approx 0$。

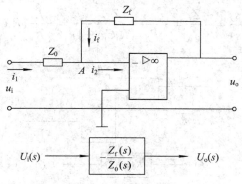

图 2.20 运算放大器

根据电路基本知识，有

$$\frac{u_i}{Z_0} + \frac{u_o}{Z_f} \approx 0 \tag{2-55}$$

对上式进行拉普拉斯变换得到

$$\frac{U_i(s)}{Z_0(s)} = -\frac{U_o(s)}{Z_f(s)} \tag{2-56}$$

故运算放大器的传递函数为

$$\frac{U_o(s)}{U_i(s)} = -\frac{Z_f(s)}{Z_0(s)} \tag{2-57}$$

式中，$Z_f(s)$ 和 $Z_0(s)$ 为复阻抗。

由式(2-57)可知，对于任意运算放大器，只要选择不同的输入电路阻抗 Z_0 和反馈回路阻抗 Z_f，就可以获得不同的传递函数。

5) 比例-积分调节器

图 2.21 所示为比例-积分调节器电路原理图，由图可列写出传递函数为

$$\frac{U_o(s)}{U_i(s)} = -\frac{Z_f(s)}{Z_0(s)} = -\frac{R_1 + \dfrac{1}{Cs}}{R_0} = -\frac{R_1}{R_0} \cdot \frac{R_1 C_1 s + 1}{R_1 C_1 s} = -K_1 \cdot \frac{\tau_1 s + 1}{\tau_1 s} \tag{2-58}$$

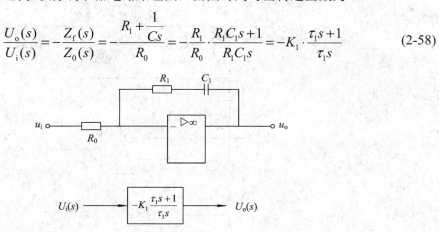

图 2.21 比例-积分调节器

6) 比例-微分调节器

图 2.22 为比例-微分(PD)调节器的结构图，由图可列写出其传递函数为

$$\frac{U_o(s)}{U_i(s)} = -\frac{Z_f}{Z_0} = -\frac{R_1}{R_0/(R_0C_0s+1)} = -\frac{R_1}{R_0}(R_0C_0s+1) \tag{2-59}$$

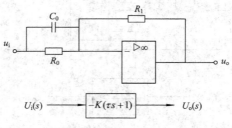

图 2.22   比例-微分调节器

7) 有源带通滤波器

图 2.23 所示为一种带通滤波器，假设中间变量 $i_1(t)$、$i_2(t)$、$i_3(t)$、$i_4(t)$ 和 $u_A(t)$，依复阻抗概念，可将带通滤波器写成式(2-60)的方程组。

$$\begin{cases} U_i(s) - U_A(s) = I_1(s)R_1 \\ I_1(s) = I_2(s) + I_3(s) + I_4(s) \\ I_2(s) = \dfrac{U_A(s)}{R_2} \\ I_3(s) = U_A(s) \cdot sC_1 = -\dfrac{U_o(s)}{R_3} \\ I_4(s) = [U_A(s) - U_o(s)] \cdot sC_2 \end{cases} \tag{2-60}$$

将方程组式(2-60)消去中间变量 $I_1(s)$、$I_2(s)$、$I_3(s)$、$I_4(s)$ 和 $U_A(s)$，可得到该电路网络的传递函数为

$$\frac{U_o(s)}{U_i(s)} = \frac{\dfrac{R_2R_3}{R_2+R_3}C_1s}{\dfrac{R_1R_2R_3}{R_1+R_2}C_1C_2s^2 + \dfrac{R_1R_2}{R_1+R_2}(C_1+C_2)s+1} \tag{2-61}$$

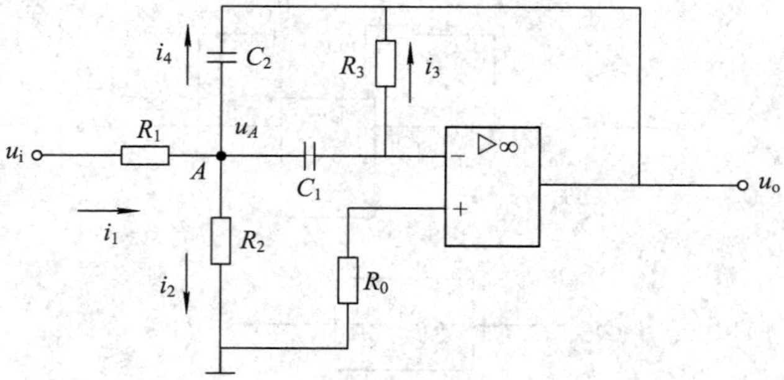

图 2.23   有源带通滤波器

2.1.3 液压、气压系统模型

液压(气压)动力机构和反馈机构组成的闭环控制系统称为液压(气压)伺服系统。整个系统可分为电气信号输入部分和功率输出部分。电气信号输入部分为电信号，在传输、运算、参量转换等方面具有快速和方便的特征；功率输出部分采用动力缸或马达，输入组件和输出组件利用滑阀作为连接的桥梁，这类系统在自动化领域中占有重要位置。在实际系统组成中，无论动力输出部分做直线运动还是旋转运动，都与滑阀构成伺服马达，因此只需建立伺服马达的数学模型，就可得到整个系统的开环或闭环传递函数。本小节在介绍重要伺服元件的同时，重点讨论液压、气动伺服马达的传递函数的求取过程。

1. 液压伺服马达的传递函数

按功率输出的执行元件不同，可将伺服马达分为阀控动力缸和阀控马达两大类，虽然它们拥有不同的运动参数，但运动方式的形式却完全相同，所以只需研究其中之一。

1) 液压阀控的流量方程

四通阀控液压缸是液压伺服系统中一种常用的动力元件，如图 2.24 所示。图中，p_s、p_0 分别为滑阀的供油压力和回油压力(一般情况下，回油压力 p_0 近似为零)，x_v、y 分别为阀芯位移和负载位移，p_1、p_2 分别为液压缸左右腔体的压力，q_1、q_2 分别为进出液压缸的流量，F 为外负载力。

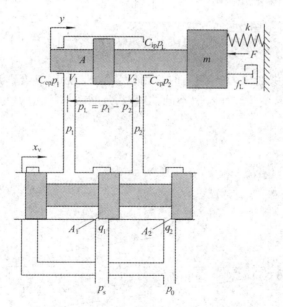

图 2.24 四通阀控液压缸系统

由于图 2.24 中滑阀在结构上是对称的，进油窗口面积 A_1 与出油窗口面积 A_2 始终保持相等，即满足

$$A_1 = A_2 = A \tag{2-62}$$

根据流量计算公式，以滑阀为研究对象，假定阀是零开口四通滑阀，四个节流窗口是匹配和对称的，供油压力恒定，回油压力为零。则进油口流量 q_1 与出油口流量 q_2 分别为

$$q_1 = C_d w x_v \sqrt{\frac{2}{\rho}(p_s - p_1)} = C_d A_1 \sqrt{\frac{2}{\rho}(p_s - p_1)} \tag{2-63}$$

$$q_2 = C_d w x_v \sqrt{\frac{2}{\rho}(p_2 - p_0)} = C_d A_2 \sqrt{\frac{2}{\rho}p_2} \tag{2-64}$$

式中，C_d 为流量系数；ρ 为流体密度；p_s 为供油压力；p_0 为回油压力；p_1 为进油腔压力；p_2 为回油腔压力；w 为滑阀窗口孔的宽度；x_v 为阀芯的位移。

实际情况下，滑阀相对液压缸的容积甚小，因此忽略油液在滑阀中的压缩性(注意：液压缸中压缩性不能忽略)，并且 $q_1 = q_2$，因此比较式(2-63)和式(2-64)可知

$$p_s = p_1 + p_2 \tag{2-65}$$

由图 2.24 可知，负载压力 p_L 为

$$p_L = p_1 - p_2 \tag{2-66}$$

联立式(2-65)和式(2-66)，并将其分别代入式(2-63)、式(2-64)得

$$q_1 = q_2 = C_d w x_v \sqrt{\frac{1}{\rho}(p_s - p_L)} = C_d A \sqrt{\frac{1}{\rho}(p_s - p_L)} \tag{2-67}$$

对于阀芯肩宽等于阀套槽宽的零开口滑阀，假设阀及油缸不存在漏液现象，则负载流量 q_L 与 q_1 或 q_2 相等，即满足

$$q_L = C_d A \sqrt{\frac{1}{\rho}(p_s - p_L)} = C_d w x_v \sqrt{\frac{1}{\rho}(p_s - p_L)} \tag{2-68}$$

式(2-68)表明，在供油压力 p_s 恒定时，滑阀负载压力 p_L 与负载流量成抛物线关系，阀芯位移 x_v 为抛物线的参变量。当 x_v 取不同的值时，可得到不同的抛物线簇，如图 2.25 所示。

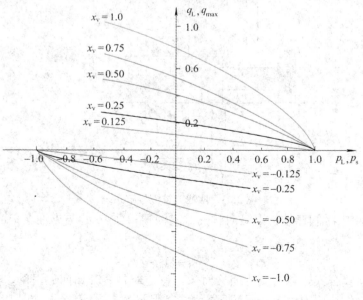

图 2.25 液压滑阀特性曲线

由图 2.25 可知，q_L-p_L 的关系是非线性的，为了使问题简化，使用泰勒公式将非线性函数的工作点展开成泰勒级数并取其一阶近似式，得到增量方程。因此在特定工作点 i (x_{vi} = 常数，p_{Li} = 常数)处展开，取一次项得

$$q_L = q_{Li} + \frac{\partial q_L}{\partial x_v}\Big|_i \Delta x_v + \frac{\partial q_L}{\partial p_L}\Big|_i \Delta p_L \tag{2-69}$$

增量方程为

$$\Delta q_L = q_L - q_{Li} = K_q \Delta x_v - K_c \Delta p_L \tag{2-70}$$

将此方程的坐标零点置于特定工作点(x_{vi}, p_{Li})之上，$q_{Li} = 0$，则可得到滑阀流量-压力特性的线性化方程：

$$q_L = K_q x_v - K_c p_L \tag{2-71}$$

式中，K_q 为滑阀流量增益，K_c 为滑阀流量压力系数。

$$K_q = \frac{\partial q_L}{\partial x_v}\Big|_{x=x_{vi}} = C_d w \sqrt{\frac{1}{\rho}(p_s - p_L)}$$

$$K_c = -\frac{\partial q_L}{\partial p_L}\Big|_{p=p_{Li}} = C_d w x_v \frac{\sqrt{(1/\rho)(p_s - p_L)}}{2(p_s - p_L)}$$

2) 液压缸工作腔连续性方程

由图 2.24 可知，假定油腔容积为 V_1(包括液压缸及滑阀左半腔的容积)，油液质量为 m_1，则油腔内的油液流量为

$$q_{m_1} = \rho q_1 \tag{2-72}$$

泄露的质量流量为

$$q_{mc_1} = \rho q_{c_1} \tag{2-73}$$

上面两式中，q_1 为进油腔容积流量；q_{c_1} 为进油腔泄露容积流量。

左半腔的工作流量为进油腔容积流量与泄露容积流量之差

$$q_{m_1} - q_{mc_1} = \frac{dm_1}{dt} = \frac{d\rho V_1}{dt} = \rho \frac{dV_1}{dt} + \rho V_1 (\frac{d\rho}{\rho dp_1}) \frac{dp_1}{dt} \tag{2-74}$$

所以

$$q_1 - q_{c_1} = \frac{dV_1}{dt} + \frac{V_1}{E_0} \cdot \frac{dp_1}{dt} \tag{2-75}$$

式中，E_0 为油液的弹性模量，其表达式为

$$E_0 = V_1 \frac{dp}{dv} = \rho \frac{dp}{d\rho}$$

式(2-75)为左半腔液压缸在考虑液压油弹性时的流动连续性方程，引入泄露系数 C_{ip} 和

C_{ep} 后，式(2-75)可改写为

$$q_1 - q_{c_1} = q_1 - C_{ip}(p_1 - p_2) - C_{ep}p_1 = \frac{\mathrm{d}V_1}{\mathrm{d}t} + \frac{V_1}{E_0} \cdot \frac{\mathrm{d}p_1}{\mathrm{d}t} \tag{2-76}$$

同理，将式(2-76)应用于右半腔液压缸，即可得到在考虑液压油弹性、泄露等因素后液压缸流量的连续性方程为

$$q_{c_2} - q_2 = C_{ip}(p_1 - p_2) - C_{ep}p_2 - q_2 = \frac{\mathrm{d}V_2}{\mathrm{d}t} + \frac{V_2}{E_0} \cdot \frac{\mathrm{d}p_2}{\mathrm{d}t} \tag{2-77}$$

式中，V_2 为右侧腔体容积；C_{ip} 为活塞内部泄漏系数；C_{ep} 为活塞外部泄漏系数。

假设活塞工作时位移为 y，活塞横截面积为 A，V_{01}、V_{02} 分别为左、右液压缸的初始容积，并假设活塞在中位附近有小幅位移，有

$$V_0 = V_{01} = V_{02}$$

则左、右液压缸腔体总容积保持常数，有

$$V_总 = V_1 + V_2 = V_{01} + V_{02} = 2V_0 \tag{2-78}$$

式中，$V_总$ 为左右腔体的总容积。

将式(2-76)减式(2-77)并除以 2，可得到系统进入稳定状态时负载流量表示的液压缸的流量连续方程

$$q_L = A\frac{\mathrm{d}y}{\mathrm{d}t} + C_总 p_L + \frac{V_总}{4E_0} \cdot \frac{\mathrm{d}p_L}{\mathrm{d}t} \tag{2-79}$$

式中，$q_L = \dfrac{q_1 + q_2}{2}$ 为负载流量；$C_总 = C_{ip} + \dfrac{C_{ep}}{2}$ 为总泄漏系数；$p_L = p_1 - p_2$ 为负载压力；

$E_0 = V_1\dfrac{\mathrm{d}p}{\mathrm{d}v} = \rho\dfrac{\mathrm{d}p}{\mathrm{d}\rho}$ 为油液的弹性模量；活塞横截面积和容积的关系为 $A\mathrm{d}y = \mathrm{d}V$；容积与压

力的关系为 $\dfrac{V_总}{2} \cdot \dfrac{\mathrm{d}p_L}{\mathrm{d}t} = V_1 \cdot \dfrac{\mathrm{d}p_1}{\mathrm{d}t} - V_2 \cdot \dfrac{\mathrm{d}p_2}{\mathrm{d}t}$。

3）液压伺服马达的传递函数

由图 2.24 可知，动力油液缸的力平衡方程为

$$p_L A = m\frac{\mathrm{d}^2 y}{\mathrm{d}t^2} + f_L\frac{\mathrm{d}y}{\mathrm{d}t} + Ky + F \tag{2-80}$$

式中，m 为负载的质量；f_L 为负载阻尼系数；K 为弹簧刚度系数；F 为负载力。

分别对式(2-71)、式(2-79)和式(2-80)进行拉普拉斯变换，则有

$$q_L = K_q x_v - K_c p_L$$

$$q_L = AsY + \left(C_总 + \frac{V_总}{4E_0}s\right)p_L$$

$$p_L = \frac{1}{A}(ms^2 + f_L s + K)Y + \frac{1}{A}F$$

或改写成

$$q_{\mathrm{L}} = K_q x_{\mathrm{v}} - K_c p_{\mathrm{L}} \tag{2-81}$$

$$p_{\mathrm{L}} = \frac{q_{\mathrm{L}} - A s Y}{C_{总} + \dfrac{V_{总}}{4E_0} s} \tag{2-82}$$

$$Y = \frac{A}{ms^2 + f_{\mathrm{L}} s + K} \left(p_{\mathrm{L}} - \frac{1}{A} F \right) \tag{2-83}$$

根据式(2-81)、式(2-82)和式(2-83)可分别建立其动态框图，再进行整理，最终可建立阀控液压缸系统的动态结构框图，如图 2.26(d)所示。

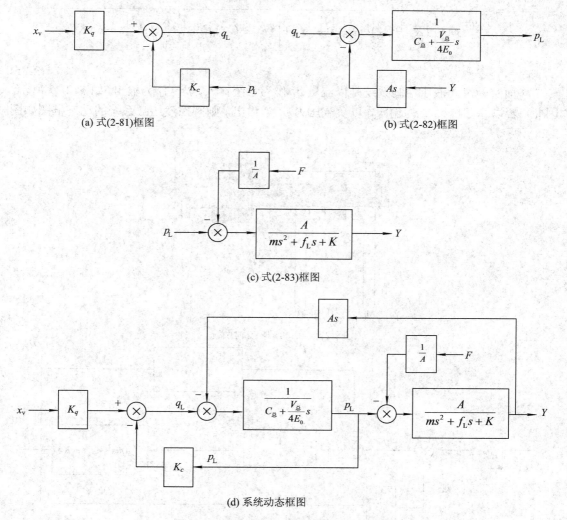

(a) 式(2-81)框图   (b) 式(2-82)框图

(c) 式(2-83)框图

(d) 系统动态框图

图 2.26　阀控液压缸系统的动态结构框图

由该系统框图可知，阀控液压动力油缸的活塞位移 Y 为系统的输出量，滑阀阀芯的位移量 x_v 为输入量，外力 F 为干扰输入量。可进一步求出输出量 Y 分别相对于 x_v 和 F 之间的闭环传递函数。

假设 $F = 0$，可求得

$$\frac{Y(s)}{X_v(s)} = \frac{AK_q}{\frac{V_{总}m}{4E_0}s^3 + \left[(K_c + C_{总})m + \frac{V_{总}f_L}{4E_0}\right]s^2 + \left[(K_c + C_{总})f_L + \frac{V_{总}K}{4E_0} + A^2\right]s + K(K_c + C_{总})}$$

(2-84)

假设 $x_v = 0$，可求得

$$\frac{Y(s)}{F(s)} = \frac{\frac{V_{总}}{4E_0}s + K_c + C_{总}}{\frac{V_{总}m}{4E_0}s^3 + \left[(K_c + C_{总})m + \frac{V_{总}f_L}{4E_0}\right]s^2 + \left[(K_c + C_{总})f_L + \frac{V_{总}K}{4E_0} + A^2\right]s + K(K_c + C_{总})}$$

(2-85)

然而实际滑阀液压控制系统是以流量 q_L 作为系统输入，以 y 作为输出，如图 2.27 所示。因此，若以阀芯位移 x_v 为输入，以负载压力 p_L 为输出，则阀控液压缸系统的动态框图如图 2.28 所示。

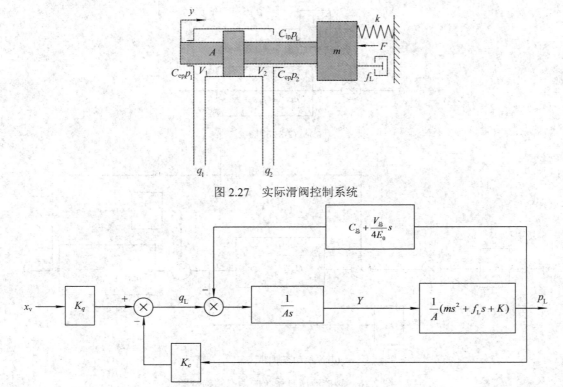

图 2.27　实际滑阀控制系统

图 2.28　图 2.27 液压缸系统框图

在实际中为了使问题简化，往往忽略一些因素(与现场环境有关，例如外力 F)或用简单运动形式代替复杂运动(用直线运动参数代替旋转运动参数)，从而使整个系统的传递函数变得简单。例如，在求解阀控液压马达的传递函数时，将阀控液压缸的直线运动参数代以旋转运动参数而方便计算，如表 2.2 所示。此时需要更换的参数有

$Y \to \theta$，θ 为马达轴转角(rad)；

$A \to D_{\mathrm{m}}$，D_{m} 为马达排量($\mathrm{cm}^3/\mathrm{rad}$)；

$m \to J$，J 为负载及马达的总转动惯量($\mathrm{kg \cdot cm \cdot s/rad}$)；

$K \to K_{\mathrm{m}}$，K_{m} 为负载扭转刚度($\mathrm{kg \cdot cm/rad}$)；

$f_{\mathrm{L}} \to f_{\mathrm{m}}$，$f_{\mathrm{m}}$ 为负载阻尼系数($\mathrm{kg \cdot cm \cdot s/rad}$)。

表 2.2　阀控液压缸(气动)忽略不同因素的传递函数

序号	考虑因素	忽略因素	传递函数 Y/x_{v}	传递函数 Y/q_{L}
1	负载质量 m 油液弹性 E_0	负载阻尼 f_{L} 负载刚度 K 液压缸泄露 $C_{总}$	$\dfrac{K_q/A}{s\left(\dfrac{V_{总}m}{4E_0 A^2}s^2 + \dfrac{K_c m}{A^2}s + 1\right)}$	$\dfrac{1/A}{s\left(\dfrac{V_{总}m}{4E_0 A^2}s^2 + \dfrac{K_c m}{A^2}s + 1\right)}$
2	负载质量 m	负载阻尼 f_{L} 负载刚度 K 油液弹性 E_0 液压缸泄露 $C_{总}$	$\dfrac{K_q/A}{s\left(\dfrac{K_c m}{A^2}s + 1\right)}$	$\dfrac{1/A}{s\left(\dfrac{K_c m}{A^2}s + 1\right)}$
3	负载阻尼 f_{L}	负载质量 m 负载刚度 K 油液弹性 E_0 液压缸泄露 $C_{总}$	$\dfrac{K_q/A}{s\left(\dfrac{K_c f_{\mathrm{L}}}{A^2}s + 1\right)}$	$\dfrac{1/A}{s\left(\dfrac{K_c f_{\mathrm{L}}}{A^2}s + 1\right)}$
4	负载刚度 K	负载质量 m 负载阻尼 f_{L} 油液弹性 E_0 液压缸泄露 $C_{总}$	$\dfrac{K_q A/KK_c}{\dfrac{A^2}{KK_c}s + 1}$	$\dfrac{A/KK_c}{\dfrac{A^2}{KK_c}s + 1}$
5		负载质量 m 负载刚度 K 负载阻尼 f_{L} 油液弹性 E_0 液压缸泄露 $C_{总}$	$\dfrac{K_q/A}{s}$	$\dfrac{1/A}{s}$

2. 气动伺服马达的传递函数

气动伺服马达和液压伺服马达拥有相同的运动形式，因此在讨论气动伺服马达的传递函数时，可参照液压伺服马达的方法将压力液体介质改为压力气体介质即可。

1) 气动滑阀流量方程

在研究可压缩流体控制时，通常采用质量流量 Q_m(不用容积容量 Q)作为滑阀的因变量。

由气体流动理论可知，通过给定节流孔的气体，其质量流量有一个固定的最大值，这个最大值是在下游与上游压力比值降低到 0.528 的声速区产生的，因此滑阀的特征曲线由水平直线和曲线构成，如图 2.29 所示。

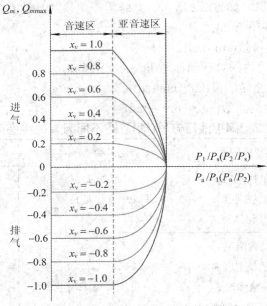

图 2.29　气动滑阀的流量-压力特性曲线

通过滑阀的质量流量是阀芯位移 x_v 及气缸压力的函数

$$Q_{m_1} = f(x_v, p_1) \tag{2-86}$$

$$Q_{m_2} = f(-x_v, p_2) \tag{2-87}$$

由于滑阀进气口和排气口的质量流量是不相同的，因此滑阀的负载质量流量为进气口和排气口之差：

$$Q_{mL} = Q_{m_1} - Q_{m_2}$$

负载压力为

$$p_L = p_1 - p_2$$

同样，使用泰勒级数在特殊工作点 i 处展开的方法进行线性化处理，得到

$$Q_L = \frac{q_{mL}}{\rho} = K'_q x_v - K'_c p_L \tag{2-88}$$

式中，流量增益 K'_q 为

$$K'_q = \frac{1}{\rho} \cdot \left. \frac{\partial Q_{m_1}}{\partial x_v} \right|_i = \frac{1}{\rho} \cdot \left. \frac{\partial Q_{m_2}}{\partial x_v} \right|_i$$

流量压力系数 K'_c 为

$$K'_c = \frac{-1}{\rho} \cdot \left. \frac{\partial Q_{m_1}}{\partial p_1} \right|_i = \frac{-1}{\rho} \cdot \left. \frac{\partial Q_{m_2}}{\partial p_2} \right|_i$$

不难发现，式(2-88)和式(2-71)的形式相同，但这里没有假定气动滑阀内的压缩性可以忽略。

2) 气缸流动连续性方程

假设气动伺服系统正常工作时，气体以压力 p_1 挤压活塞使左半腔体内容积产生微小变化 ΔV_1，此过程在极短时间内完成，所以是一个绝热过程。根据热力学第一定律，在一个闭合系统中完成一个非循环过程，传入系统的热量 H 与系统做的机械功 W 之差等于系统内能的变化 ΔE，即

$$\Delta E = H - W \tag{2-89}$$

其中，

$$H = C_p T_t \Delta m_1 = C_p T_s \Delta m_1$$

$$W = p_1 \Delta V_1$$

$$\Delta E = C_v T_1 \Delta m_1$$

其中，T_s 为气源绝对温度；T_t 为系统的总温度，与气源温度 T_s 相等；C_p 为定压比热；T_1 为做功之后的温度；C_v 为定容比热。

假定系统的基准温度 $T_0 = 0$，即 $T_s - T_0 = T_s$ 及 $T_1 - T_0 = T_1$，则式(2-89)可改写成

$$C_v T_1 \Delta m_1 = C_p T_s \Delta m_1 - p_1 \Delta V_1 \tag{2-90}$$

已知气缸内的气体状态方程为

$$\frac{p_1 V_1}{T_1} = m_1 R$$

式中，R 为气体常数，求导可得

$$\frac{\mathrm{d}m_1}{\mathrm{d}t} = \frac{\mathrm{d}}{\mathrm{d}t}\left(\frac{p_1 V_1}{R T_1}\right) = Q_{m1} \tag{2-91}$$

联立式(2-90)、式(2-91)可得

$$Q_{m_1} = \frac{1}{kRT_s}\left(V_1 \frac{\mathrm{d}p_1}{\mathrm{d}t} + p_1 \frac{\mathrm{d}V_1}{\mathrm{d}t}\right) \tag{2-92}$$

式中，$k = C_p/C_v$，称为绝热系数。

依照同样的方法对气动伺服系统气缸右腔(排气腔)进行分析，得到

$$Q_{m_2} = \frac{1}{kRT_s}\left(V_2 \frac{\mathrm{d}p_2}{\mathrm{d}t} + p_2 \frac{\mathrm{d}V_2}{\mathrm{d}t}\right) \tag{2-93}$$

对式(2-92)、式(2-93)作线性化处理，并假设在特殊工作点 i 处 $(\dot{p}_{1i}, \dot{V}_{1i}) = (0,0)$，$(\dot{p}_{2i}, \dot{V}_{2i}) = (0,0)$，得

$$Q_{m_1} = \frac{1}{kRT_s}\left(V_{1i} \frac{\mathrm{d}p_1}{\mathrm{d}t} + p_{1i} \frac{\mathrm{d}V_1}{\mathrm{d}t}\right) \tag{2-94}$$

$$Q_{m_2} = \frac{1}{kRT_s}\left(V_{2i}\frac{\mathrm{d}p_2}{\mathrm{d}t} + p_{2i}\frac{\mathrm{d}V_2}{\mathrm{d}t}\right) \tag{2-95}$$

同样假设活塞在中位附近有小幅位移，则 $V_{1i} = V_{2i} = 2V_0$，此时总容积为

$$V_{总} = V_{1i} + V_{2i} = 2V_0 \tag{2-96}$$

以 y 表示活塞位移大小，则存在

$$\frac{\mathrm{d}V_1}{\mathrm{d}t} = -\frac{\mathrm{d}V_2}{\mathrm{d}t} = A \cdot \frac{\mathrm{d}y}{\mathrm{d}t} \tag{2-97}$$

式中，A 为活塞的工作截面积。

在无任何外力负载时，将式(2-94)～式(2-97)联立可得到气动伺服马达的负载流量 Q_{mL} 的连续流动方程为

$$Q_{mL} = \frac{p_i}{kRT_s}\left[A\frac{\mathrm{d}y}{\mathrm{d}t} + \frac{V_{总}}{4p_i}\frac{\mathrm{d}p_L}{\mathrm{d}t}\right] \tag{2-98}$$

若计入总泄漏量 $C'_{总}p_L$，并将上式写成容积流量的形式，可得

$$Q_L = K_k\left[A\frac{\mathrm{d}y}{\mathrm{d}t} + C'_{总}p_L + \frac{V_{总}}{4p_i}\frac{\mathrm{d}p_L}{\mathrm{d}t}\right] \tag{2-99}$$

式中，$K_k = p_i/k\rho_iRT_s = $ 常数；ρ_i 为气体具有稳态压力 p_i 时的密度。

3) 气动伺服马达系统的传递函数

阀控气动伺服系统的数学模型同液压伺服控制系统一样由三部分组成。因此，将前面已经推导出的气动滑阀的流量方程、气缸的连续性方程及动力缸带负载做功运动的力平衡方程重新列写如下：

$$Q_L = K'_q x_v - K'_c p_L \tag{2-100}$$

$$Q_L = K_k\left[A\frac{\mathrm{d}y}{\mathrm{d}t} + C'_{总}p_L + \frac{V_{总}}{4p_i}\frac{\mathrm{d}p_L}{\mathrm{d}t}\right] \tag{2-101}$$

$$p_L = \frac{1}{A}\left(m\frac{\mathrm{d}^2y}{\mathrm{d}t^2} + f_L\frac{\mathrm{d}y}{\mathrm{d}t} + Ky\right) + \frac{1}{A}F \tag{2-102}$$

对式(2-100)、式(2-101)和式(2-102)作拉普拉斯变换得

$$Q_L = K'_q x_v - K'_c p_L \tag{2-103}$$

$$p_L = \frac{Q_L - K_k A s Y}{K_k\left(C'_{总} + \dfrac{V_{总}}{4p_i}s\right)} \tag{2-104}$$

$$Y = \frac{A}{ms^2 + f_L s + K}\left(P_L - \frac{F}{A}\right) \tag{2-105}$$

按照式(2-103)、式(2-104)和式(2-105)可绘出动态框图如图 2.30 所示。为了便于比较，将传递函数形式改写成与液压伺服控制系统传递函数一致的形式，经过变换，可得到动态框图如图 2.31 所示。

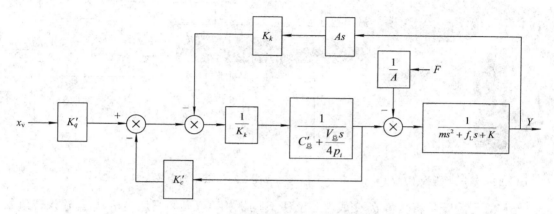

图 2.30　阀控气缸系统结构框图

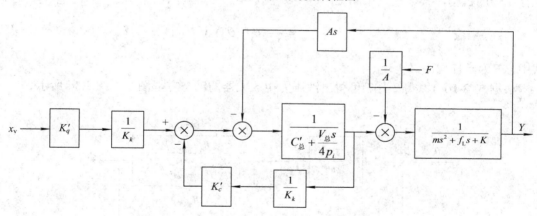

图 2.31　阀控气缸系统等效结构框图

3. 液压力矩放大器

液压力矩扳手是一种典型的力矩放大器，如图 2.32 所示，它在工业设备安装、检修、紧固等方面应用广泛。液压力矩放大器则是由带机械反馈的阀控液压伺服马达构成，其工作原理如图 2.33 所示，当输入转角 θ_v 经过阀芯端部的机械丝杠螺母副转变为阀芯位移 x_v，通过阀芯位移变化控制进口液压伺服马达的压力油的流量和流动方向，而马达轴带动螺母旋转使得阀芯复位，整个过程马达轴完全跟踪输入角而转动。这种放大器实际上就是阀控液压伺服马达加反馈机械丝杠形成的闭环反馈系统。

这里假定整个系统的负载为表 2.2 中的第一种情况，查表可直接写出从阀芯位移 x_v 至马达转角 θ_m 的传递函数为

$$\frac{\theta_m}{x_v} = \frac{K_q / D_m}{s\left(\dfrac{V_{总}J}{4E_0 D_m^2}s^2 + \dfrac{K_c J}{D_m^2}s + 1\right)} \tag{2-106}$$

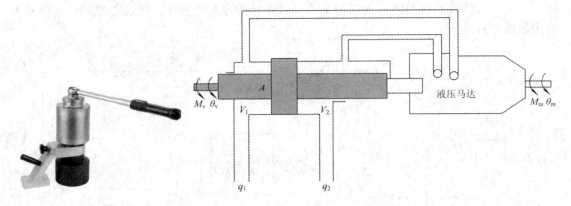

图 2.32　液压力矩扳手　　　　　　　图 2.33　液压力矩放大器

丝杠螺母副既是将转角 θ_v 变成阀芯位移 x_v 的机构，又是将马达转角 θ_m 与输入转角 θ_v 进行比较的机构，其数学关系满足

$$x_v = \frac{T}{2\pi}(\theta_v - \theta_m) \tag{2-107}$$

式中，T 为丝杠螺距。

根据式(2-106)、式(2-107)可得出液压力矩放大器的动态方框图，如图 2.34 所示。

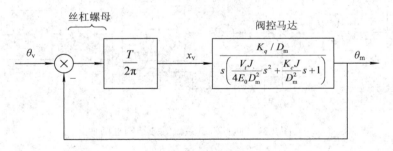

图 2.34　液压力矩放大器系统方框图

假设此时开环增益 K、液压固有频率 ω 和阻尼比 δ 为

$$K = \frac{TK_q}{2\pi D_m}, \quad \omega = \sqrt{\frac{4E_0 D_m}{V_t J}}, \quad \delta = \frac{K_c}{D_m}\sqrt{\frac{E_0 J}{V_t}} \tag{2-108}$$

则液压放大器的开环传递函数(LTF)及闭环传递函数(CLTF)分别为

$$\mathrm{LTF} = \frac{K}{s\left(\dfrac{s^2}{\omega^2} + \dfrac{2f}{\omega}s + 1\right)} \tag{2-109}$$

$$\text{CLTF} = \frac{\text{LTF}}{1+\text{LTF}} = \frac{1}{\dfrac{s^3}{\omega^2 K} + \dfrac{2f}{\omega K}s^2 + \dfrac{s}{K} + 1} \tag{2-110}$$

2.2　机　电　耦　合

在实际应用及生产过程中，机电一体化系统均融合了电路系统和机械系统，这一现象被称为机电耦合。电机作为机电一体化系统中最重要的执行元件，其数学模型的建立既要考虑到电机内部的电磁相互作用，又要考虑电机负载的运动情况。本节着重讨论直流电机在实际应用过程中系统模型的建模方法，借助其来理解机电耦合现象。

2.2.1　电枢控制式直流电动机

图 2.35 所示为电枢控制式直流电动机的原理图。

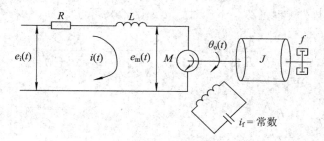

图 2.35　电枢控制式直流电动机

图 2.35 中，$e_i(t)$ 为电机电枢输入电压；$\theta_o(t)$ 为电机输出转角；R 为电枢绕组的电阻；L 为电枢绕组的电感；$i(t)$ 为电枢绕组的电流强度；$e_m(t)$ 为电机的感应电动势；$M(t)$ 为电机的转矩；J 为电机及负载折算到电机轴上的转动惯量；f 为电机及负载折算到电机轴上的黏滞阻尼系数。由图可知，对于整个电枢回路，根据基尔霍夫定律有

$$e_i(t) = Ri(t) + L\frac{\mathrm{d}i(t)}{\mathrm{d}t} + e_m(t) \tag{2-111}$$

电机转矩 $M(t)$ 与电枢电流 $i(t)$ 和气隙磁通的乘积成正比，而磁通与激励电流成正比，由于激励电流为常数，故转矩与电枢电流成正比。假设电机力矩常数为 K_T，则有

$$M(t) = K_T i(t) \tag{2-112}$$

电机的感应电动势和角速度的乘积成正比，故电机感应电动势与角速度可表示为

$$e_m(t) = K_e \frac{\mathrm{d}\theta_o(t)}{\mathrm{d}t} \tag{2-113}$$

另外，根据牛顿第二定律，有

$$M(t) - f\frac{\mathrm{d}\theta_o(t)}{\mathrm{d}t} = J\frac{\mathrm{d}^2\theta_o(t)}{\mathrm{d}t^2} \tag{2-114}$$

将式(2-111)～式(2-114)联立，消去中间变量 $i(t)$、$e_m(t)$ 和 $M(t)$，得到

$$LJ\dddot{\theta}_o(t) + (Lf + RJ)\ddot{\theta}_o(t) + (Rf + K_T K_e)\dot{\theta}_o(t) = K_T e_i(t) \tag{2-115}$$

对式(2-115)进行拉普拉斯变换，得到传递函数为

$$\frac{\theta_o(s)}{E_i(s)} = \frac{K_T}{s[LJs^2 + (Lf + RJ)s + (Rf + K_T K_e)]} \tag{2-116}$$

理想状态下，电动机电感在设计过程中通常较小，可忽略不计，因此传递函数可化简为

$$\frac{\theta_o(s)}{E_i(s)} = \frac{\dfrac{K_T}{Rf + K_T K_e}}{s\left(\dfrac{RJ}{RJ + K_T K_e}s + 1\right)} = \frac{K_m}{s(T_m s + 1)} \tag{2-117}$$

式中，$T_m = \dfrac{RJ}{Rf + K_T K_e}$ 为电动机的机电时间常数；$K_m = \dfrac{K_T}{Rf + K_T K_e}$ 为电动机的增益常数。

当黏滞阻尼系数 f 较小可忽略不计时，传递函数又可近似为

$$\frac{\theta_o(s)}{E_i(s)} = \frac{1/K_e}{s\left(\dfrac{RJ}{K_T K_e}s + 1\right)} = \frac{K_m}{s(T_m s + 1)} \tag{2-118}$$

式中，$K_m = \dfrac{1}{K_e}$；$T_m = \dfrac{RJ}{K_T K_e}$

2.2.2 磁场控制式直流电动机

图 2.36 所示为磁场控制式直流电动机原理图，此类电动机与电枢控制直流电机不同，依据洛伦兹力将绕组激励线圈和绕组获得的机械力联系在一起。图中，$e_i(t)$ 是激磁绕组输入电压；$\theta_o(t)$ 是电机的输出转角；R_f 为激磁绕组的电阻值；L_f 为激磁绕组的电感值；$i_f(t)$ 是激磁绕组电流大小；R_a 为电枢电路的等效电阻；i_a 为电枢电流(常量)；$M(t)$ 为电机转矩；J 为电机及负载折算到电机轴上的转动惯量；f 为电机及负载折算到电机轴上的黏滞阻尼系数。

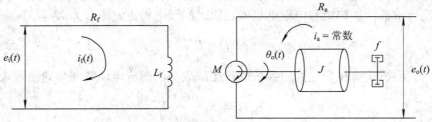

图 2.36 磁场控制式直流电动机

由图 2.36 可知，对于输入电压电路回路，应用基尔霍夫电压定律有

$$e_i(t) = L_f \frac{di_f(t)}{dt} + R_f i_f(t) \tag{2-119}$$

与电枢控制式直流电动机相同，电机的转矩 $M(t)$ 与电枢电流 $i(t)$ 和气隙磁通的乘积成正比，而磁通与激励电流成正比，由于激励电流为常数，故转矩与电枢电流成正比。假设电机力矩常数为 K_T，则有

$$M(t) = K_T i_f(t) \tag{2-120}$$

对于图 2.36 所示的输出转体，运动方程为

$$M(t) = J\ddot{\theta}_o(t) + f\dot{\theta}_o(t) \tag{2-121}$$

将式(2-119)、式(2-120)和式(2-121)联立，消去中间变量 $i_f(t)$、$M(t)$，经拉普拉斯变换可得到传递函数

$$\frac{\theta_o(s)}{E_i(s)} = \frac{\dfrac{K_T}{R_f f}}{s\left(\dfrac{L_f}{R_f}s+1\right)\left(\dfrac{J}{f}s+1\right)} \tag{2-122}$$

通常，$\dfrac{L_f}{R_f} \ll \dfrac{J}{f}$，故此时传递函数可化简为

$$\frac{\theta_o(s)}{E_i(s)} = \frac{\dfrac{K_T}{R_f f}}{s\left(\dfrac{J}{f}s+1\right)} = \frac{K_m}{s(T_m s+1)} \tag{2-123}$$

式中，$K_m = \dfrac{K_T}{R_f f}$；$T_m = \dfrac{1}{f}$。

2.2.3　直流发电机

直流发电机是将机械能转化为直流电能的设备，由静止部分和转动部分组成，其中静止部分称为定子，包括机壳和磁极(产生磁场)；转动部分称为转子，也叫电枢。直流发电机的工作原理就是将电枢线圈中感应产生的交变电动势，靠换向器配合电刷的换向作用，使之从电刷端引出时变为直流电动势。图 2.37 为航天巴士公司生产的 BS9500E 直流发电机，其工作原理如图 2.38 所示。

图 2.37　BS9500E 直流发电机

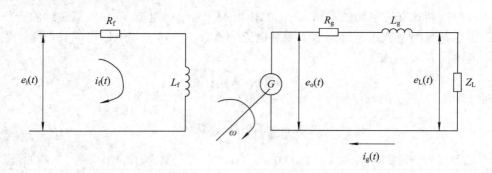

图 2.38 直流发电机工作原理

图 2.38 中，$e_i(t)$ 为输入控制电压；$e_o(t)$ 为发电机输出电压；R_f、R_g 为发电机等效电阻；L_f、L_g 为发电机等效电感；Z_L 为发电机负载阻抗；$e_L(t)$ 为负载电压。

对于图 2.38，根据基尔霍夫电压定律，左侧输入回路有

$$e_i(t) = Ri_f(t) + L\frac{\mathrm{d}i_f(t)}{\mathrm{d}t} \tag{2-124}$$

当发电机的转轴匀速转动时，发电机的输出电压 $e_o(t)$ 与输入回路的控制电流 $i_f(t)$ 成正比，即

$$e_o(t) = K_g i_f(t) \tag{2-125}$$

式中，K_g 为常数。

将式(2-124)、式(2-125)联立，消去中间变量 $i_f(t)$，经过拉普拉斯变换可得到传递函数为

$$\frac{E_o(s)}{E_i(s)} = \frac{\dfrac{K_g}{R}}{\dfrac{L}{R}s+1} = \frac{K_m}{T_m s + 1} \tag{2-126}$$

式中，$K_m = \dfrac{K_g}{R}$；$T_m = \dfrac{L}{R}$。

2.2.4 电路系统和机械系统的比较

电动机、发电机以及很多机电一体化产品均耦合了电路系统和机械系统，其基本元件的数学表达存在很多类似之处。通过类比的思想，将电流类比成力，电压类比成速度，阻尼系数 f 类比为电阻值的倒数，即 $1/R$。通过电流和力、电压和速度的类比，可以将弹簧类比为电感，质量类比为电容。例如，电路中电阻不能存储能量，但能消耗能量，当电流 i 流过相应的电阻时，电阻消耗功率为 $P = u^2/R$；机械系统中类似于电阻的基本元件为阻尼器，它同样不存储能量，而是消耗能量，当流体通过相应阻尼器时，阻尼器所消耗的功率为 $P = cu^2$，其中 c 为常量。

图 2.39(a)所示的减震系统和图 2.39(b)所示的电气系统具有类似的输入/输出微分方程：

$$m\frac{\mathrm{d}^2 x}{\mathrm{d}t^2}+c\frac{\mathrm{d}x}{\mathrm{d}t}+kx=F \quad 和 \quad RC\frac{\mathrm{d}u_C}{\mathrm{d}t}+LC\frac{\mathrm{d}^2 u_C}{\mathrm{d}t^2}+u_C=u \tag{2-127}$$

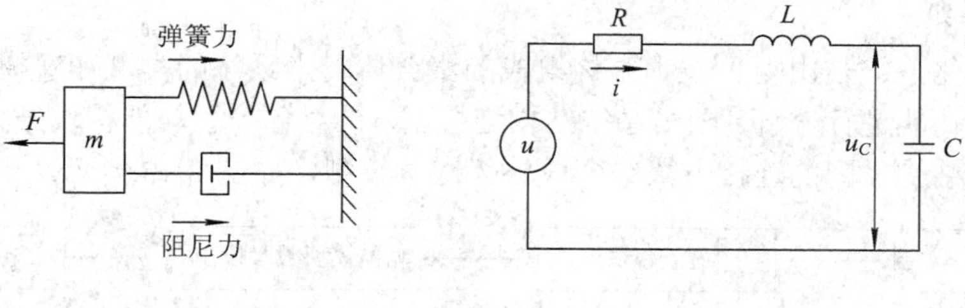

(a) 减震系统示意图　　　　　　　(b) 电气系统示意图

图 2.39　电路系统和机械系统比较

电流和力的类比是最常用的，然而，在有些情况下也可以将电压与力进行类比。

2.3　机电一体化系统数学建模实例

2.3.1　数学模型的分类

对于一个指定的机电一体化系统，建立什么形式的数学模型需要考察两个方面：第一，根据实际情况考察机电系统是连续系统还是离散系统，是线性系统还是非线性系统等，系统不同数学模型的形式也不同；第二，考察建立数学模型的目的，是进行动态分析还是静态分析，是进行末端分析还是中间状态分析等。具体采用哪一种数学模型则需要根据建模的目的进行判断。例如，用于控制和动态性能分析的模型应选择动态模型，而用于系统优化的模型则应选择静态模型。当注重分析系统的输出效果时，把系统比做一个抽象的整体，面对连续集中参数系统，数学模型应选择微分方程、传递函数形式进行描述。若面对分析系统内部结构状态和输出之间的关系，则需要建立状态方程，通过状态方程获得系统内部各环节特性，有效地对内部各个环节参数进行调整，进一步优化系统结构。表 2.3 列写出了数学模型和系统状态之间的分布关系。

表 2.3　数学模型和系统状态的分布类型

系统状态	静态系统	动态系统							
		连续系统					离散系统		
		集中参数			分布参数		时间离散		随机离散
数学模型	代数模型	微分方程	传递函数	状态方程	偏微分方程	差分方程	脉冲传递函数	离散状态方程	概率分布

目前，机电一体化系统均是由计算机控制的具有离散系统特性的动态系统，不能完全由连续系统的数学模型来表达。但是由于连续系统数学模型如微分方程、传递函数、状态方程的建立在自动控制领域内较为经典，建模方便，因此对离散系统的建模经常采用先建立连续系统的数学模型，再将其进行离散化的方法。下面着重介绍机电一体化系统的建模方法。

2.3.2 数学模型的建模方法

1. 建模原则

机电一体化系统是由多种技术结构组成的集合体，当系统的类型和建模目的明确后，首先要对系统功能进行分解，画出系统结构连接图，针对各个子功能模块结构进行建模后，再根据子功能结构之间的连接方式组合成整体数学模型，如图 2.40 所示。

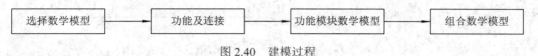

图 2.40　建模过程

在建模过程中，系统功能分解的合理性尤为关键，原则上使分解的建模功能既要简单易于建模，又要形成具有输入/输出关系的独立结构。

2. 建模方法

系统的数学建模方法一般分为两种：一种是数学分析法，即以各种物理原理建立系统参数或变量之间的关系，并获得近似的数学描述(机理模型)；另一种是实验分析法，即根据合理的实验结果进行分析获得满足系统输入/输出关系的数学描述(辨识模型)。

由于机电一体化系统的功能结构主要由机械系统和电路系统两部分组成，机械系统由质量块、惯量、阻尼、弹簧组成，均能以力学基础理论建模；电路系统则由电阻、电容、电感等电子器件组成，可以由电磁学和电子学理论为基础建模；系统中的传感器和执行单元具有较为完善的物理学理论描述，因此，实际中机电一体化系统的建模大多建立机理模型，而实验法大多用于系统的实际验证。

3. 相似性原理

相似性原理表明，不同的系统，例如机械系统和电路系统，实际上存在相似的数学抽象或物理相似。比如机械系统的质量和惯量具有储能性质，而电路中的电感、电容也具有储能性质；机械系统中的阻尼和电路中的电阻都具有耗能的特性。这就导致了不同系统具有相似的数学模型，或一种数学模型能代表不同的系统。

无论是机械系统还是电路系统，有两个储能元件的系统都被称为二阶系统。图 2.41 所示的机械和电路两系统具有相似的二阶系统模型。

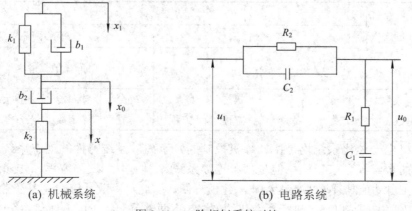

(a) 机械系统　　　　　　　　(b) 电路系统

图 2.41　二阶相似系统对比

对于图 2.41(a)所示的机械系统，其数学表达式为

$$\frac{X_0(s)}{X_1(s)} = \frac{b_1 b_2 s^2 + (b_2 k_1 + b_1 k_2)s + k_1 k_2}{b_1 b_2 s^2 + (b_2 k_1 + b_2 k_2 + b_1 k_2)s + k_1 k_2} = \frac{\dfrac{b_1 b_2}{k_1 k_2} s^2 + (\dfrac{b_1}{k_1} + \dfrac{b_2}{k_2})s + 1}{\dfrac{b_1 b_2}{k_1 k_2} s^2 + (\dfrac{b_1}{k_1} + \dfrac{b_2}{k_2})s + 1 + \dfrac{b_2}{k_1}} \tag{2-128}$$

$$= \frac{(\dfrac{b_1}{k_1} s + 1)(\dfrac{b_2}{k_2} s + 1)}{(\dfrac{b_1}{k_1} s + 1)(\dfrac{b_2}{k_2} s + 1) + \dfrac{b_2}{k_1}}$$

对于图 2.41(b)所示的电路系统，利用阻抗法可得

$$Z_1 = R_1 + \frac{1}{C_1 s} = \frac{1}{C_1 s}(R_1 C_1 s + 1) = \frac{1}{C_1 s}(T_1 s + 1) \tag{2-129}$$

$$Z_2 = R_2 \;//\; \frac{1}{C_2 s} = \frac{R_2 \dfrac{1}{C_2 s}}{R_2 + \dfrac{1}{C_2 s}} = \frac{R_2}{R_2 C_2 s + 1} = \frac{R_2}{T_2 s + 1} \tag{2-130}$$

式中，$T_1 = R_1 C_1$；$T_2 = R_2 C_2$。

所以

$$\frac{U_0(s)}{U_1(s)} = \frac{Z_1}{Z_1 + Z_2} = \frac{\dfrac{T_1 s + 1}{C_1 s}}{\dfrac{T_1 s + 1}{C_1 s} + \dfrac{R_2}{T_2 s + 1}} = \frac{(T_1 s + 1)(T_2 s + 1)}{(T_1 s + 1)(T_2 s + 1) + R_2 C_1 s} \tag{2-131}$$

对比机械系统和电路系统的表达式，不难发现，两系统函数有相同的数学表达形式。

习题与思考题

1. 机电一体化系统设计时需要进行机械系统的哪些物理量换算？换算的原则是什么？

2. 推导图 2-42 中串联 *RLC* 电路的输入/输出关系，其中输入为 u，输出为电阻 R 两端电压 u_R。

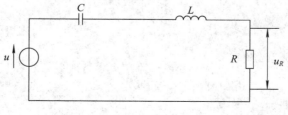

图 2-42　习题 2-2

3. 求解图 2.7 所示的机械系统的传递函数，并画出动态结构方框图。

4. 求解图 2.43 所示电路网络的传递函数。

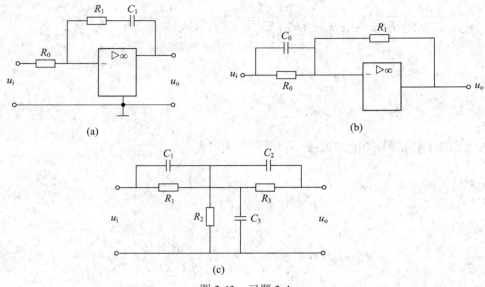

图 2.43 习题 2-4

5. 一个热物体的热容为 C，温度为 T，放在温度为 T_1 的足够大的房间中冷却。假设热系统的热阻为 R，尝试推导该物体的温度随时间变化的方程，并给出等效的电气系统模型。

6. 设计机电一体化系统时，需要考虑哪几个方面的因素？

7. 求解图 2.39 所示系统的传递函数，比较两者是否是相似系统，并写出对应的机-电相似量。

第 3 章 伺服驱动技术

3.1 伺服系统概述

伺服系统是自动控制系统的一类，它的输出变量通常是机械或位置的运动，它的根本任务是实现执行机构对给定指令的准确跟踪，即实现输出变量的某种状态能够自动、连续、精确地复现输入指令信号的变化规律。

3.1.1 伺服系统的构成

虽然因服务对象的运动部件、检测部件以及机械结构等的不同而对伺服系统的要求也有差异，但所有伺服系统的共同点是带动控制对象按照指定规律做机械运动。从自动控制理论的角度来分析，伺服控制系统一般包括比较环节、控制器、执行环节、被控对象和检测环节等部分，如图 3.1 所示。

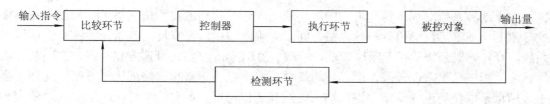

图 3.1 伺服系统的构成

(1) 比较环节。比较环节是将输入的指令信号与系统的反馈信号进行比较，以获得输出与输入间的偏差信号的环节，通常由专门的电路或计算机来实现。

(2) 控制器。控制器通常是计算机或 PID 控制电路，其主要任务是对比较元件输出的偏差信号进行变换处理，以控制执行元件按要求动作。

(3) 执行环节。执行环节的作用是按控制信号的要求，将输入的各种形式的能量转化成机械能，驱动被控对象工作。机电一体化系统中的执行元件一般指各种电机或液压、气动伺服机构等。

(4) 被控对象。被控对象是指被控制的机构或装置，是直接完成系统目的的主体，包括传动系统、执行装置和负载，如工业机器人的手臂、数控机床的工作台以及自动引导车的驱动轮等。

(5) 检测环节。检测环节是指能够对输出进行测量，并转换成比较环节所需要的量纲后反馈给比较控制环节的装置,一般包括传感器和转换电路。

在实际的伺服控制系统中,上述每个环节在硬件特征上并不一定单独成立,可能几个环节在一个硬件中,如测速直流电动机既是执行元件,又是检测元件。

3.1.2　伺服系统的类型

伺服系统的种类很多,采用不同的分类方法,可得到不同类型的伺服系统。

1. 按控制原理分类

按控制原理的不同分为开环、闭环和半闭环伺服系统。

1) 开环伺服系统

开环伺服系统没有位置测量元件,伺服驱动元件为步进电机或电液脉冲马达。数控系统发出的进给脉冲经驱动电路放大后送给步进电机或电液脉冲马达,使其转动一个步距,再经机床传动机构,最终转换成工作台的移动。由此可以看出,工作台的移动量是与数控系统发出的进给脉冲的数量成正比的。图 3.2 为开环伺服系统的框图。

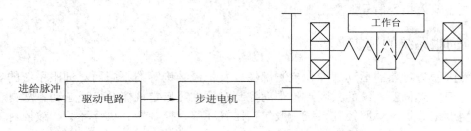

图 3.2　开环伺服系统框图

由于这种系统对机床传动机构的转动或工作台的移动的实际情况不进行检测,没有被控对象的反馈信息,输出量与输入量之间只有顺向作用,没有反向联系,故称为开环伺服系统。开环伺服系统的控制精度较低,一般为 0.01 mm 左右,且速度也有一定的限制。虽然开环控制在精度方面较差,但其结构简单、成本低、调整和维修都比较方便。此外,由于被控量不以任何形式反馈到输入端,因此其工作稳定、可靠,广泛应用于一些对精度和速度要求不高的场合(如线切割机、办公自动化设备等)。

2) 闭环伺服系统

图 3.3 所示为闭环伺服系统框图。在闭环伺服系统中,位置测量元件(如感应同步器、光栅、磁尺、线纹尺等)不断地检测机床移动部件(如工作台、溜板箱、刀架等)的位移情况。当数控系统发出指令后,伺服电机转动,通过速度测量元件将速度信号反馈到速度控制电路,通过位置测量元件将机床工作台实际位移量反馈给位置比较电路,并与数控系统命令的位移量相比较,把二者的差值放大,命令伺服电机带动工作台作附加移动;然后将实际位移量的二次反馈信号与数控系统命令的位移量再比较,再放大二者的差值,再命令伺服电机带动工作台移动,如此多次地反复直到差值为零、测量值与指令值相等为止。

闭环伺服系统的输出量不仅受输入量(指令)的控制,而且还受反馈信号的控制。输出量与输入量之间既有顺向作用,又有反向联系,所以称其为闭环控制或反馈控制。由于系统是利用输出量与输入量之间的差值进行控制的,故又称其为负反馈控制。

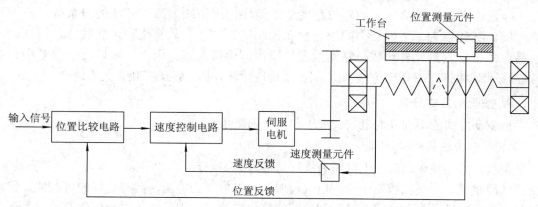

图 3.3　闭环伺服系统框图

　　闭环伺服系统是实现高精度位置控制的一种理想方案，但实现起来难度很大，且存在稳定性问题。由于全部的机械传动链都包含在位置闭环中，机械传动链的惯量、间隙、摩擦、刚性等非线性因素都会给伺服系统造成影响，从而使系统的控制和调试变得异常复杂，制造成本也会急剧增加。因此，闭环伺服系统主要用于高精密和大型的机电一体化设备。

　　3) 半闭环伺服系统

　　图 3.4 为半闭环伺服系统的构成框图。半闭环伺服系统对机床工作台的实际位置不进行检测，而是用装在丝杠轴或齿轮轴上的角位移测量元件(如编码盘、旋转变压器、圆形光栅、磁尺、感应同步器、光电盘等)测量丝杠轴或齿轮轴的转动来间接地测量工作台的位移。角位移测量元件测出的位移量反馈回来，与输入指令比较，而后校正丝杠轴或齿轮轴的转动位置。因此，半闭环伺服系统的实际控制量是丝杠轴或轮轴的转动(角位移)。从图 3.4 中可以看出，由丝杠轴的转动变换为工作台的移动，不在控制回路之内，这部分的精度完全由丝杠-螺母副的传动精度来保证。

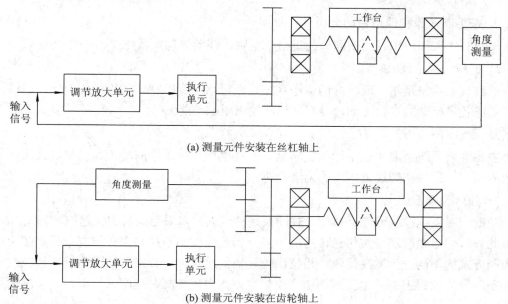

(a) 测量元件安装在丝杠轴上

(b) 测量元件安装在齿轮轴上

图 3.4　半闭环伺服系统框图

显然，半闭环伺服系统的定位精度低于闭环伺服系统，高于开环伺服系统，介于两者之间。其优点为：惯性较大的工作台在控制回路之外，故系统稳定性较好，调试比较容易；角位移测量元件比线位移测量元件简单，价格低廉。因而，配以传动误差小的滚珠丝杠-螺母副和精密齿轮的半闭环伺服系统比闭环伺服系统的应用更为普遍。

2. 按驱动方式分类

按驱动方式的不同分为电气、液压和气动伺服系统。

1) 电气伺服系统

电气伺服系统采用伺服电机作为执行元件，根据执行元件的不同又分为直流伺服系统、交流伺服系统、步进伺服系统等。电气伺服系统以电源为能源，具有良好的可控性、稳定性和环境适应性，且与计算机等控制装置的接口较简单，因此在机电一体化产品中得到广泛应用。然而，电气伺服系统也有其自身的局限性，较难获得大功率，并且必须使用齿轮等运动传递和变换机构来实现旋转或直线运动。

2) 液压伺服系统

液压伺服系统常用的执行装置有液压油缸、液压马达等。液压伺服系统输出功率大，工作平稳，可通过流量控制实现无级变速，进而实现高速、高精度的位置控制。因此，在轧制、成形、建筑等重型机械和汽车、飞机上得到了广泛的应用。然而，液压系统中油源、进油、回油管路等附属设备占用空间较大，易发生漏油危险，稳定性较差。

3) 气动伺服系统

气动伺服系统以压缩空气作为工作介质，采用的执行装置包括气缸、气动马达等。气动伺服系统利用气缸可实现高速直线运动，结构简单，价格低，适用于工件的夹紧、输送等生产线自动化方面。由于空气可压缩的特性，气动系统能够快速地完成升降、伸缩等简单动作，但较难实现高精度的位置控制和速度控制。

3. 按控制对象和使用目的分类

按控制对象和使用目的不同分为进给、主轴、辅助等伺服系统。

1) 进给伺服系统

进给伺服系统是指一般概念的伺服系统，它包括速度控制环和位置控制环。进给伺服系统完成各坐标轴的进给运动，具有定位和轮廓跟踪功能。

2) 主轴伺服系统

主轴伺服系统主要实现主轴的旋转运动，提供切削过程中的转矩和功率，且保证任意转速的调节，完成在转速范围内的无级变速。

3) 辅助伺服系统

辅助伺服系统控制刀库、料库等辅助系统的运动，多采用简易的位置控制方式。

此外，伺服系统还可按信息传递的不同分为连续控制系统与采样控制系统；按反馈比较控制方式的不同分为脉冲比较、相位比较、幅值比较、全数字等伺服系统；按被控量性质的不同分为位置控制、速度或加速度控制、力或力矩控制、速度或位置的同步控制等伺服系统。

3.1.3　伺服系统的基本要求

伺服系统的基本设计要求是输出量能迅速而准确地响应输入指令的变化。为了保证这种响应的快速和准确，伺服系统必须满足以下基本要求。

1. 稳定性好

伺服系统的稳定性是指当作用在系统上的扰动信号消失后，系统能够恢复到原来的稳定状态下运行，或者在输入的指令信号作用下，能够达到新的稳定运行状态的能力。稳定的伺服系统在受到输入信号(包括扰动)作用时，其输出量的响应随时间而衰减，并最终达到与期望值一致或相近；不稳定的伺服系统其输出量的响应随时间而增加，或者表现为等幅振荡。因此，伺服系统的稳定性要求是一项最基本的要求，也是保证伺服系统能够正常运行的最基本条件。

伺服系统的稳定性是由系统本身特性决定的，即取决于系统的结构及组成元件的参数(如惯性、刚度、阻尼、增益等)，与外界作用信号(包括指令信号和扰动信号)的性质或形式无关。一个伺服系统是否稳定，可根据系统的传递函数，采用自动控制原理所提供的各种方法来判别。对于位置伺服系统，当运动速度很低时，往往会出现一种由摩擦特性所引起的、被称为"爬行"的现象，这也是伺服系统不稳定的一种表现。"爬行"会严重影响伺服系统的定位精度和位置跟踪精度。

2. 精度高

伺服系统的精度是指其输出量复现指令信号的精确程度。伺服系统工作过程中通常存在着三种误差，即动态误差、稳态误差和静态误差。稳定的伺服系统对变化的输入信号的动态响应往往是一个振荡衰减的过程，在动态响应过程中输出量与输入量之间的偏差称为系统的动态误差。在动态响应过程结束后，即在振荡完全衰减掉之后，输出量对输入量的偏差可能会继续存在，这个偏差称为系统的稳态误差。系统的静态误差则是指由系统组成元件本身的误差及干扰信号所引起的系统输出量对输入量的偏差。

影响伺服系统精度的因素很多，就系统组成元件本身的误差来讲，有传感器的灵敏度和精度伺服放大器的零点漂移和死区误差、机械装置中的反向间隙和传动误差、各元器件的非线性因素等。此外，伺服系统本身的结构形式和输入指令信号的输入形式对伺服系统精度都有重要影响。

精度是对伺服系统的一项重要性能要求。人们主观上总是希望所设计的伺服系统在任何情况下运行时，其输出量的误差都为零，但实际上这是不可能的。在设计伺服系统时，只要保证系统的误差满足精度指标要求就可以了。

3. 快速响应性好

快速响应性是衡量伺服系统动态性能的一项重要指标，其主要包含两方面的含义：一是指动态响应过程中，输出量跟随输入指令信号变化的迅速程度；二是指动态响应过程结束的迅速程度。

伺服系统对输入指令信号的响应速度通常由系统的上升时间来表征，它主要取决于系统的阻尼比。阻尼比小则响应快，但阻尼比太小会导致最大超调量增大和调整时间加长，使系统相对稳定性降低。伺服系统动态响应过程结束的迅速程度用系统的调整时间来描述，并取决于系统的阻尼比和无阻尼固有频率。当阻尼比一定时,提高固有频率可缩短响应过程的持续时间。

伺服系统的快速响应性、稳定性和精度是对伺服系统的基本性能要求,三者之间是相互关联的,在进行伺服系统设计时,必须首先满足稳定性要求,然后在满足精度要求的前提下尽量提高系统的快速响应性。

4. 可靠性高

系统各元件的参数变化都会影响系统的性能,如果对这些变化的适应性与自我调节能力强,则系统的性能受元器件参数变化的影响就小,可靠性就高。从硬件角度而言,保证系统可靠性的要点是:对于开环系统,应严格选择各元件;对于闭环系统,对输出通道中元件的挑选标准可以适当放宽,对反馈通道中的各元件必须严格挑选。

5. 调速范围宽

调速范围是指伺服系统所能提供的最高速度与最低速度之比,通常指转速之比,即

$$R = \frac{v_{max}}{v_{min}} \tag{3-1}$$

式中,v_{max} 为额定负载时最高转速;v_{min} 为额定负载时最低转速;R 为调速范围。

3.2 伺服系统中的执行元件

3.2.1 执行元件的种类及特点

执行元件是位于电气控制装置和机械执行装置接点部位的一种能量转换装置,它能在控制装置的作用下,将输入的各种形式的能量转换为机械能。执行元件的种类繁多,根据使用能量的不同,分为电气式、液压式和气压式等主要类型。

1. 电气式

电气式执行元件以电能为动力,利用电能产生位移或转角,从而实现对被控对象的调整和控制。电气式执行元件主要包括直流伺服电动机、交流伺服电动机和步进电动机等。电动机虽然能把电能转换为机械能,但电动机本身缺少控制能力,需要电力变换控制装置的支持。电气式执行元件具有高精度、高速度、高可靠性、适宜编程、易与计算机连接等优点,使其成为机电一体化伺服系统中最常用的执行元件。

2. 液压式

液压式执行元件是将压缩液体的能量转换为机械能,拖动负载实现直线或回转运动。做功介质可以用水,但大多数用油。常见的液压式执行元件有液压缸、液压马达等。液压执行元件具有结构简单、工作平稳、冲击振动小、无级调速范围大、输出转矩大、过载能力强等优点,但需要相应的液压源,占地面积大,容易漏油而污染环境,控制性能不如伺服电动机。

3. 气压式

气压式执行元件是把压缩气体的能量转换成机械能,拖动负载完成被控对象的控制。做功介质可以用空气,也可以用惰性气体。具有代表性的气压式执行元件有气缸、气压马

达等。气压驱动虽可得到较大的驱动力、行程和速度，但由于空气黏性差且具有可压缩性，故不能在定位精度要求较高的场合使用。

3.2.2　执行元件的基本要求

为了满足伺服系统设计的要求，实现执行元件的精确驱动与定位，保证系统的高效、精确和可靠的性能，执行元件有如下基本性能要求：

(1) 惯性小、动力大。为使伺服系统具有良好的快速响应性能和足够的负载能力，希望执行元件具有较小的惯量并输出较大的功率。

(2) 体积小、质量轻。为使执行元件易于安装及与机械系统连接，使伺服系统结构紧凑，常常希望执行元件具有较小的体积和较轻的质量。这一要求在工业机器人手臂、手腕伺服系统中显得尤为突出。

(3) 便于计算机控制。机电一体化产品多采用计算机控制，因而要求伺服系统及其执行元件也能通过计算机进行统一控制。根据这一要求，伺服电动机(电气式执行元件)在机电一体化伺服系统中的应用最为广泛，其次是液压式和气压式执行元件(在驱动接口中需要增加电-液或电-气变换环节)。

(4) 成本低、可靠性好、便于安装和维修。

3.2.3　新型执行元件

1. 高温超导电机

高温超导电机采用超导励磁绕组(超导磁体)代替常规铜质绕组，主要由定子、转子、低温冷却系统和失超保护系统等组成，如图 3.5 所示。其中定子主要由电枢、机座、轴承组成，转子由冷媒传输装置、高温超导磁体、磁体支撑系统、转轴、外转子真空屏等部件组成。高温超导磁体工作温度为 30～40 K，由外部低温冷却系统提供低温冷媒介质，通过冷媒传输装置输入转子内对超导磁体进行冷却，以维持超导磁体的超导状态。高温超导磁体在低温下具有载流密度大、产生磁场强、无损耗等特点，其强磁场特性降低了电机的体积和质量，提高了电机功率密度和电机效率。

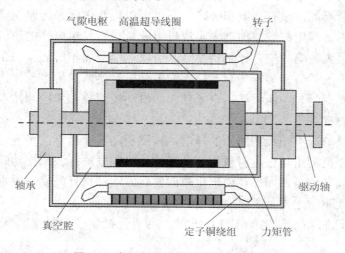

图 3.5　高温超导电机结构组成示意图

　　高温超导电机中用高温超导线圈取代常规铜线圈，低温下具有零电阻特性，载流能力远大于铜导线，在给定空间内能产生很强的磁场，通过先进的设计可以使大容量高温超导电机体积和质量为常规电机的约 1/2 和 1/3，具有高功率密度、高效率、低振动噪声、过载能力强、无周期热负载等优点。在船舶电力推进、直驱风力发电、大功率电气传动、工业发电、航天发射等许多大中型电机应用领域，特别是在对电机体积、质量有严格要求的船舶电力推进和直驱风力发电领域，有着十分诱人的应用前景。

　　目前国内外研制的代表性高温超导电机主要技术参数如表 3.1 所示。虽然我国 1000 kW 高温超导电机研制成功，技术水平和技术能力得到长足进步，但是高温超导电机是一项应用新材料、新方法、新工艺的多学科高新技术，技术难度大，而且国内高温超导电机的研究起步较晚，研究的深度和广度还不够，基础研究、技术水平与技术手段与美国和德国相比还存在明显差距。

表 3.1　国内外代表性高温超导电机技术参数

	美国	德国	韩国	中国
功率/MW	36.5	4	1	1
电压/V	6000	3100	3300	690
转速/(r/m)	120	120	3600	500
磁体温度/K	32	30	27	30
超导材料	Bi2223	Bi2223	Bi2223	Bi2223
气隙磁密/T	/	/	0.55	0.85
效率/%	97	96.2	96.7	95.9
质量/t	75	36	/	8
完成时间	2009	2010	2006	2012

2. 超声波电动机

　　超声波电动机是 20 世纪末发展起来的一种新的微型驱动电机，它的基本结构及工作原理与传统电机完全不同，没有绕组和磁路，不以电磁相互作用来传递能量，而是基于压电材料的逆压电效应，利用超声波振动来实现机电能量转换。超声波电动机结构简单、体积小、重量轻、力矩大、响应快、控制精度高，可以运用于照相机的自动调焦、门式窗帘的直接驱动、机器人的关节控制等场合。超声波电动机是典型的机电一体化产品，它涉及电机学、振动学、摩擦学、功能材料、电子技术、自动控制技术和检测技术等多学科，目前仍是国内外研究的重点。

　　超声波电动机的分类还没有统一的标准，按照驱动转子运动的机理可分为驻波型和行波型两种。驻波型是利用与压电材料相连的弹性体内激发的驻波来推动转子运动，属于间断驱动方式；行波型则是在弹性体内产生单向的行波，利用行波表面质点的振动轨迹来传递能量，属于连续驱动方式。

　　超声波电动机的基本结构如图 3.6 所示，主要包括定子、转子、压力弹簧和转轴等部件。

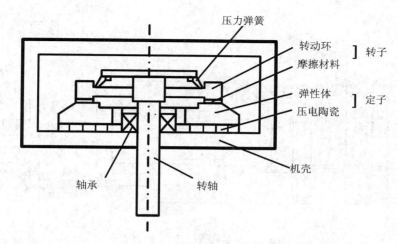

图 3.6　超声波电动机的基本结构

　　超声波电动机的速度控制可通过变压、变频来实现，另外，改变定子两相相位差也可对速度进行控制。变频控制可以充分利用超声波电动机低速、大转矩、动态响应快等优点，且有较高效率，因而成为首选。相位差控制可平滑调速和改变转向，适用于需要柔顺驱动的系统。

　　由于超声波电动机强烈的非线性，其控制不同于常规的电磁式电动机，这主要是因为超声波电动机靠摩擦驱动，定、转子之间的滑动率不能完全确定，并且谐振频率本身又会随着温度而变化，导致系统参数及其控制特性都会改变。因此，实际上超声波电动机的控制是十分复杂的，其控制策略的研究吸引了不少学者，目前仍处于探索与发展之中。

3. 压电式驱动器

　　压电式驱动器是利用压电材料的逆压电效应来驱动执行机构作微量位移。压电材料(如压电陶瓷)具有双向的压电效应，正压电效应是指压电材料在外力作用下产生应变，在其表面上产生电荷；而逆压电效应是指压电材料在外界电场作用下产生应变，其应变大小与电场强度成正比，应变方向取决于电场方向。

　　在精密机械和精密仪器中，常利用压电材料的逆压电效应来实现微量位移，这样就不必再采用传统的传动系统，因而避免了机械结构造成的误差。压电式驱动器的优点是位移量大(行程可达数厘米)；移动精度和分辨率极高(位移精度可达 0.05 μm，分辨率可达 0.006 μm 每步)；动作快(移动速度可达 20 mm/min)；结构简单，尺寸小；易于遥控。

　　图 3.7 为圆管式压电陶瓷位移驱动器，用于精密镗床刀具的微位移装置。当压电陶瓷管 1 通电时向左伸长，推动刀体中的滑柱 2、方形楔块 4 和圆柱楔块 8 左移。借助于楔块 8 的斜面，克服压板弹簧 5 的弹力，将固定镗刀 6 的刀套 7 顶起，实现镗刀 6 的一次微量位移。相反，当对压电陶瓷管通反向直流电压时，则压电陶瓷管 1 向右收缩，楔块 4 右侧出现空隙。在圆柱弹簧 3 的作用下，方形楔块 4 向下移动，以填补由于压电陶瓷管收缩时所腾出的空隙。显而易见，对压电陶瓷管通以正反向交替变化的直流脉冲电压，该装置可连续实现镗刀的径向补偿。刀尖总位移量可达 0.1 mm。

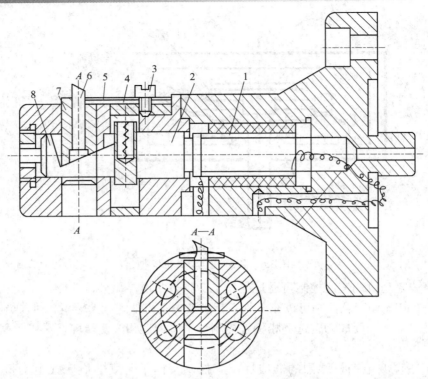

1—压电陶瓷管；2—滑柱；3—圆柱弹簧；4—方形楔块；5—压板弹簧；6—镗刀；7—刀套；8—圆柱楔块

图 3.7　圆管式压电陶瓷位移驱动器

4. 磁致伸缩执行器

磁致伸缩执行器是利用某些材料在磁场作用下具有尺寸变化的磁致伸缩效应来实现微量位移的一种执行元件。磁致伸缩效应是指某些材料在磁场作用下产生应变，其应变大小与磁场强度成正比。

磁致伸缩执行器的特点是：重复精度高，无间隙；刚性好，转动惯量小，工作稳定性好；结构简单、紧凑；进给量有限。

图 3.8 给出了磁致伸缩式微量进给的工作原理。磁致伸缩棒的左端固定在机座上，其右端与运动部件相连。当绕在伸缩棒外的线圈通入励磁电流后，在磁场作用下伸缩棒将产生相应的变形，使运动部件实现微量移动。改变线圈的通电电流可改变磁场强度，使磁致伸缩棒产生不同的伸缩变形，从而使运动部件得到不同的微量位移。

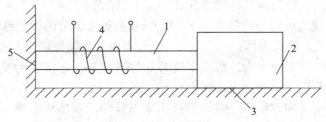

1—磁致伸缩棒；2—运动部件；3—导轨；4—线圈；5—机座

图 3.8　磁致伸缩式微量进给工作原理

在磁场作用下，磁致伸缩棒的变形量为

$$\Delta l' = \pm Cl \tag{3-2}$$

式中，$\Delta l'$ 为伸缩棒的变形量；C 为材料的磁致伸缩系数；l 为伸缩棒被磁化部分的长度。

当伸缩棒变形所产生的推力能够克服导轨副的摩擦力时，运动部件将产生位移 Δl，其大小为

$$\frac{F_s}{k} < \Delta l \leqslant C_s l - \frac{F_c}{k} \tag{3-3}$$

式中，F_s 为运动部件与导轨副间的静摩擦力；F_c 为运动部件与导轨副间的动摩擦力；k 为伸缩棒的纵向刚度；C_s 为磁饱和时伸缩棒的相对磁致伸缩系数。

由于工程材料的磁致伸缩量有限，如长度为 100 mm 的理想铁磁材料，在磁场作用下也只能伸长 7 μm 左右，因此该装置适用于精确位移调整、切削刀具的磨损补偿、温度变形补偿及自动调节系统。为实现较大距离的微量进给，通常采用粗位移和微位移分离的传动方式。图 3.9 所示为磁致伸缩式精密坐标工作台，其粗位移由进给箱经丝杠螺母副传动，以获得所需的较大进给量；微量位移则由装在螺母与工作台之间的磁致伸缩棒实现。

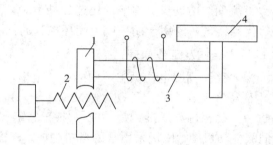

1—进给箱；2—丝杠螺母副；3—磁致伸缩棒；4—工作台

图 3.9　磁致伸缩式精密坐标工作台工作原理

5. 电热式驱动器

电热式驱动器利用电热元件(如金属棒)通电后产生的热变形来驱动执行机构的微小直线位移，可通过控制电热器(电阻丝)的加入电流来改变位移量，利用变压器或变阻器可调节传动杆的加热速度，以实现位移速度的控制。微量进给结束后，为使运动部件复位，即传动杆恢复原位，可在传动杆内腔中通入压缩空气或乳化液使之冷却。

在图 3.10 所示的热变形微动装置中，传动杆的一端固定在机座上，另一端固定在沿导轨移动的运动件上。当安装在杆腔内部的电阻丝通电加热时，传动杆受热伸长(其伸长量可由式(3-4)求出)，推动运动杆实现微量位移。

$$\Delta l = \alpha L \Delta t \tag{3-4}$$

式中，Δl 为传动杆的伸长量；α 为传动杆材料的线膨胀系数；L 为传动杆长度；Δt 为加热前后的温差。

电热式驱动器具有刚度高、无间隙等优点，但是存在热惯性，且难于精确地控制冷却速度，故只能用于行程较短、工作频率不高的场合。

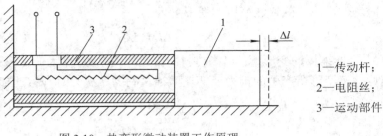

1—传动杆；
2—电阻丝；
3—运动部件

图 3.10　热变形微动装置工作原理

3.3　电气伺服系统

3.3.1　直流伺服系统

机电一体化设备中，直流伺服系统是发展最早、最成熟的伺服系统，直流伺服电动机使用直流供电的电动机作为驱动元件，其功能是将输入的受控电压/电流量转换为电枢轴上的角位移或角速度输出。直流伺服电动机具有响应迅速、精度和效率高、调速范围宽、负载能力大、控制特性好等优点，被广泛用于闭环或半闭环控制的伺服系统中。

1. 直流伺服电动机的基本结构及工作原理

与普通直流电动机一样，直流伺服电动机主要由磁极、电枢、电刷、换向片等部分组成，如图 3.11 所示。其中磁极在工作中固定不动，故又称定子。定子磁极用于产生磁场。在电磁式直流伺服电动机中，磁极由冲压硅钢片叠成，外绕线圈，靠外加励磁电流才能产生磁场。在永磁式直流伺服电动机中，磁极采用永磁材料制成，充磁后即可产生恒定磁场。电枢是直流伺服电动机中的转动部分，故又称转子，它由硅钢片叠成，表面嵌有线圈，通过电刷和换向片与外加电枢电源相连。

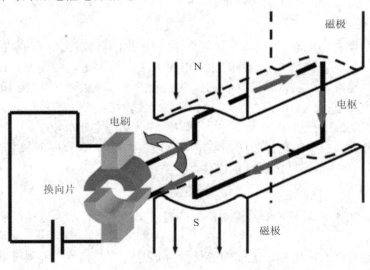

图 3.11　直流伺服电机基本结构

　　当电枢绕组中通过直流电时，在定子磁场的作用下就会产生带动负载旋转的电磁转矩，驱动转子旋转。通过控制电枢绕组中电流的方向和大小，就可以控制直流伺服电动机的旋转方向和速度。当电枢绕组中电流为零时，伺服电动机则静止不动。

2. 直流伺服电动机的类型及特点

　　直流伺服电动机按定子励磁方式的不同，可分为电磁式和永磁式两大类。其中，电磁式按定子绕组的连接方式又有他励式、串励式、并励式、复励式等多种。该类电动机用铁氧体、铝镍钴、稀土钴等永磁材料产生激磁磁场(不需要外加励磁电源)，且具有尺寸小、线性好、启动转矩大、过载能力强等优点，因而在机电一体化伺服系统中应用较多。

　　直流伺服电动机按电枢的结构与形状可分为平滑电枢型、空芯电枢型、有槽电枢型等。平滑电枢型的电枢无槽，其绕组用环氧树脂黏固在电枢铁芯上，因而转子形状细长，转动惯量小；空芯电枢型的电枢无铁芯，且常做成环形，其转子转动惯量最小，有槽电枢型的电枢与普通直流电动机的电枢相同，因而转子转动惯量较大。

　　直流伺服电动机还可按转子转动惯量的大小分成大惯量、中惯量和小惯量直流伺服电动机。大惯量直流伺服电动机(又称直流力矩伺服电动机)负载能力强，易与机械系统匹配；小惯量直流伺服电动机的加减速能力强、响应速度快、动态特性好。

　　直流伺服电动机具有稳定性好、易控制、响应快、控制功率低、损耗小、转矩大等优点，因此在工业中得到了较广泛的应用，但是电刷和换向器的使用增大了电动机维护的工作量，缩短了电动机的使用寿命。

3. 直流伺服电动机的控制方式

　　直流伺服电动机的控制方式主要有两种：一种是电枢电压控制，即在定子磁场不变的情况下，通过控制施加在电枢绕组两端的电压信号来控制电动机的转速和输出转矩；另一种是励磁磁场控制，即通过改变励磁电流的大小来改变定子磁场强度，从而控制电动机的转速和输出转矩。

　　采用电枢电压控制方式时，由于定子磁场保持不变，其电枢电流可达到额定值，相应的输出转矩也可以达到额定值，因而这种方式又被称为恒转矩调速方式。采用励磁磁场控制方式时，由于电动机在额定运行条件下磁场已接近饱和，因而只能通过减弱磁场的方法来改变电动机的转速。由于电枢电流不允许超过额定值，因而随着磁场的减弱，电动机转速增加，但输出转矩下降，输出功率保持不变，所以这种方式又被称为恒功率调速方式。

　　机电一体化伺服系统中通常采用永磁式直流伺服电动机，因而只能采用具有恒转矩调速特点的电枢电压控制方式，这与伺服系统所要求的负载特性也是吻合的。

4. 直流伺服电动机的稳态特性

　　为了对直流伺服电动机进行恰当的控制，必须首先了解直流伺服电动机的稳态特性。所谓稳态特性，是指电动机在稳态情况下工作时，其转子转速、电磁力矩和电枢控制电压三者之间的关系。

　　1) 稳态方程

　　(1) 电压平衡方程。

　　图 3.12 所示为电枢控制直流电动机的等效电路(电枢绕组、电感忽略)，恒定电压 U_f 接

到励磁绕组两端，控制电压 U_a 接到电枢绕组两端，按电压定律可列出电枢回路的电压平衡方程为

$$E_a = U_a - I_a R_a \tag{3-5}$$

式中，U_a 为电枢电压；I_a 为电枢电流；R_a 为电枢绕组；E_a 为反电动势。

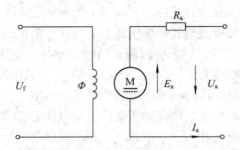

图 3.12　电枢控制直流伺服电动机原理图

(2) 电枢反电动势方程。

转子切割定子磁场时产生的反电动势 E_a 与转速 n 之间的关系为

$$E_a = K_e \Phi n \tag{3-6}$$

式中，K_e 为电动势常数；Φ 为定子磁通；n 为转子转速。

(3) 转矩方程。

转子切割定子磁场所产生的电磁转矩可由下式求得

$$M = K_M \Phi I_a \tag{3-7}$$

式中，K_M 为转矩常数；M 为电磁转矩。

(4) 转速方程。

联立式(3-5)～式(3-7)，消去中间量，可得

$$n = \frac{U_a}{K_e \Phi} - \frac{R_a}{K_e K_M \Phi^2} M \tag{3-8}$$

在采用电枢电压控制时，定子磁通 Φ 是一常量。如果使电枢电压 U_a 保持恒定，则上式可写成

$$n = n_0 - kM \tag{3-9}$$

式中，$n_0 = U_a/(K_e \Phi)$；$k = R_a/(K_e K_M \Phi^2)$。式(3-6)被称为电枢控制时，直流伺服电动机的稳态方程。

2) 机械特性与调节特性

根据稳态方程，可得出直流伺服电动机的两种特殊运行状态：

(1) 当 $M = 0$，即空载时，有

$$n = n_0 = \frac{U_a}{K_e \Phi} \tag{3-10}$$

式中，n_0 称为理想空载转速，其值与电枢电压成正比。

(2) 当 $n = 0$，即启动或堵转时，有

$$M = M_\mathrm{d} = \frac{K_M \Phi}{R_\mathrm{a}} U_\mathrm{a} \tag{3-11}$$

式中，M_d 称为启动转矩或堵转转矩，其值也与电枢电压成正比。

在稳态方程中，如果把转速 n 看作电磁转矩 M 的函数，即 $n = f(M)$，则可得到直流伺服电动机的机械特性表达式：

$$n = n_0 - \frac{R_\mathrm{a}}{K_e K_M \Phi^2} M \tag{3-12}$$

如果把转速 n 看作电磁转矩 U_a 的函数，即 $n = f(U_\mathrm{a})$，则可得到直流伺服电动机的调节特性表达式：

$$n = \frac{U_\mathrm{a}}{K_e \Phi} - kM \tag{3-13}$$

根据式(3-12)和式(3-13)，给定不同的 U_a 值和 M 值，可分别绘出直流伺服电动机的机械特性曲线和调节特性曲线，如图 3.13 和图 3.14 所示。

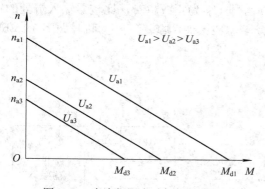

图 3.13 直流伺服电动机机械特性

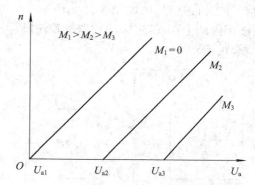

图 3.14 直流伺服电动机调节特性

由图 3.13 可知，直流伺服电动机的机械特性是一组斜率相同的直线簇。每条机械特性和一种电枢电压相对应，与 n 轴的交点是该电枢电压下的理想空载转速，与 M 轴的交点则是该电枢电压下的启动转矩。机械特性的斜率为负，说明在电枢电压不变时，电动机转速随负载转矩增加而降低。

由图 3.14 可知，直流伺服电动机的调节特性是一组斜率相同的直线簇。调节特性的斜率为正，说明在一定负载下，电动机转速随电枢电压的增加而增加。在调节特性中，过原点的直线电磁转矩为 0($M_1 = 0$)，而实际中由于包括摩擦在内的各种阻力的存在，空载启动时负载转矩不可能为 0。因此，对于电枢电压来讲，它有一个最小的限制，称为启动电压，电枢电压小于它则不能启动，该区域称为死区。此外，图中的直线簇是在假设负载转矩不变的条件下绘制的，在实际应用中这一条件可能并不成立，这就会导致调节特性曲线的非线性，在变负载控制时应予以注意。

3) 直流伺服电动机的控制驱动

调节直流伺服电动机转速和方向，需要对其电枢直流电压的大小和方向进行控制，目前常用的驱动控制有晶闸管直流调速驱动和晶体管脉宽调制(Pulse Width Modulation, PWM)

驱动两种方式。

晶闸管直流驱动方式主要通过调节触发装置控制晶闸管的触发延迟角,从而控制晶闸管的导通,改变整流电压的大小,使直流伺服电动机电枢电压的变化易于平滑调速。由于晶闸管本身的工作原理和其电源的特点,晶闸管导通后需要利用交流信号使其过零关闭,因此,在低整流电压时,其输出是很小的尖峰电压的平均值,从而造成电流的不连续性。

脉宽调制驱动系统开关频率高,通常为 2000～3000 Hz,伺服机构能够响应的频带范围也较宽,与晶闸管相比,其输出电流脉动非常小,接近于纯直流。因此,一般采用脉宽调制进行直流调速驱动。

(1) 脉宽调制(PWM)原理。

脉宽调制即脉冲宽度调制,是利用大功率晶体管的开关作用,将直流电源电压转换成一定频率(例如 2000 Hz)的方波电压,加在直流电动机的电枢上,通过对方波脉冲宽度的控制,改变电枢的平均电压,从而调节电动机的转速,即脉宽调制的原理,如图 3.15 所示。锯齿波发生器的输出电压 U_A 和直流控制信号 U_{IN} 进行比较。同时,在比较器的输入端还加入一个调零电压 U_0,当控制电压 U_{IN} 为零时,调节 U_0 使比较器的输出电压为正、负脉冲宽度相等的方波信号,如图 3.16(a)所示。当控制信号 U_{IN} 为正或负时,比较器输入端处的锯齿波相应地上移或下移,比较器的输出脉冲也随着相应改变,实现了脉宽调制,如图 3.16(b)、3.16(c)所示。

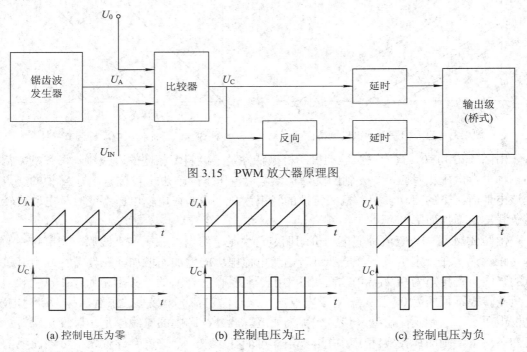

图 3.15　PWM 放大器原理图

(a) 控制电压为零　　　　　(b) 控制电压为正　　　　　(c) 控制电压为负

图 3.16　锯齿波脉宽调制器波形图

若输出级为桥式电路,比较器的输出应分成相位相反的两路信号,去控制桥式电路(图 3.17)中的 V_1、V_4 和 V_2、V_3 两组晶体管的基极。为防止 V_1、V_4 未断开,V_2、V_3 就导通而造成桥臂短路,在线路中还加有延时电路。

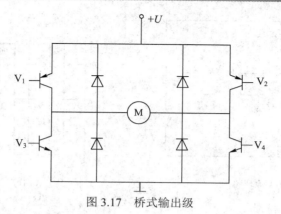

图 3.17 桥式输出级

(1) 开关功率放大器。

PWM 信号需连接功率放大器才能驱动直流伺服电机。PWM 有两种驱动方式，一种是单极性驱动方式，另一种是双极性驱动方式。

① 单极性驱动方式。

当电动机只需要单方向旋转时，可采用此种方式，原理如图 3.18(a)所示。其中 VT 是用开关符号表示的电力电子开关器件，VD 表示续流二极管。当 VT 导通时，直流电压 U_a 加到电动机上；当 VT 关断时，直流电源与电动机断开，电动机电枢中的电流经 VD 续流，电枢两端的电压接近于零。如此反复，得到电枢端电压波形 $u = f(t)$ 如图 3.18(b)所示。

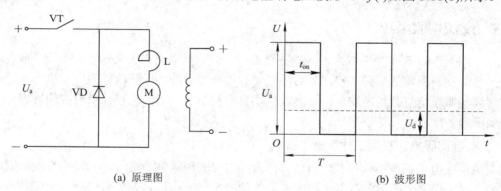

(a) 原理图   (b) 波形图

图 3.18 直流伺服电动机单极性驱动原理及波形

电动机平均电压可表示为

$$U_d = \frac{t_{on}}{T} U_a = \rho U_a \tag{3-14}$$

式中，T 为功率开关器件的开关周期；t_{on} 为开通时间；U_a 为加到电动机上的电压；ρ 为占空比；U_d 为电动机电枢两端平均电压。

由式(3-14)可以看出，改变占空比就可以改变直流电动机两端的平均电压，从而实现电动机的调速。这种方法只能实现电动机单向运行的调速。

② 双极性驱动方式。

双极性驱动方式一般采用四个功率开关构成 H 桥电路(见图 3.19(a))，不仅可以改变电动机的转速，还能够实现电动机的制动、反向。

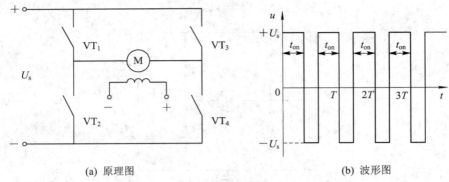

(a) 原理图　　　　　　　　(b) 波形图

图 3.19　直流伺服电动机双极性驱动原理及波形

$VT_1 \sim VT_4$ 四个电力电子开关器件构成了 H 桥可逆脉冲宽度调制电路。VT_1 和 VT_4 同时导通或关断，或者 VT_2 和 VT_3 同时通断，使电动机两端承受 $+U_s$ 或 $-U_s$。改变两组开关器件的导通时间，也就可以改变电压脉冲的宽度，得到的电动机两端的电压波形如图 3.19(b)所示。

电动机平均电压可表示为

$$U = \left(\frac{t_{on}}{T} - \frac{T - t_{on}}{T} \right) U_s = \left(2\frac{t_{on}}{T} - 1 \right) U_s = (2\rho - 1) U_s \tag{3-15}$$

式中，T 为功率开关器件的开关周期；t_{on} 为 VT_1 和 VT_4 的导通时间；U_s 为加到电动机上的电压；ρ 为占空比。

3.3.2　交流伺服系统

自 20 世纪 80 年代中期以来，为解决直流伺服电动机电刷和换向器容易磨损、换向时会产生火花而使最高转速受到影响，应用环境受到限制的问题，以交流伺服电动机作为驱动元件的交流伺服系统得到迅速发展，逐渐取代了直流伺服电动机，是当今全数字伺服驱动系统的发展趋势。

1. 交流伺服电动机的工作原理

交流伺服电动机按结构和工作原理可分为同步交流伺服电动机(SM)和异步交流伺服电动机(IM)。同步交流伺服系统多用于机床进给传动控制、工业机器人关节传动控制和其他需要运动和位置控制的场合。异步交流伺服系统多用于机床主轴转速控制和其他调速系统。

1) 同步交流伺服电动机

同步交流伺服电动机的定子上装有能够产生旋转磁场的线圈，转子有两种结构形式：一种为永磁体转子；另一种转子由磁极铁芯及缠绕在铁芯上的线圈构成，通过直流电进行励磁。其中采用永磁体转子的同步电动机不需要磁化电流控制，只要检测转子位置即可，又称为无刷直流伺服电动机。当三相交流电流通过定子绕组时，在定子上产生旋转磁场，旋转磁场与转子磁场相互作用驱动转子转动。

同步电动机转子的旋转速度与定子绕组所产生的旋转磁场的速度一致，因此称为同步电动机。由于电动机与旋转磁场二者转速保持同步，其转速可表示为

$$n = 60\frac{f_1}{p} \tag{3-16}$$

式中，f_1 为定子供电频率；p 为定子线圈的磁极对数；n 为转子转速。

永磁同步电动机的交流伺服控制技术已趋于成熟，具备十分优良的低速性能，并可实现弱磁高速控制，拓展了系统的调速范围，适应高性能伺服驱动的要求。随着永磁材料性能的大幅度提高和价格的降低，永磁同步伺服电动机在工业自动化领域中的应用愈加广泛。

2) 异步交流伺服电动机

异步交流伺服电动机又称为感应式伺服电动机，由硅钢片叠制而成。这类电动机同样由定子和转子组成，定子和转子上都装有绕组，其中定子有三相绕组和单相绕组两种结构，转子有鼠笼式和短路绕组式两种。

异步交流伺服电动机转子转速与定子绕组所产生的旋转磁场的转速不同，其工作原理如下：当在定子绕组中通入三相电源时，定子绕组就会产生一个旋转磁场。假设磁场沿顺时针方向旋转，如图 3.20 所示。为了分析问题方便，假设旋转磁场固定不动，而相对的转子绕组沿逆时针方向旋转并切割磁感线。根据右手定则转子绕组中将产生感应电动势，有感应电流流动，方向如图 3.20 所示。于是，当磁场中转子绕组上有电流流动时，根据左手定则转子在顺时针方向上产生电磁转矩，驱动转子沿旋转磁场的相同方向旋转。

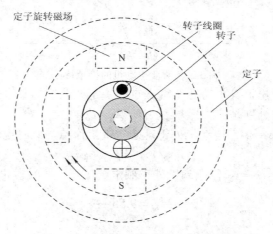

图 3.20　异步交流电动机工作原理图

一般情况下，电动机的实际转速低于旋转磁场的转速，假设二者相等，则磁场与转子之间没有相对运动，就无法切割磁感线，也就不存在电磁感应关系，无法产生感应电动势、感应电流和电磁转矩。因此，转子转速必然小于磁场转速，故称为异步电动机。

异步电动机的转速方程为

$$n = 60\frac{f_1}{p}(1-s) = n_1(1-s) \tag{3-17}$$

式中，f_1 为定子供电频率；p 为定子线圈的磁极对数；s 为转差率；n_1 为定子磁场的转速；n 为转子转速。

由式(3-17)可知，异步交流电动机的转速与磁极对数、供电电源的频率以及转差率有关。通过改变供电频率 f_1 来实现调速的方法称为变频调速；而改变磁极对数 p 进行调速的方法称为变极调速。变频调速一般是无级调速，变极调速是有级调速。改变转差率 s 也可以实现无级调速，但该方法会降低交流电动机的机械特性，一般不使用。对变频调速而言，电动机从高速到低速，其转差率始终保持最小值，导致异步电动机的功率因数很高。因此，变频调速是一种理想的调速方式。需要注意的是，变频调速需要特殊的变频装置供电，从而实现电压和频率的协调控制。

2. 交流伺服电动机的特性

异步交流电动机的机械特性是指在一定的电源电压和转子电阻之下，电动机转速与电磁转矩的关系 $n = f(M)$ 或转差率与电磁转矩的关系 $s = f(M)$，如图 3.21 所示。

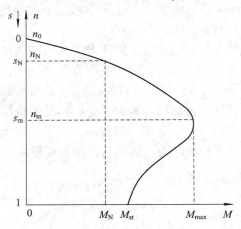

图 3.21　异步电动机的机械特性

从特性曲线可以看出，其上有四个特殊点能决定该曲线的基本形状和异步电动机的运行性能，这四个特殊点分别是：

(1) $M = 0$，$n = n_0(s = 0)$，电动机处于理想空载工作点，此时电动机的转速为理想空载转速 n_0。

(2) $M = M_N$，$n = n_N(s = s_N)$，电动机处于额定工作点，此时额定转矩和额定转差率为

$$M_N = 9.55 \frac{P_N}{n_N} \tag{3-18}$$

$$s_N = \frac{n_0 - n_N}{n_0} \tag{3-19}$$

式中，P_N 为电动机的额定功率；n_N 为电动机的额定转速，一般 $n_N = (0.94 \sim 0.985)n_0$；$s_N$ 为电动机的额定转差率，一般 $s_N = 0.06 \sim 0.015$；P_N 为电动机的额定转矩。

(3) $M = M_{st}$，$n = 0(s = 1)$，电动机处于启动工作点，M_{st} 为电动机的启动转矩。

(4) $M = M_{max}$，$n = n_m(s = s_m)$，电动机处于临界工作点，M_{max} 为最大转矩或临界转矩。当负载转矩超过最大转矩时，电动机就带不动负载了，发生所谓"闷车"现象。"闷车"后，电动机的电流立刻升高 6～7 倍，导致电动机发热，严重时可能烧毁电动机。

3. 交流伺服电动机的控制与驱动

交流伺服电动机作为交流伺服系统的执行元件，可实现精确的运动和位置控制，能在较宽范围内产生理想的转矩，其关键在于解决对交流电动机的控制与驱动。

1) 同步交流伺服电动机的控制方法

永磁同步交流伺服电动机不需要磁化电流控制，只要检测磁铁转子的位置即可，因此

它比异步交流伺服电动机更容易控制。永磁同步交流伺服电动机的转矩产生机理与直流伺服电动机相同，其控制主要通过变频 PWM 方式模仿直流电动机的控制来实现。

2) 异步交流伺服电动机的控制方法

异步交流伺服电动机的控制方法主要有矢量控制和变频调速控制两种。

(1) 矢量控制。

矢量控制的基本思路是把交流电动机当成直流电动机来控制，即模拟直流电动机的控制特点进行三相异步电动机的控制。调速的关键问题是转矩控制，直流电动机的转矩容易控制是其调速性能优异的根本原因。

式(3-7)给出了直流电动机的转矩表达式，其中电枢电流 I_a 与定子磁通 Φ 是两个相互独立的变量，分别由电枢绕组和励磁绕组来控制。由于电枢绕组产生的磁场与励磁绕组产生的磁场是相互正交的，因此可以认为电枢电流 I_a 与定子磁通 Φ 是正交的。

三相异步电动机的转矩为

$$M_e = K_M I_2 \Phi \cos\varphi_2 \tag{3-20}$$

式中，K_M 为转矩常数；I_2 为折算到定子上的转子电流；Φ 为气隙磁通；$\cos\varphi_2$ 为转子功率因数；M_e 为电动机转矩。

由式(3-20)可知，异步电动机的转矩与转子电流、气隙磁通以及功率因数有关。转子电流和气隙磁通两个变量既不正交，也不相互独立。转矩的这种复杂性正是异步电动机难以控制的根本原因。

为了使异步交流电动机具有与直流电动机一样的控制特性，必须将定子电流分解成磁场方向的分量和与之正交方向的分量。磁场方向的分量相当于励磁电流，与之正交方向的分量相当于转矩电流，二者分别控制，使得三相异步电动机得到与直流电动机相似的控制特性。

(2) 变频调速控制。

根据式(3-17)可知，异步交流电动机的调速方法有变频调速、变极调速和变转差率调速三种，其中变频调速是一种理想的调速方式。实现变频调速的方法有多种，可分为交-交变频、交-直-交变频、正弦波脉宽调制(SPWM)变频等。

交-交变频调速是将工频交流电直接变换成频率、电压均可控制的交流，属于直接变频，如图 3.22 所示。

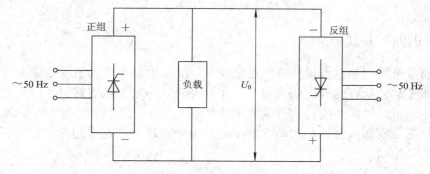

图 3.22　交-交变频调速

交-直-交变频调速是先把工频交流电通过整流器变成直流，然后再把直流变成频率、电压均可控制的交流，属于间接变频，如图 3.23 所示。

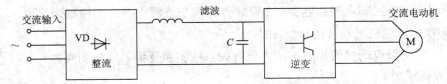

图 3.23 交-直-交变频调速

正弦波脉宽调制(SPWM)是把一个正弦波分成 N 个等幅而不等宽的方波脉冲，每一个方波的宽度与其所对应时刻的正弦波的值成正比，这样就产生了与正弦波等效的等幅矩形脉冲序列波。SPWM 常用等腰三角波作为载波，与正弦波的电压进行比较，输出宽度不等的脉冲信号，如图 3.24 所示。当三角波电压低于正弦波电压时输出高电平，反之则输出低电平。输出脉冲信号的宽度由三角波和正弦波交点之间的距离决定，并随正弦波电压的大小而改变。工程上获得 SPWM 调制波的方法是根据三角波与正弦波的交点来确定逆变器功率开关的工作时刻。调节正弦波的频率和幅值便可以相应地改变逆变器输出电压基波的频率或幅值。SPWM 是一种比较完善的调制方式，目前国际上生产的变频调速装置几乎全部采用这种方法。

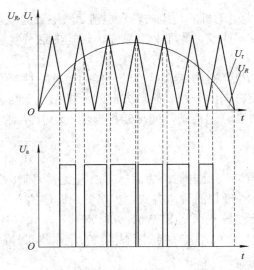

图 3.24 SPWM 调制波示意图

3.3.3 步进伺服系统

步进伺服系统中的执行元件是步进电动机，又称为脉冲电动机，它是一种将脉冲信号转换成角位移的执行元件。每当输入一个脉冲时，电动机就旋转一个固定的角度。因此，步进电动机转过的角度与输入的脉冲总数成正比，电动机的转速与输入脉冲的频率成正比。只要控制输入脉冲的数量、频率以及电动机绕组的通电相序，即可获得所需的转角、转速和转向。

1. 步进电动机的结构与分类

步进电动机结构形式很多，其分类方法也很多。按运动形式区分，步进电动机有旋转运动式、直线运动式、平面运动式等。按工作方式区分，步进电动机可分为功率式和伺服式两类(前者输出转矩较大，能直接带动较大的负载；后者输出转矩较小，只能带动较小的负载，对于大负载需要通过液压放大元件来传动)。按各相绕组分布区分，步进电动机有径向分相式和轴向分相式。按励磁相数区分，步进电动机有两相、三相、四相、五相、六相等。按工作原理区分，步进电动机可分为可变磁阻式步进电动机、永磁式步进电动机和混合式步进电动机，如图 3.25 所示。

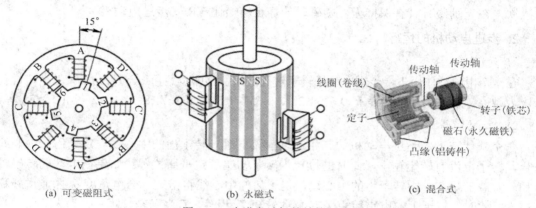

(a) 可变磁阻式　　　　　　　(b) 永磁式　　　　　　(c) 混合式

图 3.25　步进电动机的结构与分类

1) 可变磁阻式步进电动机

可变磁阻(Variable Reluctance，VR)式步进电动机采用齿轮状铁芯作转子，周围是电磁铁定子，定子铁芯由硅钢片叠压而成，如图 3.25(a)所示。定子电磁铁与转子铁芯之间的吸引力驱动转子转动。在定子磁场中，转子始终转向磁阻最小的位置。这类电动机的转子结构简单、转子直径小，有利于高速响应。转子和定子上可以加工许多小齿，故步距角小。这类电动机的铁芯无极性，不需改变电流极性，故多为单极性励磁。

由于 VR 式步进电动机的定子与转子均不含永久磁铁，故无励磁时没有保持力。此外，需要将气隙做得尽可能小(如几微米)，这将增加电动机制造成本，并出现效率低、转子阻尼差、噪声大等问题。然而，这类电动机的材料费用低、结构简单、步距角小，随着加工技术的进步，可望使其成为多用途的机种。

2) 永磁式步进电动机

永磁(Permanent Magnet，PM)式步进电动机的转子采用永久磁铁，定子采用软磁钢制成(见图 3.25(b))，绕组轮流通电，建立的磁场与永久磁铁的恒定磁场相互吸引与排斥产生转矩。这种电动机由于采用永久磁铁，即使定子绕组断电也能保持一定的转矩，故具有记忆能力，可用于定位驱动。

PM 式步进电动机的特点是励磁功率小、效率高、造价便宜，多用于计算机的外围设备和办公设备。由于转子磁铁的磁化间距受到限制，难于制造，故步距角较大(7.5°～90°)。与 VR 式步进电动机相比，该类步进电动机输出转矩大，但转子惯量也较大。

3) 混合式步进电动机

混合(Hybrid，HB)式步进电动机是 PM 式与 VR 式的复合形式。这类电动机的转子采用永磁体材料，工作原理与 PM 式步进电动机相同。在转子和定子的表面上加工了许多轴向齿槽，形状与 VR 式相似，所以称为混合式，如图 3.25(c)所示。HB 式步进电动机不仅具有 VR 式步进电动机步距角小、响应频率高的优点，而且还具有 PM 式步进电动机励磁功率小、效率高的优点，它的定子与 VR 式电动机差别不大，只是在相数和绕组接线方面有其特殊性。

HB 式步进电动机由转子铁芯的凸极数和定子的副凸极数决定步距角的大小，因此可制造出步距角较小(0.9°～3.6°)的电动机。HB 式与 PM 式多为双极性励磁，由于都采用了永久磁铁，在无励磁时具有保持力，励磁时的静止转矩比 VR 式步进电动机大。

2. 步进电动机的运行特性

1) 分辨力

在一个电脉冲作用下，步进电动机转子转过的角位移即步距角 α。步距角 α 越小，说明分辨力越高。最常用的步距角有 0.6°/1.2°、0.75°/1.5°、0.9°/1.8°、1°/2°、1.5°/3° 等。

2) 矩-角特性

在空载状态下，步进电动机的某相通以直流电时，转子齿的中心线与定子齿的中心线重合，转子上没有转矩输出，此时的位置为转子初始稳定平衡位置。如果在电动机转子轴上加一负载转矩 T_L，则转子齿的中心线与定子齿的中心线将错过一个电角度 θ_e 才能重新稳定下来。此时，转子上的电磁转矩 T_j 与负载转矩 T_L 相等，T_j 为静态转矩，θ_e 为失调角。当 $\theta_e = \pm 90°$ 时，其静态转矩 T_{jmax} 为最大静转矩。T_j 与 θ_e 之间的关系大致为一条正弦曲线，如图 3.26 所示，该曲线被称为矩-角特性曲线。静态转矩越大，自锁力矩越大，静态误差就越小。一般产品说明书中标示的最大静转矩就是指在额定电流和通电方式下的 T_{jmax}。当失调角 θ_e 为 $-\pi \sim \pi$ 时，若去掉负载 T_L，转子仍能回到初始稳定平衡位置，因此 $-\pi \leqslant \theta_e \leqslant \pi$ 的区域称为步进电动机的静态稳定区域。

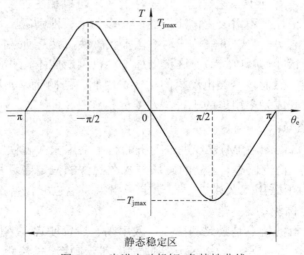

图 3.26 步进电动机矩-角特性曲线

3) 启动频率

步进电动机能够不失步启动的最高脉冲频率称为启动频率。所谓失步，是指转子前进的步数不等于输入的脉冲数，包括丢步和越步两种情况。步进电动机启动时，其外加负载转矩有零或不为零两种情况，前者的启动频率称为空载启动频率，后者的启动频率称为负载启动频率。负载启动频率与负载惯量的大小有关。当驱动电源性能提高时，启动频率随之提高。

4) 最高工作频率

步进电动机启动后，脉冲频率逐步升高，在额定负载下，电动机能够不失步正常运行的极限频率称为最高工作频率。该值随负载而异，且远大于启动频率，两者可相差十几倍以上。驱动电源性能越好，步进电动机的最高工作频率就越高。

5) 转矩-工作频率特性

步进电动机转动后，其输出转矩随工作频率的增加而降低，当输出转矩下降到一定程度时，步进电动机就不能正常工作。步进电动机的输出转矩 M 与工作频率 f 的关系曲线称为矩-频特性曲线(见图 3.27)。图中的实线称为电动机的启动矩-频特性曲线，虚线称为电动机的运行矩-频特性曲线。可以看出，电动机的转动惯量越大，同频率下的启动转矩 M_q 就越小；转动惯量对运行矩-频特性也有影响，但不像对启动矩频特性的影响那样显著。此外，驱动电源性能好坏对步进电动机的矩-频特性也有很大影响。

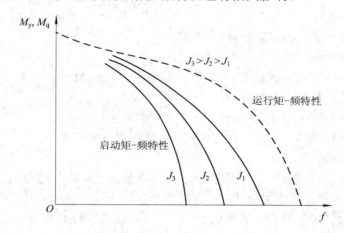

图 3.27　步进电动机的转矩-工作频率特性曲线(M_y 为运行转矩，M_q 为启动转矩)

在不同负载下，电动机允许的最高连续运行频率是不同的。步进电动机的技术说明书上一般都会指明空载最高连续运行频率和空载启动频率。为了缩短启动时间，可在一定的启动时间内将电脉冲频率按一定规律逐渐增加到所允许的运行频率。

3. 步进电动机的工作原理

步进电动机是一种利用数字脉冲信号旋转的电动机，每当送入一个脉冲，电动机就转过一个步距角，电动机的转速与脉冲信号的频率成比例。

图 3.28 给出了 VR 式步进电动机的工作原理。其定子上有 6 个均匀分布的磁极，每两个相对磁极组成一相，即 A-A′、B-B′、C-C′，三相磁极上绕有励磁绕组。假定转子具有均匀分布的四个齿，当 A、B、C 三个磁极的绕组依次通电时，则 A-A′、B-B′、C-C′三对磁极依次产生磁场吸引转子转动。

如图 3.28(a)所示，如果先将电脉冲加到 A 相励磁绕组，定子 A 相磁极就产生磁通，并对转子产生磁拉力，使转子的 1、3 两个齿与定子的 A 相磁极对齐。而后再将电脉冲通入 B 相励磁绕组，B 相磁极便产生磁通。由图 3.28(b)可以看出，这时转子 2、4 两个齿与 B 相磁极靠得最近，于是转子便沿逆时针方向转过 30°，转子 2、4 两个齿与定子 B 相磁极对齐。旋转的这个角度就叫步距角。显然，单位时间内通入的电脉冲数越多，即电脉冲频率越高，电动机转速就越高。如果按 A→C→B→A→… 的顺序通电，步进电动机将沿顺时针方向一步一步地转动。

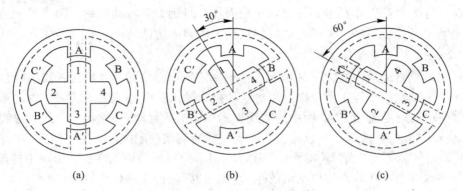

(a)　　　　　　　　(b)　　　　　　　　(c)

图 3.28　三相 VR 式步进电动机工作原理

上述步进电动机的三相励磁绕组依次单独通电运行，换接三次完成一个通电循环，称为三相单三拍通电方式。

如果使两相励磁绕组同时通电，即按 AB→BC→CA→AB→… 顺序通电，这种通电方式称为三相双三拍，其步距角仍为 30°。

如果按照 A→AB→B→BC→C→CA→A→… 顺序通电，即换接 6 次完成一个通电循环，则此种方式称为三相六拍，其步距角为 15°。如果按 B→BC→C→CA→A 的顺序通电，步进电动机就沿着逆时针方向转动。

步进电动机的步距角越小，意味着能达到的位置精度越高。通常的步距角是 1.5° 或 0.75°，为此需要将转子做成多极式的，并将定子磁极制成小齿状，其结构如图 3.29 所示。定子磁极上的小齿和转子磁极上的小齿大小一样，齿宽和齿距也相等。当一相定子磁极的小齿与转子的小齿对齐时，其他两相磁极的小齿都与转子的齿错过一个角度，按照相序，后一相比前一相错开的角度要大。例如，转子上有 40 个齿，则相邻两个齿的齿距角是

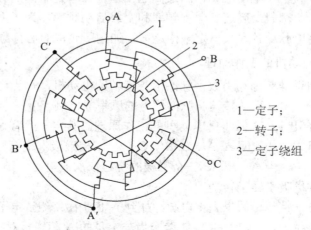

1—定子；

2—转子；

3—定子绕组

图 3.29　步进电动机结构

$360/40° = 9°$。若定子每个磁极上有 5 个小齿，当转子齿和 A 相磁极小齿对齐时，B 相磁极小齿沿逆时针超前转子齿 1/3 齿距角，即超前 3°，而 C 相磁极小齿则超前转子 2/3 齿距角，即超前 6°。当励磁绕组按 A→B→C→A→⋯顺序以三相单三拍通电时，转子按逆时针方向，以 3° 为步距角转动；如果按照 A→AB→B→BC→C→CA→A→⋯顺序以三相六拍通电，步距角减小为 1.5°。

　　步进电动机也可以制成四相、五相、六相或更多的相数，以减小步距角并改善步进电动机的性能。为了减小电动机的制造难度，多相步进电动机常做成轴向多段式。例如，五相步进电动机的定子沿轴向分为 A、B、C、D、E 五段。每一段是一相，在此段内只有一对定子磁极。在磁极的表面上开有一定数量的小齿，各相磁极的小齿在圆周方向互相错开 1/5 齿距。转子也分为五段，每段转子具有与磁极同等数量的小齿，但它们在圆周方向并不错开。

　　一个 m 相步进电动机，如其转子上有 z 个齿，则步距角 α 可通过下式计算：

$$\alpha = \frac{360}{kmz} \tag{3-21}$$

式中，k 为通电方式系数；m 为步进电动机的相数；z 为转子上的齿数。

　　当采用单相或双相通电方式时，$k = 1$；当采用单双相轮流通电方式时，$k = 2$。

4. 步进电动机的特点

　　根据上述工作原理，可以看出步进电动机具有以下几个基本特点：

　　(1) 步进电动机受数字脉冲信号控制，输出角位移与输入脉冲数成正比，即

$$\theta = N\alpha \tag{3-22}$$

式中，N 为控制脉冲数；α 为步距角；θ 为电动机转过的角度。

　　(2) 步进电动机的转速与输入的脉冲频率成正比，即

$$n = \frac{\alpha}{360} \times 60f = \frac{1}{6}\alpha f \tag{3-23}$$

式中，f 为控制脉冲频率；n 为电动机转速。

　　(3) 步进电动机的转向可以通过改变通电顺序来改变。

　　(4) 步进电动机具有自锁能力，一旦停止输入脉冲，只要维持绕组通电，电动机就可以保持在当前位置。

　　(5) 步进电动机工作状态不易受各种干扰因素(如电源电压的波动、电流的大小与波形的变化、温度等)影响，只要干扰未引起步进电动机产生丢步，就不会影响其正常工作。

　　(6) 步进电动机的步距角有误差，转子转过一定步数以后也会出现累积误差，但转子每转过一转以后，其累积误差为零，不会长期积累。

　　(7) 易于直接与微机的 I/O 接口相连，构成开环位置伺服系统。

　　步进电动机被广泛应用于开环控制结构的伺服系统，使系统简化，并可获得较高的位置精度。

5. 步进电动机的驱动控制

　　步进电动机驱动系统主要实现由弱电到强电的转换和放大，即将逻辑电平信号转换成

电动机绕组所需要的具有一定功率的电流脉冲信号。步进电动机驱动系统由环形分配器(又称脉冲分配器)和功率放大器组成，如图 3.30 所示。

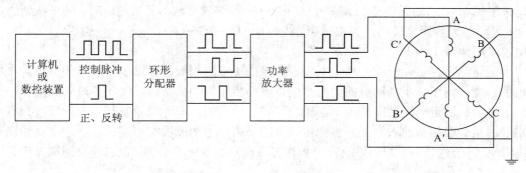

图 3.30 步进电动机驱动系统

1) 环形分配器

环形分配器将计算机或数控装置发出的脉冲信号按步进电动机所需的通电方式分配给各相输入端，用来控制励磁绕组的开通和关断。实现环形分配的方法有两种：硬件实现和软件实现。

硬件环形分配器由门电路、触发器等基本逻辑功能元件组成，按一定的顺序使功率放大器导通和截止，使相应的绕组通电或断电。环形分配器可以通过触发器或者专用集成芯片实现。硬件环形分配器必须根据步进电动机的种类、相数、分配方式进行设计或者选用不同的芯片，一旦条件改变必须重新设计。因此，硬件环形分配器虽然运算速度快但缺乏灵活性。

软件环形分配器是指完全用软件的方式进行脉冲分配，按照给定的通电换相顺序向驱动电路发出控制脉冲的分配器。下面以三相步进电动机工作在六拍方式为例，说明软件环形分配器的原理(见表 3.2)。利用软件进行脉冲分配时，将表中状态代码列入程序数据表中，控制电动机正转时利用软件按 01H→03H→02H→06H→04H→05H→01H→…顺序通过输出接口输出，电动机反转时按 01H→05H→04H→06H→02H→03H→01H→…顺序输出。通过控制读取一次数据的时间间隔可控制电动机的转速。软件环形分配器能够充分利用计算机软件资源，降低硬件成本，增加控制的灵活性。然而，软件环形分配器占用计算机的运行时间会使插补一次的时间增加，容易影响步进电动机的运行速度。

表 3.2　三相步进电动机脉冲分配表

转向	1~2 相通电	CP	C	B	A	代码	转向
正	A	0	0	0	1	01H	反
	AB	1	0	1	1	03H	
	B	2	0	1	0	02H	
	BC	3	1	1	0	06H	
	C	4	1	0	0	04H	
	CA	5	1	0	1	05H	
	A	0	0	0	1	01H	

2）功率放大器

功率放大器又称驱动电路，其作用是将环形分配器输出的脉冲进行功率放大，给步进电动机绕组提供足够的电流，驱动步进电动机正常工作。功率放大器的输出直接驱动电动机的控制绕组，因此功率放大电路的性能对步进电动机的运行状态有很大影响。步进电动机所使用的功率放大电路有电压型和电流型，其中电压型可分为单电压型和双电压型(又称高低电压型)，电流型分为恒流驱动、斩波驱动等。

3）步进电动机的加减速控制

由上述步进电动机的工作原理可知，其速度控制可通过改变两相励磁状态之间的时间间隔来实现。对于硬件环形分配器而言，只要控制同步信号的频率，就可以控制步进电动机的速度。对于软件环形分配器而言，改变图 3.31 所示的循环流程中延时时间的长短，即可达到控制两相励磁状态之间时间间隔的目的。

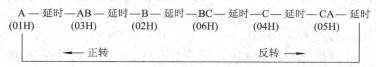

图 3.31　循环流程

在大多数步进电动机的应用场合中，要求其能够实现启动、停止和运行速度的改变，这就要求步进电动机的脉冲频率做出相应的变化。为了防止步进电动机在变速过程中出现过冲或失步现象，要求步进电动机每次的频率变化量必须小于其突跳频率。也就是说，当步进电动机的速度变化较大时，必须按一定规律完成一个升速或降速的过程。

在计算机控制的步进系统中，只要按一定规律改变延时子程序中延时常数的大小或定时器中定时常数的大小，即可完成步进电动机速度的改变。常用的加减速规律有直线规律和指数规律，如图 3.32 所示。按直线规律进行加减速时，其加速度理论上为恒定值，但实际上由于电动机转速升高时输出转矩有所下降，从而导致加速度有所变化。按指数规律进行加减速时，加速度逐渐下降，比较接近步进电动机输出转矩随速度变化的规律。

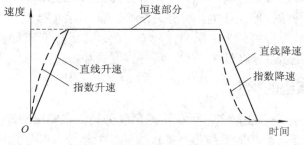

图 3.32　步进电动机加减速过程

3.4　电液伺服系统

电液伺服系统综合了电气和液压两方面的特长，具有控制精度高、响应速度快、输出功率大、信号处理灵活、易于实现各种参量的反馈等优点，因此，在负载质量大又要求响应速度快的场合使用最为合适，其应用已遍及国民经济的各个领域。

3.4.1 电液伺服阀

电液伺服阀既是电液转换元件，又是功率放大元件。它能够将输入的微小电气信号转换为大功率的液压信号(流量与压力)输出，根据输出液压信号的不同，电液伺服阀可分为电液流量控制伺服阀和电液压力控制伺服阀两大类。

在电液伺服系统中，电液伺服阀将系统的电气部分与液压部分连接起来，实现电、液信号的转换与放大以及对液压执行元件的控制。电液伺服阀是电液伺服系统的关键部件，它的性能及正确使用，直接关系到整个系统的控制精度和响应速度，也直接影响到系统工作的可靠性和寿命。

1. 电液伺服阀的组成

电液伺服阀通常由力矩马达(或力马达)、液压放大器、反馈机构(或平衡机构)三部分组成。

力矩马达的作用是把输入的电气控制信号转换为力矩(或力)，控制液压放大器运动。而液压放大器的运动又去控制液压油源流向液压执行机构的流量或压力。力矩马达的输出力矩(或力)很小，在阀的流量比较大时，无法直接驱动功率级阀运动，此时需要增加液压前置级，将力矩马达的输出加以放大，再去控制功率级阀，这就构成二级或三级电液伺服阀。第一级的结构形式有单喷嘴挡板阀、双喷嘴挡板阀、滑阀、射流管阀和射流元件等。功率级几乎都采用滑阀。

在二级或三级电液伺服阀中，通常采用反馈机构将输出级(功率级)的阀芯位移、输出流量或输出压力以位移、力或电信号的形式反馈到第一级或第二级的输入端，也有反馈到力矩马达衔铁组件或力矩马达输入端的，平衡机构一般用于单级伺服阀或二级弹簧对中式伺服阀。平衡机构通常采用各种弹性元件，是一个力-位移转换元件。

2. 电液伺服阀的分类

电液伺服阀的结构形式很多，可按不同的分类方法进行分类。

(1) 按液压放大器的级数分类，可分为单级、两级和三级伺服阀。

(2) 按第一级阀的结构形式分类，可分为滑阀、单/双喷嘴挡板阀、偏转板射流阀等。

(3) 按反馈形式分类，可分为滑阀位置反馈、负载流量反馈和负载压力反馈三种。

(4) 按力矩马达是否浸泡在油中分类，可分为湿式和干式两种。

3.4.2 电液伺服系统的类型

电液伺服系统的分类方法很多，可从不同角度分类。按输出物理量分，可分为位置控制系统、速度控制系统、力控制系统等；按控制元件类型分，可分为阀控系统、泵控系统；按输出功率可分为大功率系统、小功率系统；按输入与输出关系分为开环控制系统、闭环控制系统等。根据输入信号的形式不同，又可分为模拟伺服系统和数字伺服系统两类。下面对模拟伺服系统和数字伺服系统分别进行简要说明。

1. 模拟伺服系统

在模拟伺服系统中，全部信号都是连续的模拟量，如图3.33所示。在此系统中，输入信号、反馈信号、偏差信号及其放大、校正都是连续的模拟量。电信号可以是直流量，也可以是交流量。直流量和交流量的相互转换可通过调制器或解调器完成。

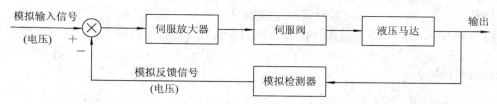

图 3.33 模拟伺服系统框图

模拟伺服系统重复精度高，但分辨能力较低(绝对精度低)，伺服系统的精度在很大程度上取决于检测装置的精度，而模拟式检测装置的精度一般低于数字式检测装置，所以模拟伺服系统分辨能力低于数字伺服系统。此外，模拟伺服系统中微小信号容易受到噪声和零漂的影响。因此，当输入信号接近或小于输入端的噪声和零漂时，就无法进行有效控制。

2. 数字伺服系统

在数字伺服系统中，全部信号或部分信号是离散参量。因此，数字伺服系统又分为全数字伺服系统和数字-模拟伺服系统两种。在全数字伺服系统中，动力元件必须能够接收数字信号，可采用数字阀或电液步进马达。图 3.34 给出了数字-模拟伺服系统框图。数控装置发出的指令脉冲与反馈脉冲相比较后产生数字偏差，经数/模转换器把信号变为模拟偏差电压，后面的动力部分不变，仍是模拟元件。系统输出通过数字检测器(即模/数转换器)变为反馈脉冲信号。

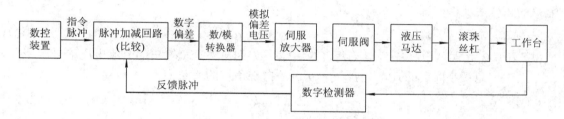

图 3.34 数字-模拟伺服系统框图

数字检测装置有很高的分辨能力，所以数字伺服系统可以得到很高的绝对精度。数字伺服系统的输入信号是很强的脉冲电压，受模拟量的噪声和零漂的影响很小。对于绝对精度要求较高，而重复精度要求不高的场合，常采用数字伺服系统。此外，该系统还能运用计算机对信息进行储存、解算和控制，在大系统中实现多环路、多参量的实时控制，因此有着广阔的发展前景。然而，从经济性、可靠性方面来看，简单的伺服系统仍以采用模拟型控制为宜。

3.4.3 电液位置伺服系统

电液位置伺服系统是最基本和最常用的一种液压伺服系统，在各个领域都得到了广泛应用，如机床工作台的位置控制、板带轧机的板厚控制和带材跑偏控制、飞机和船舶的舵机控制、雷达和火炮控制系统以及振动试验台等。在其他物理量的控制系统中，如速度控制和力控制等系统中，也常有位置控制小回路作为大回路中的一个环节。

电液伺服系统的动力元件不外乎阀控式和泵控式两种基本形式，但由于所采用的指令装置、反馈测量装置和相应的放大、校正的电子部件不同，就构成了不同的系统。如果采用电位器作为指令装置和反馈测量装置，就可构成直流电液位置伺服系统；当采用自整角机或旋转变压器作为指令装置和反馈测量装置时，就可构成交流电液位置伺服系统。

图 3.35 所示为以一对自整角机作为角差测量装置的电液位置伺服系统。自整角机是一种回转式的电磁感应元件，由转子和定子组成。在定子上绕有星形连接的三相绕组，转子上绕有单相绕组。

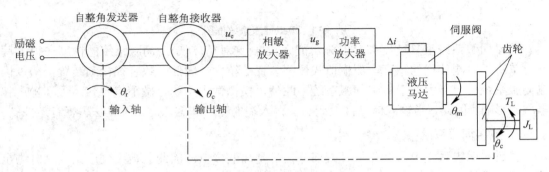

图 3.35　自整角机伺服系统原理图

在伺服系统中，自整角机是成对运行的，与指令轴相连的自整角机称为发送器，与输出轴相连的自整角机称为接收器。发送器转子绕组接激磁电压，接收器转子绕组输出误差信号电压。接收器和发送器定子的三相绕组相连。自整角机测量装置输出的误差信号电压是一个振幅调制波，其频率等于激磁电压(载波)的频率，其幅值与输入轴和输出轴之间误差角的正弦成比例，即

$$U_e = K_e \sin(\theta_r - \theta_c) \tag{3-24}$$

式中，$\theta_r - \theta_c$ 为误差角；K_e 为自整角机的增益；U_e 为自整角机输出的交流电压信号。

当误差角很小时，$\sin(\theta_r - \theta_c) \approx \theta_r - \theta_c$，故自整角机的增益为

$$\frac{U_e}{\theta_r - \theta_c} = K_e \tag{3-25}$$

自整角机输出的交流误差电压信号经相敏放大器前置放大和解调后，转换为直流电压信号。直流电压信号的大小与交流电压信号的幅值成正比，其极性与交流电压信号的相位相适应。相敏放大器的影响与液压动力元件相比可忽略，将其看成比例环节，其增益为

$$\frac{U_g}{U_e} = K_d \tag{3-26}$$

式中，K_d 为相敏放大器的增益；U_g 为相敏放大器输出的直流电压。

伺服放大器和伺服阀力矩马达线圈的传递函数与伺服放大器的形式有关。当采用电流负反馈放大器时，由于力矩马达线圈的转折频率很高，故可忽略伺服放大器的动态影响，将其看成比例环节，因此

$$\frac{\Delta I}{U_g} = K_a \tag{3-27}$$

式中，K_a 为伺服放大器的增益；ΔI 为伺服放大器的输出电流。

电液伺服阀的传递函数采用什么形式，取决于动力元件液压固有频率的大小。当伺服阀的频宽与液压固有频率相近时，伺服阀可近似地看成二阶振荡环节：

$$K_{sv}G_{sv}(s) = \frac{Q_0}{\Delta I} = \frac{K_{sv}}{\dfrac{s^2}{\omega_{sv}^2} + \dfrac{2\zeta_{sv}}{\omega_{sv}}s + 1} \tag{3-28}$$

当伺服阀的频宽大于液压固有频率(3～5 倍)时，伺服阀可近似看成惯性环节：

$$K_{sv}G_{sv}(s) = \frac{Q_0}{\Delta I} = \frac{K_{sv}}{T_{sv}s + 1} \tag{3-29}$$

当伺服阀的频宽远大于液压固有频率(5～10 倍)时，伺服阀可近似看成比例环节：

$$K_{sv}G_{sv}(s) = \frac{Q_0}{\Delta I} = K_{sv} \tag{3-30}$$

式(3-28)～式(3-30)中，K_{sv} 为伺服阀的流量增益；$G_{sv}(s)$ 为 $K_{sv} = 1$ 时的伺服阀的传递函数；Q_0 为伺服阀的空载流量；ω_{sv} 为伺服阀的固有频率；ζ_{sv} 为伺服阀的阻尼比；T_{sv} 为伺服阀的时间常数。

从伺服阀阀芯位移到液压马达轴转角之间是典型的阀控马达。如果马达没有弹性负载，也不考虑机架刚度，阀控马达液压马达的动态方程可表示为

$$\theta_m = \frac{\dfrac{Q_0}{D_m} - \dfrac{K_{ce}}{iD_m^2}\left(1 + \dfrac{V_t}{4fK_{ce}}s\right)T_L}{s\left(\dfrac{s^2}{\omega_h^2} + \dfrac{2\zeta_h}{\omega_h}s + 1\right)} \tag{3-31}$$

式中，θ_m 为液压马达(主动轮)的转角；θ_c 为从动轮的转角；$i = \theta_m/\theta_c$ 为齿轮减速器的传动比；ω_h 为液压固有频率；D_m 为液压马达的排量；T_L 为外载力矩；f 为黏滞阻尼系数；K_{ce} 为流量-压力系数。

根据式(3-25)～式(3-31)，可画出位置控制系统的方框图(见图 3.36)，并写出其开环传递函数：

$$G(s)H(s) = \frac{K_v G_{sv}(s)}{s\left(\dfrac{s^2}{\omega_h^2} + \dfrac{2\zeta_h}{\omega_h}s + 1\right)} \tag{3-32}$$

式中，$K_v = (K_e K_d K_a K_{sv})/(iD_m)$ 为开环增益(也称速度放大系数)。

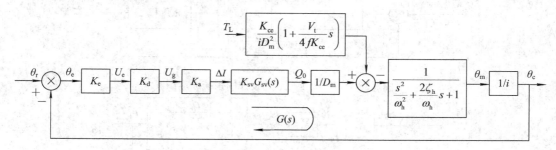

图 3.36　电液位置伺服系统方框图

当考虑电液伺服阀的动态特性时，式(3-32)所表示的系统开环传递函数是比较复杂的。为简化分析，并得到一个比较简单的稳定判据，需要对该式作进一步简化。一般地，电液

伺服阀的响应速度较快，与液压动力元件相比其动态特性可忽略不计，因此可将它看成比例环节。系统的方框图(见图3.37)和开环传递函数(见式(3-33))可进行如下简化：

$$G(s)H(s) = \frac{K_v}{s\left(\dfrac{s^2}{\omega_h^2} + \dfrac{2\zeta_h}{\omega_h}s + 1\right)} \tag{3-33}$$

这个近似式除特殊情况外，一般都是正确的。液压固有频率通常总是回路中最低的，它决定了系统的动态特性。

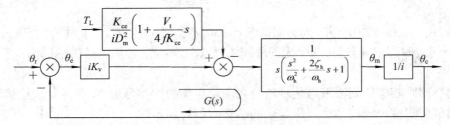

图3.37　电液位置伺服系统简化方框图

图 3.37 所示的简化方框图和式(3-33)所表示的简化开环传递函数很有代表性，一般的液压位置伺服系统往往都能简化成这种形式。

3.4.4　电液速度伺服系统

在实际工程中，经常需要进行速度控制，如原动机调速、机床进给装置的速度控制、雷达天线/炮塔/转台中的速度控制等。在电液位置伺服系统中也经常采用速度局部反馈回路来提高系统的刚度和减小伺服阀等参数变化的影响，提高系统的精度。

电液速度控制系统按控制方式可分为阀控液压马达速度控制系统和泵控液压马达速度控制系统。阀控马达系统一般用于小功率系统，泵控马达系统一般用于大功率系统。

1. 阀控液压马达速度控制系统

图 3.38 所示为阀控液压马达速度控制系统的原理图。忽略伺服放大器和伺服阀的动态影响，并假定负载为简单的惯性负载，则系统的方框图可用图 3.39 表示。

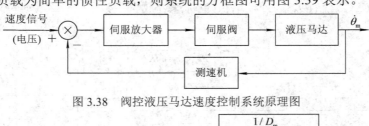

图3.38　阀控液压马达速度控制系统原理图

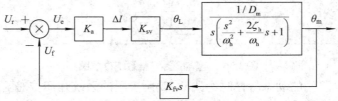

图3.39　阀控液压马达速度控制系统方框图

该系统的开环传递函数为

$$G(s)H(s) = \frac{K_0}{\dfrac{s^2}{\omega_h^2} + \dfrac{2\zeta_h}{\omega_h}s + 1}$$ (3-34)

式中，$K_0 = K_a K_{sv} K_{fv}/D_m$ 为系统开环增益(其中 K_a 为放大器增益；K_{sv} 为伺服阀增益；K_{fv} 为测速机增益)。

这是个零型有差系统，对速度阶跃输入是有差的。

2. 泵控液压马达速度控制系统

泵控液压马达速度控制系统有开环控制和闭环控制两种。

1) 泵控开环速度控制系统

如图 3.40 所示，变量泵的斜盘角由比例放大器、伺服阀、液压缸和位置传感器组成的位置回路控制。通过改变变量泵斜盘角来控制供给液压马达的流量，以此来调节液压马达的转速。因为是开环控制，受负载和温度变化的影响较大，所以控制精度差。

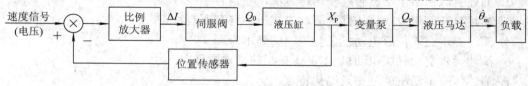

图 3.40　泵控开环速度控制系统原理图

2) 带位置环的泵控闭环速度控制系统

在开环速度控制基础上，增加速度传感器对液压马达转速进行反馈，构成闭环控制系统(见图 3.41)。速度反馈信号与速度指令信号的差值经积分放大器加到变量伺服机构的输入端，使泵的流量向速度误差减小的方向变化。采用积分放大器是为了使开环系统具有积分特性，构成 I 型无差系统。一般地，由于变量伺服机构的惯性很小，液压缸-负载的固有频率很高，阀控液压缸可看成积分环节，变量伺服机构基本上可看成是比例环节，系统动态特性主要由泵控液压马达的动态所决定。

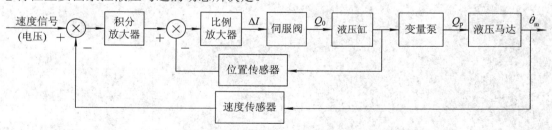

图 3.41　带位置环的泵控闭环速度控制系统原理图

3) 不带位置环的泵控闭环速度控制系统

如果将图 3.41 中变量伺服机构的位置反馈去掉，并将积分放大器改为比例放大器，即可得到图 3.42 所示的闭环速度控制系统。因为变量伺服机构中的液压缸本身含有积分环节，所以放大器应采用比例放大器，系统仍是 I 型系统。由于积分环节是在伺服阀和变量泵斜盘力之后，所以伺服阀零漂、斜盘力等引起的静差仍存在。变量机构开环控制抗干扰能力差，易受零漂、摩擦等影响。

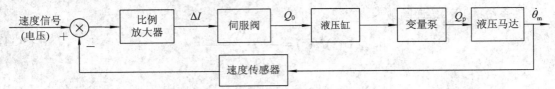

图 3.42 不带位置环的泵控闭环速度控制系统原理图

习题与思考题

1. 试举出几个具有伺服系统的机电一体化产品实例，分析其伺服系统的基本结构，指出其属于何种类型的伺服系统。

2. 简述电气伺服系统、液压伺服系统、气动伺服系统的特点及应用场合。

3. 简述直流伺服电动机有几种调速方法，各自有哪些特点。

4. 简述直流伺服电动机的几种驱动方式，各自有哪些特点。

5. 简述异步交流伺服电动机矢量控制的基本原理。

6. 简述异步交流伺服电动机 SPWM 控制的基本原理。

7. 简述步进电动机的分类及结构特点。

8. 简述步进电动机三相单三拍的工作原理。

9. 什么是电液伺服系统？简述电液伺服阀的组成及作用。

10. 电液力伺服系统和电液位置伺服系统对伺服阀的要求有什么不同？为什么？

第 4 章　传感检测技术

　　外骨骼机器人(Exoskeletons Robot)是一种典型的机电一体化产品，其深度融合了机械工程、控制科学、通信工程、电子技术、仪器科学和生物医学工程等学科领域的理论和技术。外骨骼机器人主要用于增强正常人的运动和负荷能力，及运动功能障碍患者的运动辅助和康复训练。图 4.1 所示为一种用于康复训练的上肢外骨骼机器人，其工作过程需要位置传感器、加速度传感器、扭矩传感器、生物电信号传感器等多种类型传感器的协同工作。

图 4.1　Ekso Bionics 公司上肢康复训练外骨骼机器人

　　那么，不同类型的传感器在外骨骼机器人中起什么作用？又该如何选择适当的传感器呢？本章将以外骨骼机器人为例深入介绍机电一体化产品中采用的各类传感器的特点、工作原理、应用场合及信号采集与处理方法。

4.1　传感检测系统的作用及组成

　　在现代工业中，随着生产设备自动化程度的提高，设备运行过程的信息采集与监控要求不断增强。由于信息采集环节是由传感检测系统实现的，传感检测系统作为机电一体化系统的信息获取来源，亦是机电一体化系统设计中的关键环节。

4.1.1 传感检测系统在机电一体化中的作用

传感检测技术是现代自动化技术的重要基础之一，机电一体化系统的自动化程度愈高，对于传感检测系统的依赖性愈强。换言之，传感检测系统的性能优劣直接影响着整个系统的性能高低。机电一体化系统运行时，首先必须准确地获得自身、被控对象及外界环境的状态信息。在机电一体化系统中，传感检测系统的作用相当于人的感官，检测系统运行过程中内部和外部的各种物理量(如位移、速度、温度、压力、应变等)及其变化，将这些非电量信号转化为电信号，并通过适当处理(如变换、放大、调制解调、滤波等)后，反馈至控制装置或进行显示记录。因此，传感检测系统是机与电有机结合的重要纽带，成为机电一体化系统中必不可少的组成部分。

4.1.2 传感检测系统的组成

传感检测系统一般由传感器、信号调理电路及输出接口组成，如图 4.2 所示。

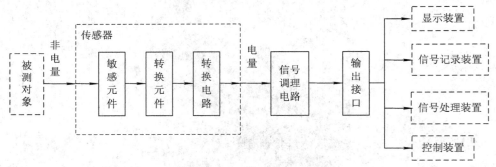

图 4.2　传感检测系统组成框图

1. 传感器

传感器是一种能感受规定的被测量并按照一定的规律(即数学函数法则)转换成可用信号的器件或装置。传感器通常由敏感元件、转换元件和转换电路组成，可将非电量物理量转换为电量信号输出。

敏感元件直接感受被测物理量，并以确定的关系输出物理量信号。如压电元件将力转换为电荷输出，弹性元件将力转换为位移或应变输出。

转换元件将敏感元件输出的非电物理量信号转换为电信号，如电阻、电感、电容等。

转换电路将转换元件输出的电信号转换为便于测量的电信号，如电流、电压、频率等。但由于空间的限制和技术条件不足，转换电路常以外接附件的形式出现，未与敏感元件和转换元件一起封装到传感器壳体内。

实际的应用中，因各类敏感元件的输出特性所致，传感器并非完全具备敏感元件、转换元件和转换电路三个组成环节。例如，热电偶温度传感器中仅含有敏感元件，如图 4.3(a)所示；压电式力传感器由敏感元件和转换元件组成，如图 4.3(b)所示；电容式位移传感器由敏感元件和转换电路构成，如图 4.3(c)所示。

(a) 热电偶温度传感器　　　　　(b) 压电式力传感器　　　　(c) 电容式位移传感器

图 4.3　工业中常用传感器实物

一般来说，被测量有多少种，传感器就应该有多少类型；另外，同一种传感原理也可以用于不同类型的被测量检测。因此，传感器种类很多，分类的方法也不尽相同。根据被测量不同可分为温度传感器、湿度传感器、压力传感器、位移传感器、速度传感器、加速度传感器等；根据测量原理分为电阻式传感器、电感式传感器、电容式传感器、电涡流式传感器、磁电式传感器、压电式传感器、光电式传感器等；根据输出信号的类型可将传感器分为模拟传感器和数字传感器。

1) 模拟传感器

模拟传感器将测量的非电量转换成模拟信号输出，例如欧姆龙 ZX-L 位移传感器的输出信号为电压信号，其输出信号电压特性如图 4.4(a)所示。

2) 数字传感器

广义上，数字传感器分为准数字传感器和数字传感器两类。准数字传感器输出信号为方波信号，其频率或占空比随被测参量变化而变化，如增量式光电编码器。数字传感器输出信号为数字量，如 DS 18B20 温度传感器在分辨率为 12 位时 −55℃、0℃和 125℃输出信号如图 4.4(b)所示。

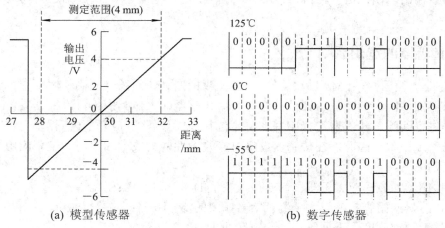

(a) 模型传感器　　　　　　　　(b) 数字传感器

图 4.4　典型模拟/数字传感器输入输出特性

开关量传感器输出只有高/低电平或开/关两个状态。当被测量的信号到达某个特定的阈值时，开关量传感器输出高电平(开)，反之输出低电平(关)，如图 4.5 所示。开关传感器输出信号仅需简单的电平转换即可直接输送至计算机中直接处理，与数字电路具有良好的兼容性。根据与被测对象的连接形式，开关传感器又可分为接触型(如限位开关)和非接触型(如光电接近开关)两类。

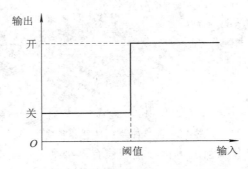

图 4.5 开关传感器输入、输出特性

2. 信号调理电路

信号调理电路将传感器输出信号进行放大、滤波、检波、转换等处理，以方便后续环节的数据采集与处理。信号调理电路可分为电平调整、线性化、信号形式转换和滤波及阻抗匹配四种类型。例如，Pt100 铂电阻测量温度时，铂电阻输出为电阻变化量，因此，需连接四臂电桥将随被测温度变化的电阻值转换成电压信号。在工程上对信号调理电路的一般要求如下：

(1) 转换准确、放大稳定和传输可靠；

(2) 信噪比高，抗干扰能力强。

3. 输出接口

输出接口可实现不同功能模块之间电气参数连接部分，负责将信号传输至信号记录装置、显示装置、信号处理装置与控制装置等。输出接口电路可在同一电气参数范围内工作，如将传感器输出的模拟信号转换为标准输出信号；也可将信号从一种形式转换为另一形式，如 A/D 转换电路。

4.1.3 传感器的选用原则

在机电一体化系统中选用传感器时，首先应根据具体的场合明确使用要求；其次根据各类传感器的性能参数特征，评估并选择可用传感器的大体类别；再次根据具体需求与可用传感器进行匹配。传感器选择中并非总是选择性能最好的高级别传感器——过高的性能指标意味着高成本，因此，在传感器选择时应兼顾性能与成本的平衡。工程应用中，传感器选用原则如下：

(1) 传感器的量程应大于测试信号最大幅值的 1.2～1.5 倍；

(2) 传感器的固有频率应大于测试信号频率的 5～10 倍；

(3) 传感器准确度小于系统总不确定度的 1/3；

(4) 传感器工作温度大于传感器测量环境温度的 2 倍；

(5) 长期使用重复性误差小于 ±0.02%；

(6) 传感器动态特性好，环境适应性好，抗干扰性能强，可靠性高；

(7) 传感器输出的信号便于直接测量，易与二次仪表或采集设备匹配使用；

(8) 安装方便，成本适中。

4.2　机电一体化系统中常用的传感器

传感器作为信息的采集者，直接面向被测对象，将被测对象的有关参量转换成为电信号，是机电一体化系统中不可缺少的基础部件之一。

4.2.1　位移、位置传感器

位移、位置传感器在机电一体化系统中应用十分广泛。位移传感器分为线位移传感器和角位移传感器两类，分别用于线位移测量和角位移测量。常用位移传感器有电容式传感器、电感式传感器、感应同步器、光栅传感器、磁栅传感器、光电编码器和旋转变压器等。其中，光电编码器和旋转变压器只能测量角位移。

与位移传感器不同，位置传感器用于检测被测对象是否达到或接近某一位置，其输出信号为开关量。根据被测对象与测量元件接触与否，位置传感器分为接触式和非接触式两类。接触式位置传感器主要以限位开关为代表；非接触式位置传感器即接近开关，主要有光电开关和接近开关。

1. 光电开关

光电开关是利用被检测物对光束的遮挡或反射，判断检测物体的有无。被检测物体不限于金属，任何能够反射或遮挡光束的物体均可以被检测。

光电开关根据结构特点可以分为对射式、镜反射式、漫反射式、槽式和光纤式。

1) 对射式光电开关

对射式光电开关的发射器和接收器独立封装在各自的壳体中，发射器和接收器同轴对向安装，如图 4.6(a)所示。工作时，发射器发出光束，接收器检测接收光束强度，当被测物体经过发射器与接收器之间且阻断光束的情况下产生一个开关信号。对射式光电开关适用于大距离、不透明物体的检测。

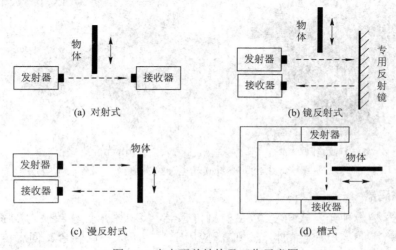

图 4.6　光电开关结构及工作示意图

2) 镜反射式光电开关

镜反射式光电开关的发射器和接收器集成在同一壳体内，光电开关轴向方向安装专用反射镜，发射器的发出光束被反射镜反射回接收器，当被测物体遮挡光束时产生一个开关信号，如图 4.6(b)所示。

3) 漫反射式光电开关

漫反射式光电开关的发射器和接收器集成在同一壳体内，无需专用反射镜，但对被测物体表面的反光率具有较高要求，如图 4.6(c)所示。

4) 槽式光电开关

槽式光电开关通常采用 U 型结构，发射器和接收器分别安装于 U 型槽的两边，并在 U 型槽内部形成具有一定宽度的光束幅，如图 4.6(d)所示。当被测物体经过并遮挡光束幅时，产生一个开关信号。

5) 光纤式光电开关

光纤式光电开关是一种特殊的光电开关，通过光纤传输光信号可实现长距离大型物体检测，可以在油污环境或水(液体)环境下进行检测，还可以对黑橡胶等低反射率物体进行检测。光纤头根据结构特点可以分为反射型和对射型两种，如图 4.7 所示。实际的光纤式光电开关由光纤放大器和光纤头两部分组成。不同的工况下，可选用不同的光纤头，图 4.8 为对射型光纤式光电开关实物，由欧姆龙 E3X-HD 光纤放大器和 E32-T11N 光纤头构成。光纤式光电开关可以实现微小的物体检测(如ϕ5 μm)。由于光纤传输的是光信号，因此传感器具有良好的抗噪能力。

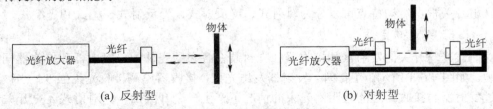

(a) 反射型　　　　　　　　　　　　　(b) 对射型

图 4.7　光纤式光电开关结构特征

(a) 光纤放大器　　　　　　　　　(b) 光纤头

图 4.8　光纤式光电开关实物

2. 光电编码器

光电编码器是一种光学式角度-数字检测传感器，将机械角位移转换为数字信号，具有高精度、高分辨率和高可靠性的特点，广泛应用于数控机床、回转台、伺服传动、雷达、机器人等需要角位移测量的装置和设备中。

光电编码器主要由光源、码盘、光电检测装置、测量电路等部分组成。根据码盘的刻度方法与输出信号形式，光电编码器分为增量式光电式编码器和绝对式光电编码器两类。

1) 增量式光电编码器

增量式光电编码器的码盘沿圆周方向均匀分布 n 条狭缝(对应增量式光电编码的角度分辨率)，每转过一个狭缝产生一个电脉冲。在转速测量中，增量式光电编码器与电动机同轴，电动机旋转时，光栅盘与电动机同速旋转。经光电二极管等电子元件组成的检测接收装置输出得到转速、角度信号脉冲序列，其原理如图 4.9 所示。

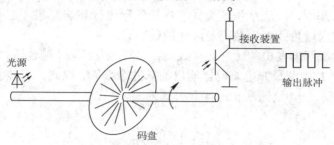

图 4.9　增量式光电编码器原理示意图

增量式光电旋转编码器具有 A、B 和 Z 三路脉冲信号输出。A、B 脉冲序列相位差为 90°，从而可方便地判断出旋转方向。同时还有用作参考零位的 Z 相标志(指示)脉冲信号，编码器的码盘每旋转一周，只发出一个标志脉冲信号。标志脉冲通常用来指示机械位置或对积累量清零，故增量式编码器适用于正反向旋转场合。

增量式光电旋转编码器具有成本低、精度高、结构简单、寿命长、抗干扰能力强、可靠性高的特点，但增量式光电编码器无法输出转动时的绝对位置信息。

2) 绝对式光电编码器

绝对式光电编码器码盘由按照二进制规则排列的一系列透明区和不透明区构成(透明区域用 1 表示，不透明区域用 0 表示)，故可直接输出数字量。绝对式光电编码器中码盘的透明区和不透明区均匀分布在若干个相邻的圆周(即码道)上。其中，码道的数目为编码器二进制数的位数。显然，码道越多，分辨率越高。为保证低位码的精度，将内侧码道作为编码器的高位，外侧码道作为编码器的低位。以 4 位绝对式光电编码器为例，其结构如图 4.10 所示。

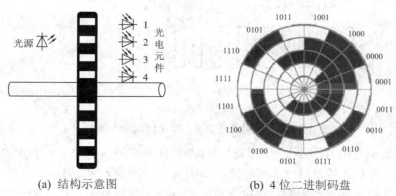

(a) 结构示意图　　　　(b) 4 位二进制码盘

图 4.10　绝对式光电编码器结构示意图

图 4.10 所示的绝对式光电编码器每一条码道对应有一个光电元件。当码盘转动到某一位置时，对应的光电元件根据感光情况将光信号转换为电信号，输出数字编码信息。

绝对式光电编码器无需计数器就能够直接获取每个转角的数字信息，在断电后也能保持转轴的转角信息，重新上电后无需寻找参考零点即可继续工作。但转动超过一周时，必须采用减速机构连接两个以上的编码器组成多级检测装置，导致测量装置结构较为复杂，成本较高。

3) 光电编码器应用——转速测量

在电机调速系统中，广泛采用增量式光电编码器进行转速检测。下面以外转子电机转速测量为例介绍使用增量式光电编码器测速的过程。

电机转速可由编码器发出的脉冲频率或周期进行测量(即 M 测速法和 T 测速法)。M 测速法是在一定时间 T_c 内测量光电编码器输出的脉冲个数 M，以此计算该段时间内的平均转速，如图 4.11(a)所示。M 测速法转速计算公式为

$$n = 60 \frac{M}{Z T_c} \tag{4-1}$$

式中，T_c 为测速采样时间；M 为 T_c 时间内测得的脉冲个数；Z 为编码器转动一周输出的脉冲个数。

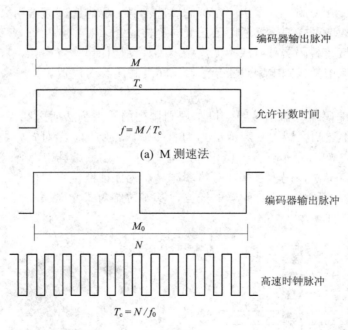

(a) M 测速法

(b) T 测速法

图 4.11　增量式光电编码器转速测量方法

T 测速法是在光电编码器两个相邻输出脉冲的间隔时间内，采用一个计数器对频率 f_0 的高速时钟脉冲进行计数，以此计算转速，如图 4.11(b)所示。由于 $M_0 = 1$，测速时间 T_c 实际为光电编码器输出脉冲的周期，可由高速时钟脉冲个数 N 计算得出，即 $T_c = N/f_0$。T 测

速法转速计算公式为

$$n = 60\frac{f_0}{ZN} \tag{4-2}$$

式中，f_0 为高速时钟脉冲频率；N 为 T_c 时间内测得高速脉冲个数；Z 为编码器转动一周输出的脉冲个数。

电机转速测量中采用 K76-J3V2500B30 增量式光电编码器，其参数如表 4.1 所示。电机轴与光电编码器同轴连接，利用 Tektronix DPO4104 示波器采集光电编码器的输出信号。当电机转速稳定时，光电编码器输出 10 个脉冲的时间间隔为 3 ms，光电编码器分辨率为 2500 脉冲数/转(PRR)，即 $Z = 2500$，则采用 M 测速法计算出实际转速为 80.0 r/min。

表 4.1 光电编码器参数

最高响应频率	100 kHz	分辨率	2500 PPR
允许最高转速	2400 r/min	输出上升/下降时间	≤1 μs
输出电阻	2 kΩ	输出电流	≤20 mA
残留电压	≤0.4 V	耐电压	AC 500 V，1 分钟
耐振动	变位振幅 0.75 mm，10～55 Hz，三轴方向各 1 小时	耐冲击	490 m/s², 11ms，三轴方向各三次
工作温度	−10～+70℃	消耗电流	≤100 mA
电源	DC 5～12 V，纹波≤3% rms		
输出相位差	A 相 B 相的相位差 90°±45°；Z 相宽度 $T/4 \pm 25\%$		

3. 光栅传感器

光栅传感器是指采用光栅莫尔条纹现象测量位移的高精度传感器，如图 4.12 所示。光栅是在玻璃或金属基体上密集等间距平行的刻线，刻线密度(每毫米长度上的刻线数)通常为 4 线/mm、25 线/mm、50 线/mm、100 线/mm、200 线/mm 和 250 线/mm 等。由于光栅形成的叠栅条纹具有光学放大和误差平均效应，使其具有测量精度高(可达 ±1 μm)、响应快、量程大(一般为 1～2 m，连续使用时可达 10 m)、易于实现数字输出等特点。光栅测位移法广泛应用于数控机床与三坐标测量机中，可实现线位移和角位移的静、动态测量。同时，也应用在机械振动测量和变形测量等领域。

图 4.12 光栅传感器

1) 光栅的种类和结构

光栅的种类很多，根据制造方法和光学原理，光栅分为透射光栅和反射光栅。透射光栅在玻璃表面上等间距制成透明和不透明的线纹,利用光的透射现象进行检测;反射光栅在金属表面上等间距制成全反射和漫反射的线纹,利用光的反射现象进行检测。根据光栅形状特征,分为用于线位移测量的光栅尺(又称长光栅或直线光栅)和角位移测量的圆光栅。

光栅传感器主要由主光栅(标尺光栅)、指示光栅、光源、透镜和光电元件组成,如图4.13所示。主光栅和指示光栅以一定的间隙(0.05 mm或0.1 mm)平行安装,测量时分别置于两个相对运动的部件上(如工作台和机床底座上);光电元件负责将接收到的光信号转换成电信号。单个光电元件只能实现计数,无法进行辨向。因此,为确定光栅运动方向,光电元件的数量至少是2个,实际光栅中其数量常为4个。

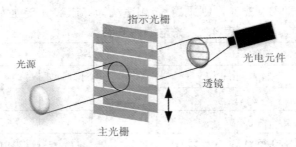

图 4.13　光栅传感器的原理结构

2) 光栅传感器的测量原理

光栅传感器测量是基于主光栅和指示光栅之间的莫尔条纹现象实现的。主光栅和指示光栅以极小的间隙平行重叠放置,并使两者刻线保持一个微小的夹角 θ。由于光的干涉效应,在与两光栅刻线角平分线垂直方向上形成明暗相间的平行条纹,即莫尔条纹,如图4.14所示。

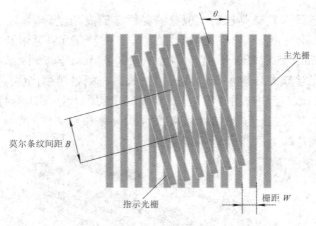

图 4.14　莫尔条纹

莫尔条纹具有以下特点。

(1) 莫尔条纹的运动与光栅的运动一一对应。当两光栅的夹角保持不变,主光栅与指示光栅沿其刻线垂直方向发生相对移动时,莫尔条纹将沿两光栅刻线角平分线的方向移动,且两光栅相对移动一个栅距 W,莫尔条纹相应移动一个间距 B;若光栅改变移动方向,莫尔条纹移动方向亦对应变化。

(2) 夹角 θ 很小时,莫尔条纹具有放大作用。莫尔条纹间距 B 随夹角 θ 变化而变化,

两者关系为

$$B = \frac{W}{2\sin\dfrac{\theta}{2}} \approx \frac{W}{\theta} \qquad (4\text{-}3)$$

式中，W 为栅距，单位为 mm；θ 为主光栅与指示光栅夹角，单位为 rad。

当主光栅与指示光栅相对移动一个栅距 W 时，则莫尔条纹移动一个间距 B。由式(4-3)可知，莫尔条纹间距 B 相对于栅距 W 为 $1/\theta$，且栅距 W 一定时，两光栅夹角 θ 愈小，则莫尔条纹间距 B 愈大。

(3) 莫尔条纹具有误差平均效应。莫尔条纹是由光栅的一系列刻线共同形成的，对刻线误差具有平均效应，极大地削弱了刻线误差所引起的局部和短周期误差影响。

4. 磁栅传感器

磁栅传感器是利用电磁感应原理将静态位置或动态位移转换成数字量输出，应用数字信号处理电路进行信息处理的数字式传感器，主要用于大型机床的定位反馈或位移量的测量装置，如图 4.15 所示。相对于光栅，磁栅具有结构简单、测量范围大(1～20 m)、成本低、磁信号可以重新录制等特点，但安装中需要进行防尘和屏蔽处理。根据磁栅形状特征，磁栅传感器分为用于线位移测量的长磁栅传感器和用于角位移测量的圆磁栅传感器。

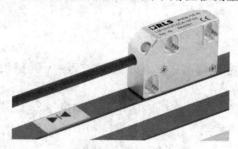

图 4.15 磁栅传感器

1) 磁栅传感器的结构

磁栅传感器主要由磁栅(磁尺)、磁头和检测电路等组成，如图 4.16 所示。磁栅是指在非导磁的基体上均匀涂覆、化学沉积或电镀一层磁性薄膜，并采用录磁的方法将节距的周期变化信号(正弦波或锯齿波)记录在磁尺上，形成等间距的磁信号。磁头负责检测磁栅上的磁信号并将其转换为电信号。检测电路进一步将磁头检测的电信号转换为数字脉冲信号，送入后续的显示装置、信号处理装置或控制装置。

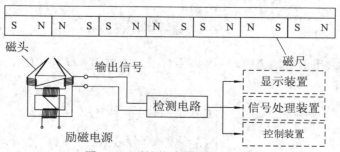

图 4.16 磁栅传感器的原理结构

2) 磁栅传感器的工作原理

磁栅传感器检测中，磁头读取磁栅上的磁信号实现磁-电转换。根据信号读取方式的类型，磁头分为动态磁头和静态磁头。动态磁头(又称为速度响应式磁头)是一种非调制式磁头，其结构中只有一组线圈，如图 4.17(a)所示。当动态磁头与磁栅之间以一定的速度相对运动时，根据电磁感应原理，动态磁头的输出绕组线圈产生相应的感应电动势，其值与相对运动速度成正比。故该类型磁头仅适用于连续匀速测量，不适用于静态位移测量。

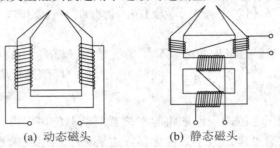

(a) 动态磁头　　　　(b) 静态磁头

图 4.17　磁头类型

静态磁头(又称磁通响应式磁头)是一种调制式磁头，具有励磁线圈和感应线圈两组线圈，如图 4.17(b)所示。根据进入磁头漏磁通的变化，静态磁头的输出绕组产生感应电动势，则感应电压为

$$e = k\Phi_{\mathrm{m}} \sin\left(\frac{2\pi x}{W}\right) \cos 2\omega t \tag{4-4}$$

式中，k 为常数；Φ_{m} 为漏磁通峰值；W 为磁栅的节距；x 为磁头相对磁尺的位移；ω 为励磁电压的角频率。

由式(4-4)可知，输出信号的频率为励磁电源频率的 2 倍，其幅值则与磁栅与磁头之间的相对位移成正弦(或余弦)关系。由于输出信号和磁头与磁尺的相对运动速度无关，故静态磁头可以实现静态位移测量。为了实现测向功能，磁头必须成对安装，且磁头间距为 $(n\pm1/4)W$。因此，两个磁头可输出两个相位相差 90° 的正交信号，并可根据两个正交信号的超前或滞后判定移动方向。

静态磁头的信号处理方式分为鉴幅法和鉴相法。

鉴幅法是利用输出信号幅值大小判定磁头位移量的处理方法。两个磁头相距$(n \pm 1/4)W$安装，且输入相位相同的激励信号，则两磁头输出信号为

$$\begin{cases} e_1 = U_{\mathrm{m}} \sin\left(\dfrac{2\pi x}{W}\right) \cos 2\omega t \\ e_2 = \pm U_{\mathrm{m}} \cos\left(\dfrac{2\pi x}{W}\right) \cos 2\omega t \end{cases} \tag{4-5}$$

式中，U_{m} 为磁头读出信号幅值；x 为磁头相对磁尺的位移；ω 为励磁电压的角频率。

经包络检波滤除高频载波后，则有

$$\begin{cases} E_1 = U_{\mathrm{m}} \sin\left(\dfrac{2\pi x}{W}\right) \\ E_2 = \pm U_{\mathrm{m}} \cos\left(\dfrac{2\pi x}{W}\right) \end{cases} \tag{4-6}$$

　　鉴相法是利用输出信号相位变化判定磁头位移量的处理方法。对两个磁头分别输入相位相差 45°(或 90°)的励磁信号，则两磁头输出信号为

$$\begin{cases} e_1 = U_\mathrm{m} \sin\left(\dfrac{2\pi x}{W}\right) \cos 2\omega t \\ e_2 = \pm U_\mathrm{m} \cos\left(\dfrac{2\pi x}{W}\right) \cos 2(\omega t - 45°) \end{cases} \tag{4-7}$$

对两路输出信号求和，得出磁头总输出信号为

$$e = U_\mathrm{m} \sin\left(2\omega t \pm \dfrac{2\pi x}{W}\right) \tag{4-8}$$

　　由式(4-8)可知，磁头总输出信号的幅值不变，信号相位随磁头的位移而变化。因此，可通过鉴相电路获取信号相位，进而确定磁头位置。

4.2.2　速度、加速度传感器

　　机电一体化系统中，速度测量有线速度测量和转速测量两类，其测量可采用速度传感器直接测量或利用位移、加速度等物理量计算求出。加速度即可作为速度、位移的计算基准，亦是振动、冲击和状态监测重要指标，其值可由加速度传感器直接获取。工程中，速度、加速度的测量常采用直流测速发电机、光电编码器、加速度传感器等传感器实现。

1. 直流测速发电机

　　机电一体化系统中的转速测量可以通过检测转轴的转角间接获得，也可选用光电编码器或直流测速发电机直接测量。4.2.1 节中已对光电编码器测速方法进行了论述，此处引入另一种机电一体化系统中常用的测速装置——直流测速发电机。

　　直流测速发电机作为一种转速测量装置，可将机械转速转换成直流电压信号，其输出电压与输入转速成正比。按照定子主磁极的励磁方式分为电磁式和永磁式。电磁式励磁绕组由直流电源供电产生磁场，如图 4.18(a)所示。但电磁式直流测速发电机易受励磁电源、环境等因素的影响，输出电压易发生波动，目前应用不多。永磁式直流测速发电机的定子磁极采用矫顽力高的永磁磁钢构成，其结构较电磁式简单，如图 4.18(b)所示。永磁式直流测速发电机受温度影响较小，输出电压稳定，线性误差小，在自动控制领域得到了广泛的应用。常用永磁式直流测速发电机实物如图 4.19 所示。

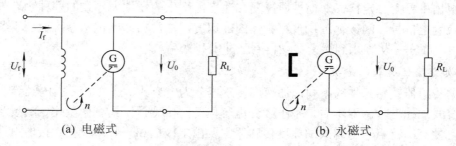

(a) 电磁式　　　　　　　　　　　　　　(b) 永磁式

图 4.18　直流测速发电机

图 4.19　永磁式直流测速发电机实物图

下面以永磁式直流测速发电机为例，说明直流测速发电机的测量原理。在恒定磁场内，旋转的电枢导体切割磁通产生感应电动势，经换向器和电刷转换为直流输出信号。空载时(即负载电阻 $R_L = \infty$)，电机的输出电压与转速成正比；随着负载电阻 R_L 降低，输出特性斜率变小，如图 4.20 所示。

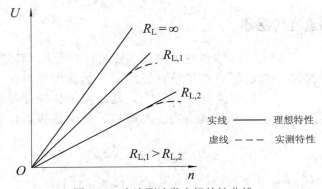

图 4.20　直流测速发电机特性曲线

在机电一体化系统中，对直流测速发电机的选用要求如下：
(1) 直流测速发电机输出特性的线性区域广；
(2) 直流测速发电机输出特性的斜率大；
(3) 直流测速发电机输出特性对温度的变化不敏感；
(4) 直流测速发电机输出电压的纹波小；
(5) 直流测速发电机正、反转的输出特性一致。

2. 加速度传感器

加速度传感器被应用于测量物体受到的包括重力在内的外力所产生的加速度，其工作原理是根据牛顿第二定律，即惯性质量受加速度所产生的惯性力导致的各种物理效应，进一步转换为电信号，间接地测量被测物体的加速度。通常加速度传感器可适应于各种形式的加速度测量——从静止到缓慢移动再到强冲击和振动。

1) 加速度传感器的分类

根据传感器敏感元件的不同，加速度传感器分为电容式、应变式、压电式等。

电容式加速度传感器本质是基于改变电容极距的传感器，具有微型化、精度高、成本低、可靠性高等特点。电容式加速度传感器主要由定极板和与质量块相连接的可动极板构成。两个极板形成一个电容，其电容值是两个极板的重叠面积 A 和极板间距 d 的函数。由于电容式加速度传感器中极板的最大位移约为 20 μm，为提高测量精度，克服漂移和干扰的影响，电容式加速度传感器通常采用差动式结构，如图 4.21 所示。

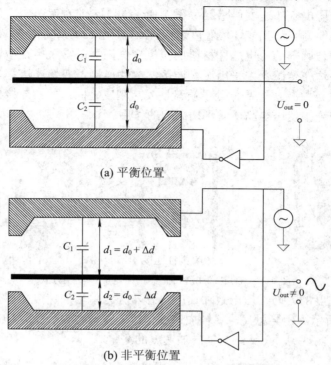

(a) 平衡位置

(b) 非平衡位置

图 4.21　差动式电容加速度传感器

由图 4.21 可知，两个定极板和一个可动质量块形成两个电容器 C_1 和 C_2。上下极板接入相位差为 $180°$ 的正弦信号，当上下极板处于平衡位置时，C_1 等于 C_2，输出信号 U_{out} 为零；当质量块向下移动 Δd 时，质量块和上极板的间距变为 $d_1 = d_0 + \Delta d$，相应的与下极板的间距为 $d_2 = d_0 - \Delta d$，两个电容器发生变化，产生输出信号 U_{out}。

应变式加速度传感器结构如图 4.22 所示。

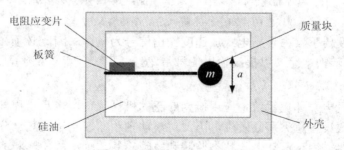

图 4.22　应变式加速度传感器

由图 4.22 可知，该传感器由电阻应变片、质量块、板簧和阻尼液(如硅油)等构成。传感器安装在被测物体上，当被测物运动加速度为 a，则传感器质量块产生的惯性力 F 为 ma。在惯性力的作用下，板簧发生变形，同时粘接在板簧上根部(此处灵敏度最高)的电阻应变片亦产生相应的变形；通过应变电桥测量应变进而获得加速度值。由于应变式加速度传感器在壳体内注有阻尼液，使其具有良好的低频特性，加之该传感器性价比高，被广泛应用于振动测量领域。

压电式加速度传感器是利用压电效应将机械能直接转换为电能测量物体加速度的，其输出信号为电荷。压电式加速度传感器可在 2 Hz～5 kHz 的频率范围工作，且具有输出线性度高，噪音抑制能力强，工作环境温度适应性好(高达 120℃)的特点。

压电式加速度传感器的压电晶体材料以压电陶瓷为主，常采用钛酸钡、锆钛酸钡和偏铌酸铅等。压电晶体在传感器中采用压紧连接、柔性连接、剪切连接等多种安装方式，如图 4.23 所示。压紧连接使压电晶体处于质量块安装基座之间；柔性连接使压电晶体围绕安装支点摆动；剪切连接使压电晶体受到切向力的作用。

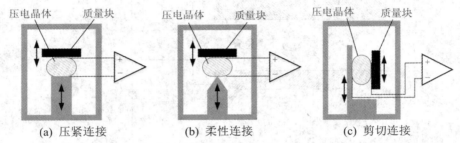

(a) 压紧连接   (b) 柔性连接   (c) 剪切连接

图 4.23　压电式加速传感器中压电晶体安装方式

根据测量加速度的方向，压电式加速度传感器分为单轴加速度传感器和三轴加速度传感器，如图 4.24 所示。顾名思义，单轴加速度传感器仅能实现一个轴向加速度的测量；三轴加速度传感器可实现 x、y、z 三个轴向加速度的测量。

(a) 单轴加速度传感器   (b) 三轴加速度传感器

图 4.24　压电式加速度传感器实物

压电式加速度传感器由于压电式加速度输出信号为电荷，因此必须在传感器内部或外部增加电荷-电压转换电路，以提高输出信号带宽且易于信号测量或数据处理。

2) 加速度传感器应用

滚动轴承是机电一体化系统中应用最为广泛的机械部件，也是易损部件之一。由于轴承损伤故障可导致设备重大事故发生，因此对滚动轴承运行状态监测十分必要。目前，压电式加速度传感器常用于滚动轴承状态监测和故障诊断。轴承故障诊断测试中，加速度传感器安装在轴承负荷区的不同位置，以监测轴承系统的振动响应的特征。根据凯斯西储大学(CWRU)轴承试验，被测轴承SKF6205转速为1797 r/min时，其正常加速度信号如图4.25(a)所示；当轴承外环出现ϕ0.5334 mm 的损伤时，其加速度信号如图4.25(b)所示。进一步对测得正常和故障加速度值进行时频分析，提取特征值，建立轴承运行特征数据库，将其作为滚动轴承状态监测和故障诊断的重要依据。

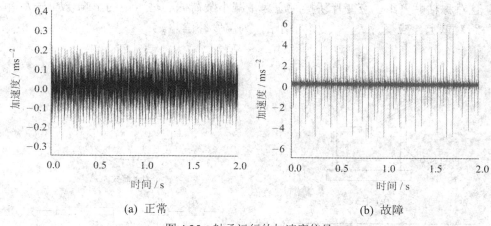

(a) 正常　　　　　　　　　　　　　　　　(b) 故障

图 4.25　轴承运行的加速度信号

4.2.3　力、扭矩传感器

力和扭矩是机电一体化系统中十分常见且非常重要的一类参量。实现力(扭矩)测量的力(扭矩)传感器在动力设备、工程机械、各类工业母机和工业自动化装置中广泛应用。根据力(扭矩)传感器的测量原理可分为电阻应变式、电感式、电容式、压电式、位移式等。其中电阻应变式力(扭矩)传感器以其测量范围大、结构简单、性价比高等特点应用最为广泛。

1. 力传感器

电阻应变式力传感器工作原理是：当力施加在弹性元件上，弹性元件发生变形，同时粘贴在弹性元件上的电阻应变片将应变转换为电阻值输出，经电桥转化为电压或电流输出。应变片作为该类传感器的敏感元件，是由敏感栅、基片、覆盖层和引线等部分组成的，如图 4.26 所示。根据测量和精度要求，电阻应变式力传感器具有多种规格类型，不同规格类型之间的主要区别在于弹性元件的结构形式和应变片的粘贴位置。常见电阻应变式力传感器的弹性元件结构有柱式、梁式、环式、轮辐式等。

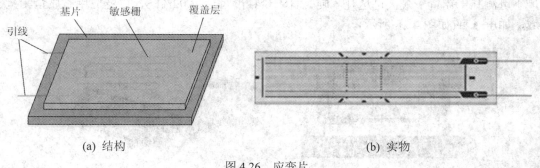

(a) 结构　　　　　　　　　　　　　　　　(b) 实物

图 4.26　应变片

1) 柱式或筒式力传感器

柱式或筒式弹性元件结构简单，可承受较大的拉(压)力，主要用于中等及大载荷的拉(压)力传感器中，但该类传感器结构高度大，抗偏心载荷和偏向力能力差。柱式或筒式力传感器应变片分布及桥接电路如图 4.27 所示。应变片粘贴在弹性元件外壁应力分布均匀的中间部分，且对称粘贴多组。应变片桥接时应尽量减小载荷偏心与弯矩的影响，R_1 与 R_3 串接且置于桥路对壁上。应变片 $R_5 \sim R_8$ 横向粘贴，为温度补偿片。

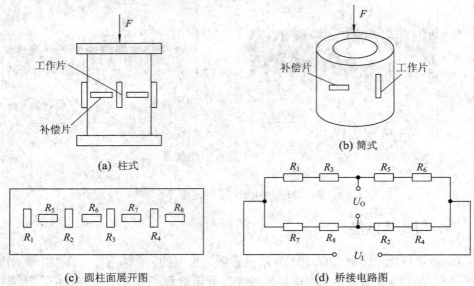

(a) 柱式 (b) 筒式

(c) 圆柱面展开图 (d) 桥接电路图

图 4.27 柱式或筒式力传感器及桥接电路

当弹性元件受到压力 F 时，弹性元件产生的应变为

$$\varepsilon = \frac{F}{AE} \tag{4-9}$$

式中，A 为弹性元件截面积，单位为 m^2；E 为弹性元件材料的弹性模量，单位为 MPa。

2) 梁式力传感器

梁式力传感器是一种低外形、高精度、抗偏及抗侧性能优越的力传感器，其采用弹性梁及电阻应变片作为敏感元件。当垂直压力或拉力作用在弹性梁上时，应变片随金属弹性梁一起变形，利用电桥输出与压力或拉力成正比的电压信号。梁式力传感器测量范围广，最小可测几十克重，最大可达几十吨，且测量精度可达 0.02%FS，广泛应用于质量测量领域，如电子秤(如图 4.28 所示)。

(a) 原理图 (b) 实物

图 4.28 电子秤

梁式力传感器的弹性梁分为等截面梁和等强度梁两种，如图 4.29 所示。等截面梁的横截面积处处相等，在靠近梁固定端上、下表面沿梁的长度方向分别贴上 R_1、R_4 和 R_2、R_3(下

表面)(如图 4.29(a)所示)。当梁的自由端受到压力 F 时，固定端处应变最大，应变片粘贴处的应变为

$$\varepsilon = \frac{6Fl_0}{bh^2 E} \tag{4-10}$$

自由端受到压力 F，若应变片 R_1、R_4 受到拉力，则 R_2、R_3 将受到压力，两者应变相等，但极性相反，由他们组成差动全桥，则电桥的灵敏度为单臂工作时的 4 倍。

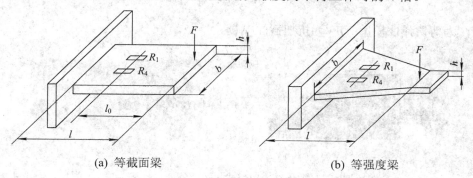

(a) 等截面梁　　　　　　　　(b) 等强度梁

图 4.29　梁式力传感器原理示意图

等强度梁的结构如图 4.29(b)所示。等强度梁的截面面积沿长度方向按一定规律变化，当自由端受到压力 F 作用时，距作用点任何距离截面上的应力相等，故应变片沿长度方向的粘贴位置要求不严格。等强度梁应变片粘贴处的应变为

$$\varepsilon = \frac{6Fl}{bh^2 E} \tag{4-11}$$

2. 扭矩传感器

扭矩是使物体发生转动效应或扭转变形的力矩，等于力和力臂的乘积。在机电一体化系统中，为监测电机、风机、齿轮箱等旋转装置的运行状态，对其扭矩的测量必不可少，通常以转轴扭转应变(或应力)或转轴两横截面之间的相对扭转角的测量为基础而计算求出。根据转动形式，扭矩传感器分为旋转扭矩传感器和反作用扭矩传感器，如图 4.30 所示。根据测量原理，扭矩传感器分为应变式、磁电式、光电式、压电式等。

(a) 旋转扭矩传感器　　　　　　　(b) 反作用扭矩传感器

图 4.30　扭矩传感器

1) 应变式扭矩传感器

图 4.31 所示为应变式扭矩传感器。该传感器在转轴上粘贴应变片组成测量电桥,当转轴受扭矩产生微小变形后,应变电桥将变形转变为电信号,从而实现扭矩测量。粘贴时应变片与转轴轴线成 45°,且应变片两两相互垂直,并连接成全桥测量电路。扭矩 M_T 与转轴应变 ε 的关系如下:

$$M_T = \varepsilon G W_T \tag{4-12}$$

式中,G 为剪切弹性模量;W_T 为抗扭截面模量。

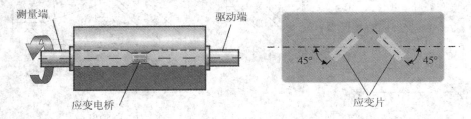

图 4.31 应变式扭矩传感器

图 4.32 所示为扭矩测量平台,可用于发动机、电动机扭矩−转速特性测量。测量平台中扭矩传感器通常采用应变式旋转扭矩传感器(如 Kistler 4550A 型扭矩传感器)。图中,被测对象通过传动主轴(含联轴器)连接扭矩传感器,传感器另一端与可控负载相连接。测试中通过改变负载,可测量出发动机(电动机)的扭矩−转速−负载特性。

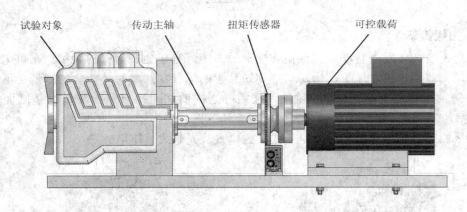

图 4.32 扭矩测量平台

2) 光电扭矩传感器

光电扭矩传感器结构以光电感应元件为核心,通过转轴上光栅之间相对扭转角实现测量扭矩。如图 4.33 所示,在转轴上安装有两只圆光栅,当转轴不受扭矩时,两光栅的明暗区正好互相遮挡,发射器发出的光线不能被接收器捕获,则无输出信号;当转轴承受扭矩时,转轴变形使两光栅产生相对转角,部分光线透过光栅照射到接收器上产生输出信号。转轴上扭矩愈大,扭转角愈大,穿过光栅的光通量愈大,输出信号愈大,从而实现对扭矩的测量。

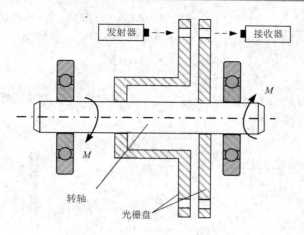

图 4.33　光电式扭矩传感器

4.2.4　测距传感器

测距传感器能够实现被测物体与参考点之间的距离测量，被广泛应用在日常生活、工业生产、航空航天、军事活动等领域中。目前，常用的测距传感器有超声波测距传感器、激光测距传感器、红外测距传感器、雷达测距传感器等。

1. 超声波测距传感器

振动在弹性介质中的传播称为波动(简称波)，其中声波是振动频率为 16 Hz～20 kHz 的机械波，能够被人耳所闻；振动频率高于 20 kHz 的机械波称为超声波，无法被人耳听见。超声波在传播时波长短，方向好，能量集中，在介质中传播距离远，因此常被应用于距离的检测。超声波与光波性质类似，在介质中传播时具有反射和折射的特性，因此，超声波从一种介质传播到另一种介质时，在两种介质分界面发生反射、折射、透射，特别是对于运动物体的反射回波具有多普勒效应。根据超声波的这一特性，可实现工业无损检测、医学成像和非接触距离测量等。

超声波距离测距原理是利用超声波的反射特性，通过超声波传感器发射一定频率的超声波，当超声波到达测量目标或是障碍物后产生反射回波，反射回波经超声波接收器接收，计算距离信息，如图 4.34 所示。超声波传感器常用的测距方法有多普勒频移法和脉冲法。其中，多普勒频移法在传感器和被测物相对运动时采用；相对于多普勒频移法，脉冲法计算简单，更为常用。

图 4.34　超声波检测过程

超声波测距传感器脉冲法测距原理如图 4.35 所示。控制器发出的控制信号经过一定处理后由超声波发射器输出；当超声波由被测物反射时，反射回波被超声波接收器接收并由信号处理电路处理，送入控制器进行计算，得出精确的距离。若超声波传播速度为 C，入射角为 θ，超声波传感器的发射到接收的时间间隔为 t，则被测距离为

$$d = \frac{Ct\cos\theta}{2} \tag{4-13}$$

在工程应用中，由于实际超声波传感器的发射器和接收器的间距很小，故常将 θ 略去，以 $d = Ct/2$ 计算距离。

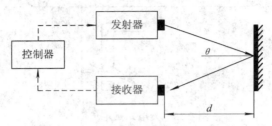

图 4.35　超声波测距原理

倒车雷达作为辅助安全装置广泛应用于汽车自动泊车或倒车辅助系统中，常采用超声波测距原理进行距离检测。下面以单片机超声波测距实验原理样机为例说明超声波倒车雷达构建的过程。超声波测距系统硬件功能模块包括 STC89C51 单片机模块、HC-SR04 超声波测距模块(如图 4.36 所示)、显示电路等部分。由于温度对声速影响很大，因此在测距系统增加 DS18B20 测温模块(如图 4.37 所示)进行温度补偿，以减少测距误差。温度与超声波波速的关系如表 4.2 所示。

图 4.36　HC-SR04 超声波测距模块

图 4.37　DS18B20 温度传感器

表 4.2　温度与超声波波速的关系

温度/℃	-30	-20	-10	0	10	20	30	100
波速/(m/s)	313	319	325	323	338	344	349	386

测距时单片机发出控制信号触发超声波发射器输出 40 kHz 的超声波，并启动计时器；当超声波接收器接收到超声波信号，计时器停止计时测得时间为 t；最终以 $d = Ct/2$ 计算得出测量的距离。

2. 激光测距传感器

激光测距是以激光光源进行测距的。激光测距传感器具有测量距离远、抗干扰能力强、

体积小、重量轻等特点，广泛应用在工业、航空、航天、航海等领域。激光测距传感器根据测量距离分为短程激光测距传感器、中长程激光测距传感器和远程激光测距传感器。其中，短程激光测距传感器量程在 5 km 以内，主要用于工业、工程测量；中长激光测距传感器的量程为五至几十千米，适用于大地信息测量；远程激光测距传感器用于航天测量及空间目标测量。

与超声波测距原理类似，激光测距是通过测量激光光束在被测距离上所需的往返时间 t 计算得出的，被测距离为

$$d = \frac{ct}{2} \tag{4-14}$$

式中，c 为光速。

根据对时间 t 的测量方法，激光测距方法分为脉冲测距法和相位测距法。脉冲测距法是指测量发射和接收光脉冲的时间间隔，即光脉冲在被测距离上的往返时间 t，并利用式 (4-14) 计算出距离。脉冲测距法常用于远距离测量，精度多为米级。相位测距法通过测量连续调制的光波在被测距离上往返传播所发生的相位变化间接测量时间 t。相位测距法精度高，但量程较小。

激光测距在汽车自动驾驶、航天交互对接和探测器自主着陆等方面具有卓越的辅助能力。我国的"嫦娥工程"中，激光测距传感器在落月过程起到重要作用。如嫦娥三号探测器从距月面 15 km 的近月点实施动力下降，相对速度从 1.7 km/s 逐渐降为零，历经两次悬停，整个着陆过程仅为 720 s，悬停避障最长时间仅为 30 s。期间激光测距传感器持续稳定地为探测器提供了精确的轨道高度数据，以 0.2 m 的高程测量精度有力地保障了落月成功。嫦娥三号探测器配置的激光测距传感器的工作状况如图 4.38 所示。

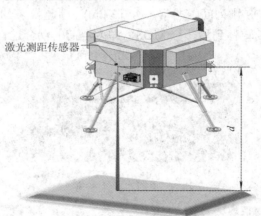

图 4.38　激光测距传感器工作示意图

4.2.5　图像传感器

图像传感器是一种基于光电转换原理，将被测物体的光学图像转换为电子图像信号输出的大规模集成电路光电器件。该传感器具有体积小、析像度高、功耗小等特点，在机电一体化系统中用于实现机器视觉、非接触尺寸测量、表面缺陷检测等。根据光敏元件类型，图像传感器分为电荷耦合器件(Charge Couple Devices，CCD)和互补金属氧化物半导体

(Complementary Metal Oxide Semiconductor，CMOS)。

CCD 是贝尔试验室的 W.S.Boyle 和 G.E.Smith 于 1969 年研制的一种大规模金属氧化物半导体(Metal Oxide Semiconductor，MOS)集成电路光电器件，它以电荷为信号，具有光电信号转换、存储、移位并读出信号电荷的功能。根据光敏元件的排列形式，图像传感器分为线型和面型两种，如图 4.39 所示。其中线型应用于影像扫描器及传真机，而面型主要应用于数码相机(DSC)、摄录影机、监视摄影机等多项影像输入产品。

(a) 线型   (b) 面型

图 4.39　图像传感器分类

CCD 光敏单元的核心是 MOS 电容，其结构如图 4.40(a)所示。MOS 电容以 P 型(或 N 型) Si 为衬底，上面覆盖一层 SiO_2 形成绝缘层，再在 SiO_2 表面沉积一层金属电极为栅电极，形成了金属–氧化物–半导体 MOS 结构元。从结构上看，CCD 是由紧密排列的 MOS 电容组成的阵列。由于各 MOS 排列间隙非常小(> 0.3 μm)，因此相邻 MOS 可以发生耦合，被注入的电荷可由一个 MOS 转移到另一个 MOS，即为电荷的耦合过程。

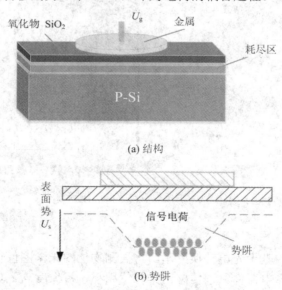

图 4.40　MOS 电容结构原理图

当 MOS 电容的栅极电压 U_g 大于其阈值电压 U_{th} 时，硅表面周围的电子被聚集在电极下方势能较低的硅表面处，形成"势阱"(如图 4.40(b)所示)。随着电子不断进入，势阱的深度不断变浅，MOS 由非稳态向稳态过渡。在非稳态下，势阱能够存储信号电荷，也可实现信号电荷在相邻势阱间转移。CCD 正是利用脉冲电路驱动 MOS 电容的非稳态过程来工作的。

CCD 图像传感器脉冲驱动可采用 2 相、3 相、4 相等多种结构形式，其中 3 相时钟驱动的 CCD 工作原理如图 4.41 所示。

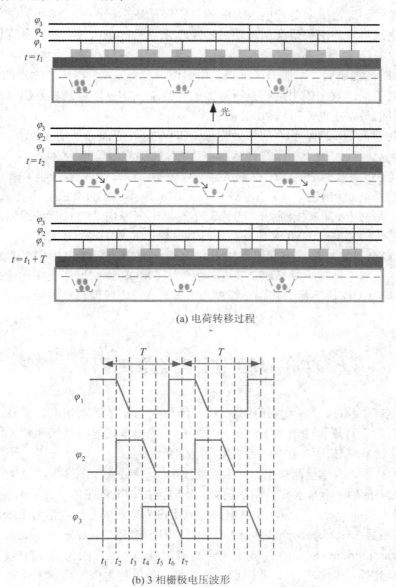

(a) 电荷转移过程

(b) 3 相栅极电压波形

图 4.41　3 相时钟驱动的 CCD 工作原理

在时刻 t_1，第一相 φ_1 处于高电压，φ_2、φ_3 处于低电压(如图 4.41(b)所示)，则在 φ_1 电极下形成较深的势阱。若此时硅衬底受到光照，在光子的激发下产生电子-空穴对，其中空穴被排斥到耗尽区以外的硅衬底，而电子被势阱收集，且势阱收集的电子数量和势阱附近光强成正比。对于每一个势阱吸收的若干光子电荷称一个电荷包。

若读出 CCD 中的电子信息，需在各个栅极上加载脉冲驱动电压。在 3 相驱动结构中，3 个电极组成一个单元，形成一个像素，并按照图 4.41(b)所示的栅极电压波形驱动，以形成空间电荷的相对时序。在时刻 t_2，φ_1 电压下降，φ_2 电压跳变到最大，电极形成深势阱。由于电荷总是向最小势能方向移动，故电荷包从 φ_1 相的各电极下向 φ_2 相的各电极下形成的深势阱转移。到 t_3 时刻，电荷包转移完毕。于是交替变化的 3 相驱动脉冲就可完成电荷包的定向连续转移。改变驱动脉冲电压对应的 MOS 的表面势，即改变了势阱的深度，从而使信号电荷由浅势阱向深势阱自由移动，在 CCD 末端就能依次接收到原先存储在各个电极下势阱中的电荷包。

为从 CCD 末端最后一个栅电压下势阱中引出电荷包，并检测出它输出的电图像，需增加输出信号幅值。浮置栅输出结构具有较大的信号输出幅度，以及良好的线性和较低的输出阻抗，是目前最常用的 CCD 输出方案。

COMS 传感器是 20 世纪 80 年代为克服 CCD 生产工艺复杂、功耗较大、价格高、不能单片集成等不足而开发的一种图像传感器。CMOS 的感光原理与 CCD 相同，但读取方式不同。在时钟和同步信号的控制，CCD 输出信号以帧(面型 CCD)或行(线型 CCD)的方式转移，整个电路非常复杂，读出速率慢；CMOS 中每个像素都会邻接一个放大器及 A/D 转换电路，用类似内存电路的方式将数据输出，电路简单，读出速率快。CMOS 传感器能把上述功能集成到单一芯片上，多数 CMOS 传感器同时具有模拟和数字输出信号。

目前 CCD 传感器在性能方面仍然优于 CMOS 传感器，但 CMOS 具备集成度高、低功耗、低成本的优势。随着半导体制造工艺的发展，CMOS 传感器在噪声与敏感度方面有了很大的提升，与 CCD 传感器的差距不断缩小，在工业视觉成像和民用消费级产品中得到广泛应用。

4.3　新型生物电信号传感器

活动细胞或组织(人体、动物组织)不论在静止状态还是活动状态，都会产生与生命体状态密切相关的、有规律的电现象，称为生物电。生物电信号可反映生物体的生命活动状态，在日常生活和临床医学中扮演着愈发重要的角色。

随着电子技术、医学检测技术、人工智能技术的不断发展，生物电信号作为人体生理状态的重要参数，应用于远程医疗、医学检测、实时监护、康复评估、康复机器人或脑控机器人(机械臂)等设备的研究。目前，生物电信号应用最为广泛的是肌电信号(Electromyogram，EMG)、脑电信号(Electroencephalogram，EEG)、眼电信号(Electrooculogram，EOG)和心电信号(Electrocardiogram，ECG)。生物电信号具有信号弱、噪声强、频率范围较低(除心音信号频率成分偏高外)、随机性强、非平稳性等特性，故生理电信号传感器性能决定获取信号的质量、量化精度、干扰抑制能力等。高性能生物电信号传感器已成为未来先进电子领域的重要研究方向。

4.3.1　肌电传感器

肌电是众多肌纤维中运动单元动作电位在时间和空间上的叠加，是产生肌肉力的电信号根源。肌电产生的过程是：大脑运动皮层产生的动作电位经由脊髓及周围神经系统传送到达肌纤维，再经过皮肤的低通滤波作用，最后在表面形成电势场。肌电传感器通过检测其电势来测量肌肉活动，称为肌电信号或肌电图。研究人体各类运动中神经肌肉活动肌电图，不仅有助于保持运动健康，提高运动技能，还可以为临床诊断和运动康复提供依据和指导，具有重要的理论意义和应用价值。

肌电信号可分为内肌电信号(intramuscular Electromyography，iEMG)和表面肌电信号(surface Electromyography，sEMG)。利用针电极插入肌肉内直接记录的肌电信号，可以准确记录肌肉内单个或几个运动单元的电活动。表面肌电信号是浅层肌肉和神经干上电活动在皮肤表面的综合效应，记录的是肌肉内运动单位群体活动，测量时将一对电极放在需要记录的肌肉组织附近，通过采集系统放大两个电极之间的电位差。

1. 内肌电信号传感器

内肌电信号主要由针电极测量获得。针电极是一种常用的生物电信号传感器，可从生物体中直接取出电信号。

针电极在使用时需要穿透皮肤直接与细胞外液接触，形成良好的电极-电解质溶液界面，金属和溶液界面发生化学反应产生电极电位。通常针电极大多由银、铂、镍、不锈钢或钨制成，其电阻很小，结构简单。根据测量目的的不同，针电极分为单极针电极、同心针电极、双极同心针电极、多极针电极等。

单极针电极以不锈钢制成，针尖锐利，在尖端处裸露 $0.2\sim0.4$ mm，其他部分用绝缘膜覆盖。单极针电极一般用于测定感觉神经动作电位和骨骼肌兴奋电位变化。

同心针电极结构如图 4.42 所示，在针管中心穿一根绝缘金属细丝(主电极)，针管内填充绝缘材料(如环氧树脂)。主电极一般由镍铬合金、银或白金组成。同心针电极主要用于 iEMG 的检测。测量骨骼动作电位的针电极直径一般为 $0.5\sim0.6$ mm，主电极的斜面积为 0.07 mm^2；记录单肌纤维的针电极的主电极面积为 $0.005\sim0.01$ mm^2。同心针电极刺入肌肉内可接触 $1\sim10$ 条肌纤维，可引导邻近针尖的几千条肌纤维的电活动。然而一个运动单元通常包含几百条肌纤维，其直径可达几个毫米，而针电极只能接触少数肌纤维，引导 0.5 mm 范围内的电活动，故针电极测得的电位仅是运动单位中的小部分肌纤维电活动的总和。常用同心针电极规格如表 4.3 所示。

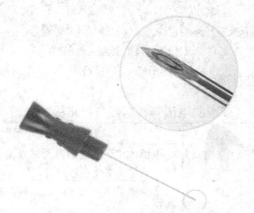

图 4.42　同芯针电极结构

表 4.3　常用同心针电极规格

针电极长度/mm	针电极直径/mm	主电极面积/mm²
25	0.30	0.021
37	0.45	0.068
50	0.45	0.068
75	0.60	0.068

双极同心针电极结构与同心针电极类似，不同之处在于其针管内有两条细金属丝(电极)，且两条金属丝之间相互绝缘。双极同心针电极所测定的范围较小，只能测到少数的肌纤维，不易了解运动单元电位的全貌。由于双极同心针电极两个电极的表面积相等，故在测量时可获得较好的共模抑制比。

多极针电极是指在针管内安置三条或更多相互绝缘的金属丝，每条金属丝直径约为 1 mm，每根金属丝末端排列在针管的等间距开口侧。多极针电极主要用于测定运动单元电位的范围。多极针电极直径较粗大，可能引起被测者的不适。

针电极可测量运动单位甚至单个肌纤维的电位变化，能研究肌肉内部某个肌纤维的功能。但是其测量区域小，不能反映整块肌肉的机能状态；测量时会产生疼痛，并造成一定程度的损伤。另外针电极不适用于运动时的肌电信号的测量。

2. 表面肌电信号传感器

表面电极作为传统的表面肌电信号传感器，可有效测量肌肉活动时的动作电位。测量时表面电极沿肌肉的纵方向粘贴在待查肌肉的皮肤表面，如图 4.43 所示。

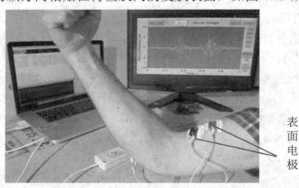

表面电极

图 4.43　表面电极测量表面肌电信号

表面电极一般由两片 Ag-AgCl 金属片制成，其电阻很小，结构简单。相对于针电极，表面电极特点如表 4.4 所示。

表 4.4　表面肌电信号传感器与针电极的比较

	针电极	表面肌电信号传感器
特点	电极作用区域小，对测试者有一定损伤	电极作用区域大，对测试者无损伤，测试存在不一致性，信号质量受电极尺寸、位置、极间距离的影响
应用领域	用于临床医学研究，提取单一运动单元动作电位	运动生物学、康复训练、神经控制、外骨骼机械人等领域

表面电极获取的肌电信号的幅值为 μV 或 V 级，故测量中常采用三电极差动式输入，

即一个为参考地，两个为信号输入端，通过前置放大电路得到肌电的有效信号。为减小干扰信号的影响，设置了高通和低通滤波电路，并利用电平抬高电路和模/数转换电路进行电平抬升和模/数转换。sEMG 采集系统流程如图 4.44 所示。在肌电采集中，前置放大电路要求放大器的输入阻抗高，噪声低，故可采用 AD8233 进行初级放大，并利用 AD8422 仪表放大器作为增益放大器实现信号的进一步放大。

图 4.44　sEMG 采集系统流程图

传统表面电极获取的表面肌电信号很微弱，且易受干扰。目前工程中通常采用内部集成放大器的表面肌电传感器，此类肌电传感器具有输出阻抗高、数据兼容性好、适用方便等特点。以 Biometrics SX230 为例，SX230 肌电传感器(如图 4.45 所示)采用集成干式电极，内部集成放大器的增益为 1000，输入阻抗为 $100 M\Omega$，输出信号为 $3.5\sim5.5$ V 的电压信号。测量时仅需做非常简单的皮肤准备，不需要使用导电凝胶，即可采集到极高质量的数据，且具有良好的兼容性，便于数据处理系统连接使用。

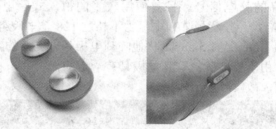

图 4.45　SX230 肌电传感器

随着通信技术的发展，表面肌电传感器向无线化发展。无线表面肌电传感器非常适合于监护和运动科学领域的研究。无线表面肌电传感器(如图 4.46 所示的 Delsys Trigno EMG 传感器和 Biometrics DataLITE 传感器)采用无线发射数据。测量时测试者仅携带传感器，传感器与数据接收器按照特定的通信协议交换数据，两者间没有任何电缆连接，测试者可自由运动，不再受到导线的限制，无线表面肌电传感器采集到的高质量数据可实时传输至数据处理系统进行分析处理。

Delsys Trigno EMG 传感器　　　　　　　　　Biometrics DataLITE 传感器

图 4.46　无线表面肌电传感器

4.3.2 脑电传感器

脑电信号是指大脑在活动时脑皮质细胞群之间形成电位差，从而在大脑皮质的细胞外产生电流。它记录大脑活动时的电波变化，是脑神经细胞的电生理活动在大脑皮层或头皮表面的总体反映。脑电信号来源于锥体细胞顶端树突的突触后电位。随着性能高的计算机和机器学习算法的发展，以脑电信号作为研究与应用对象的脑机接口(Brain Computer Interface，BCI)技术受到了高度关注。脑机接口技术可以绕过人的脑外周神经和肌肉组织，通过采集人脑中对应各运动意图的脑电信号，对运动脑电信号分析处理并转换为控制指令，分别控制外部设备完成相应的任务，达成与外界环境交流。

人的大脑皮层有自发的电活动，其电位可随时间发生变化。用电极将这种电位随时间变化的波形图提取出来并加以记录就可以得到脑电图。

1. 脑电信号传感器类型

脑电信号传感器分为植入式和非植入式两类。

1) 植入式传感器

植入式传感器需要对人脑进行开颅手术，将电极安放于头骨下大脑皮层，直接采集脑电信号。植入式传感器避免了眼电和肌电等因素的干扰，可获取信噪比高、保真性高、稳定性好且分辨率较高的脑电信号。目前使用较多的植入式脑电传感器为犹他阵列(Utan Array)电极，如图4.47所示。犹他阵列电极由不超过128个电极组成，电极尖端金属为铂、氧化铱，电极长度为1 mm或1.5 mm，犹他阵列电极具有良好的生物相容性，可稳定、长期地采集脑电信号。由于安装犹他阵列电极具有一定的伤害性，实际操作起来存在风险，且操作步骤比较烦琐，故实际应用较少。

图4.47　犹他阵列电极

2) 非植入式传感器(电极帽)

非植入式传感器(即脑电电极帽)将电极触点(常为 Ag 或 AgCl 电极)附于大脑外轮廓表面记录脑电信号，如图 4.48 所示。

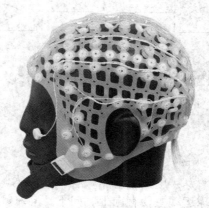

图 4.48　64 通道脑电电极帽

由于脑细胞的电活动经过大脑各部分组织会衰减，因此相对于植入式电极，在头皮上采集到的脑电信号强度微弱且易混有其他电信号的伪迹和外界环境的影响。非植入式脑电电极帽对被测试者无损伤，使用安全可靠，记录方便，操作简单，在脑机接口技术中被广泛采用。

2. 脑电信号测量

根据测量要求，非植入式电极测量可选用单极导联法、平均导联法和双极导联法三种导联方式。

典型脑电信号采集系统主要分为信号采集和信号处理两个部分，如图 4.49 所示。其中，信号采集包括调理电路和 ADS1299 脑电信号采集芯片。调理电路包括前置放大电路、陷波滤波器和低通滤波器。在测量过程中，将金属电极的一端放置在头皮上，另一端接到放大电路的输入端。一般来说，采集到的原始脑电信号中包含各种各样的伪迹成分，如工频干扰、眼电信号和实验环境下的噪声等。原始脑电信号幅值非常小，要将脑电信号放大至能被 A/D 转换器所识别，整个系统至少要实现上千倍增益。放大后的脑电信号经过 ADS1299 被转换成数字信号，在 STM32 的控制下，通过无线传输的形式传送到上位机。

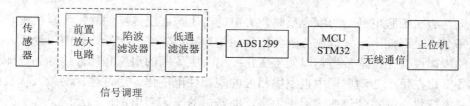

图 4.49　脑电信号采集方框图

4.3.3 眼电传感器

人眼的视网膜色素上皮及视网膜光感受器之间存在一种静息电位，这种静息电位在眼睛周围形成一个电场，角膜为正，视网膜为负，如图 4.50 所示。眼电是角膜和视网膜之间存在的超极化和去极化现象造成的角膜-视网膜之间的静息电位的变化,可以用来反映眼球的运动,是一种应用极为广泛的生物电信号。

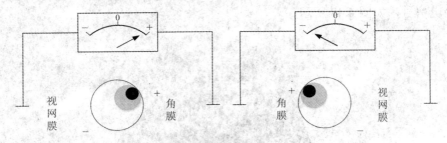

图 4.50　眼电的产生机理

1. 眼电信号的特点

正常人平均 2～6 s 眨眼一次,单次眨眼 0.2～0.4 s。当人眼处于不同状态时,其眨眼频率及时间也会发生改变。眼球运动主要有向上、向下、向左、向右、向左上、向左下、向右上、向右下、凝视、皱眉、眨眼、眨单只眼等,运动范围较大且模式简单。相对于脑电信号,眼电信号具有波形简单、幅值较高的特点,其中以向上/下/左/右、皱眉和眨眼产生的眼电信号更为明显。

2. 眼电信号测量

眼电传感器以氯化银(Ag-AgCl)电极为主,Ag-AgCl 电极具有导电性能较好、阻抗较小、适用于长期监测及佩戴的特点。采集眼电信号时,首先需要确定电极的个数与电极安置于人眼周围的具体位置,即电极的导联方式。目前用于眼电信号采集的导联方式主要有双极导联和单极导联两种。

双极导联方式属于常规眼电图导联方式,5 个电极组成双通道采集。电极 A 置于额头的中央位置,采集人体自身所带的电信号,作为其他电极的公共参考电极。电极 B、C 分别置于左眉上方和左眼眶下 1.5 cm 左右的位置,且电极 B、C 与眼球位于同一垂线,可检测垂直方向的眼部运动。电极 D、E 分别置于左、右眼外边缘 1.5 cm 处,且两个电极和受试者眼球处于同一个水平线上,可检测水平方向的眼部运动。

4.3.4　心电传感器

心电是心肌细胞电活动的综合反映,心电的产生与心肌细胞的除极和复极过程密不可分。在每个心跳周期中,兴奋在心脏各部分间传导并伴随着电信号在方向、途径、次序和时间上的规律性变化。这种生物电信号变化经由心脏周围的组织和体液传导到身体表面,使身体各部位在每个心动周期中也发生相应的规律性电变化。通过电极测量人体表面特定部位的心电变化,并将变化曲线记录下来,即常规的临床心电图,其反映了心脏兴奋状态的产生、传导和恢复的电变化过程。

在测量心电的过程中,常采用一次性 Ag 或 AgCl 电极、金属板电极,胸导联采用吸附电极。利用 AD8232 构建心率测量电路如图 4.51 所示。

AD8232 是一款集成前端,适用于对心脏生物电信号进行信号调理以监测心率。其内部集成仪表放大器、运算放大器、快速恢复电路,同时具有导联脱落检测功能,可以直接完成心电的采集,输出心电信号。通过 Ag 或 AgCl 电极提取人体心电信号,将其送入 AD8232 适当地调理和放大后进行模/数转换,转换为数字信号,并送入 STM32 单片机进行平滑滤波,输出到移动端或 PC 端设备,从而显示心电图。

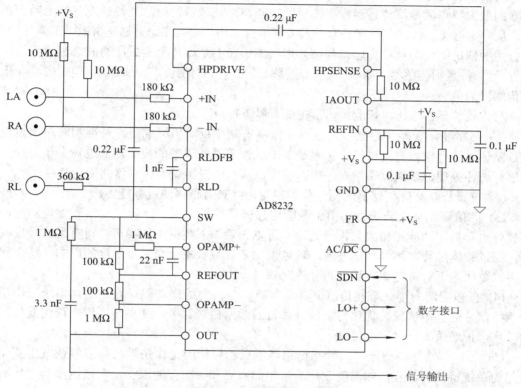

图 4.51　AD8232 测量电路

4.4　智 能 传 感 器

　　智能传感器(intelligent sensor 或 smart sensor)最初是 1978 年由美国宇航局开发出来的产品。为了保证航天器、航天人员的安全,宇宙飞船上需要大量的传感器不断向地面发送温度、位置、速度和姿态等数据信息,用一台大型计算机很难同时处理如此庞杂的数据,要想不丢失数据并降低成本,必须有能实现传感器与计算机一体化的灵巧传感器。智能传感器是指具有信息检测、信息处理、信息记忆、逻辑思维和判断功能的传感器。它不仅具有传统传感器的各种功能,还具有数据处理、故障诊断、非线性处理、自校正、自调整以及人机通信等多种功能。智能化传感器是传感器技术未来发展的主要方向。在今后的发展中,智能化传感器无疑将会进一步扩展到化学、电磁、光学和核物理等研究领域。

　　智能传感器作为与外界环境交互的重要手段和感知信息的主要来源,已成为决定未来信息技术产业发展的核心与基础之一。物联网、云计算、大数据、人工智能应用的兴起,推动着传感技术由单点突破向系统化、体系化的协同创新转变,大平台、大生态主导核心技术走向态势明显,并成为发达国家和跨国企业布局的战略高地。

4.4.1 智能传感器的定义与特点

所谓智能传感器，就是带微处理器，兼有信息检测和信息处理功能的传感器，智能传感器的最大特点就是将传感器检测信息的功能与微处理器的信息处理功能有机地融合在一起。从一定意义上讲，它具有类似于人类智能的作用。需要指出，这里讲的"带微处理器"包含两种情况：一种是将传感器与微处理器集成在一个芯片上构成所谓的"单片智能传感器"；另一种是指传感器上搭载有微处理器。显然，后者的定义范围更宽，但二者均属于智能传感器的范畴。

与传统传感器相比，智能传感器主要有以下特点。

(1) 高精度。智能传感器可通过自动校零去除零点，与标准参考基准实时对比以自动进行整体系统标定，自动进行整体系统的非线性等系统误差的校正，通过对采集的大量数据进行统计处理，以消除偶然误差的影响等，从而保证了智能传感器的测量精度。

(2) 宽量程。智能传感器的测量范围很宽，并具有很强的过载能力。

(3) 高信噪比与高分辨力。由于智能传感器具有数据存储、记忆与信息处理功能，通过软件进行数字滤波、相关分析等处理，可以去除输入数据中的噪声，将有用信号提取出来；通过数据融合、神经网络技术，可以消除多参数状态下交叉灵敏度的影响，从而保证在多参数状态下对特定参数测量的分辨能力。

(4) 自适应能力强。智能传感器具有判断、分析与处理功能，它能根据系统工作情况决策各部分的供电情况，优化与上位计算机的数据传送速率，使系统工作在最优低功耗状态，优化传送效率。

(5) 高可靠性与高稳定性。智能传感器能自动补偿因工作条件与环境参数发生变化而引起的系统特性的漂移，如温度变化而产生的零点和灵敏度的漂移；在被测参数变化后能自动改换量程；能实时自动进行系统的自我检验，分析、判断所采集到的数据的合理性，并给出异常情况的应急处理(报警或故障提示)。

(6) 高性价比。智能传感器通过与微处理器、微型计算机相结合，采用廉价的集成电路工艺和芯片以及软件来实现强大的功能，故其性价比高。

(7) 超小型化、微型化。随着微电子技术的迅速推广，智能传感器正朝着短、小、轻、薄的方向发展，以满足航空、航天及国防尖端技术领域的需要，同时也为一般工业和民用设备的小型化、便携发展创造了条件。

(8) 低功耗。智能传感器普遍采用大规模或超大规模 CMOS 电路，使传感器的耗电量大为降低，有的可用叠层电池甚至纽扣电池供电。暂时不进行测量时，还可采用待机模式将智能传感器的功耗降至更低。

(9) 扩展性好。智能传感器采用标准化总线接口，且具有多种数据输出形式(如 RS-232 串行接口和 IEEE-488 总线接口输出的数据量，以及经 A/D 转换的模拟输出量)，便于适配各种后续数据处理系统。

4.4.2 智能传感器的基本组成与基本功能

智能传感器是具有信息采集、信息处理、信息交换、信息存储功能的多元件集成电路，是集成传感芯片、通信芯片、微处理器、驱动程序、软件算法等于一体的系统级产品，主要由传感器、微处理器及相关辅助电路组成，如图 4.52 所示。其中，微处理器是智能传感器的核心，结合控制软件，赋予传感器以智能，大大提高了传感器的性能。

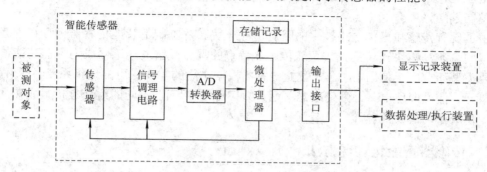

图 4.52　智能传感器组成框图

　　传感器将被测对象的非电量信号转换为电量信号，经信号调理电路和 A/D 转换电路，将采集的电量信号转换为数字信号。微处理器一方面将计算结果送到输出接口，并按指定信号形式输出；另一方面控制传感器和信号调理电路，实现对测量过程的调节。

　　相对于传统传感器而言，智能传感器的主要功能体现在以下几个方面。

　　(1) 具有自校零、自标定、自校正功能，改善传感器的静态性能，提高传感器的静态测量精度；具有自动补偿功能，对测量值进行修正和误差补偿。

　　(2) 具有多参数测量功能，通过多路转换器和 A/D 转换器，在微处理器控制下任意选择不同参数的测量通道，扩大了测量和适用范围。

　　(3) 具有判断、决策处理功能，能够自动采集数据，并对数据进行预处理；能够自动进行检验、自选量程、自寻故障。

　　(4) 具有数据存储、记忆与信息处理功能，且具有双向通信、标准化数字输出或者符号输出功能。

4.4.3　智能传感器的分类

　　按传感器与微处理器的合成方式，智能传感器按其结构特点可分为模块式、集成式和混合式三种实现方式。

　　模块式智能传感器是将传感器、信号调理电路、A/D 转换器、微处理器等互为独立的模块装配在同一壳体形成的智能传感器系统，如图 4.53 所示。这是一种经济、快速建立智能传感器的途径。

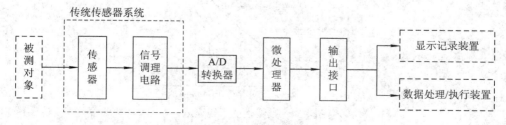

图 4.53　模块式智能传感器结构框图

集成式智能传感器采用微机械加工技术和大规模集成电路技术，将敏感元件、信号调理电路以及微处理器单元集成在一块芯片上或二次集成在同一壳体内。集成式智能传感器具有微型化、结构一体化的特点，提高了传感器的精度和稳定性，是智能传感器研究的热点和发展方向。

由于现有传感和集成电路技术的限制，在一块芯片上制造智能传感器仍存在着诸多的技术问题。兼具模块式和集成式智能传感器特点的混合式智能传感器成为当前智能传感器的主要类型而被广泛使用。混合式智能传感器根据实际的需要尽可能地将系统各个环节(如敏感单元、信号调理电路、微处理器单元、数字总线接口)以不同的组合方式集成在几块芯片上，构成不同的功能单元，并装配在同一壳体内。

4.4.4 传感器智能化实现方法

智能传感器涉及的数据很多，包括检测到的数据、处理过程的数据和输出结果的数据，本小节介绍常用的智能传感器实现智能化功能的方法，包括非线性自校正、自校准、自补偿、自诊断和自适应等技术。

1. 非线性自校正技术

非线性是表征传感器输入/输出校准曲线与所选定的拟合直线(工作直线)之间的吻合程度的性能指标。智能传感器能够通过软件手段来校正由于输入、输出的非线性导致的误差，进而提高系统精度。

现在使用的电子传感器大多数都是采用半导体工艺制作的，信号处理单元往往希望传感器的输出信号曲线尽可能是线性关系，但实际情况并非如此，传感器大多数处理的是非线性关系，甚至是非常复杂的非线性关系。对于智能传感器系统，无论前端传感器输入/输出特性是多么复杂的非线性曲线，它都应该能够自动按非线性特性进行刻度的转换，使转换后输出与输入呈理想的直线关系。

1) 查表法

查表法是一种分段线性插值法。根据精度的要求对非线性曲线进行分段，用若干段折线逼近曲线。如图 4.54 所示，将折点坐标存入数据表中，测量时首先查找出输入被测量 x_i 对应的电压值 u_i 处在哪一段，然后根据斜率进行线性插值，求得输出值。

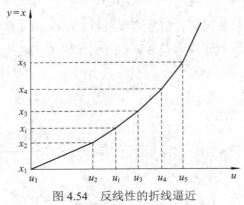

图 4.54 反线性的折线逼近

线性插值法仅仅利用两个折点上的信息，精度较低，故可采用二次插值法提高插值精度。

2) 曲线拟合法

在实际问题中，变量之间的关系常为某种曲线。因此，通过曲线拟合可以确定变量之间的数学表达关系。曲线拟合时，一般可以分成两个步骤：

(1) 确定函数的类型。可根据测量点连接曲线的形状、特征以及变化趋势，给出它们的数学模型(如指数曲线、对数曲线、三角函数、双曲线、幂函数等)；

(2) 求解相关函数中的未知参数。

2. 自校准技术

智能传感器能够自动校正因零位漂移、灵敏度漂移而引入的误差。由于智能传感器的自校准的范围与自校准的完善程度不相同，故自校准的实现方式不尽一致。但是，其基本思想是一致的，即基于实时校准(或标定)。

3. 自补偿技术

智能传感器的自补偿主要涉及温度补偿和频域补偿两类。

(1) 温度补偿。对于非温度传感器而言，温度是传感器系统最主要的干扰量，在经典传感器中主要采用结构对称来消除其影响。在智能传感器的初级形式中，主要采用以硬件电路实现的补偿技术，但其效果不能满足实际测量的要求。在传感器与微处理器/微计算机相结合的智能传感器系统中，则是采用监测补偿法，通过对干扰量的监测由软件实现补偿。

(2) 频域补偿。频域补偿的实质就是拓宽智能传感器系统的带宽以改善系统的动态性能，目前，主要采用数字滤波技术和频域校正技术。

4. 自诊断技术

目前，智能传感器自诊断方法主要有硬件冗余方法和解析冗余方法。

1) 硬件冗余方法

硬件冗余方法是最早采用的诊断方法，其核心思想就是对容易失效的传感器设置一定的备份，然后通过表决器的方法进行管理。通过对冗余设备输出量进行相互比较，可以验证整个系统输出的一致性。

一般而言，双重冗余配置只能判断有无传感器故障，不能分离故障；三重冗余系统就可以判断故障的有无，以及进行故障的分离。硬件冗余方法不需要被控对象的数学模型，且鲁棒性很强；但其设备复杂、体积和质量很大、成本较高。硬件冗余方法适用于航空、航天飞机等重要系统。

2) 解析冗余方法

解析冗余方法的实质就是建立被测对象(含传感器)的动态模型，通过对比模型输出和实际输出之间的差异来判断传感器是否发生故障，其原理框图如图 4.55 所示。

图 4.55 解析冗余方法原理框图

可以看出，解析冗余方法的步骤如下：

(1) 模型设计。根据被控对象的特性、传感器的类型、故障类型和系统要求等，建立相应的被控对象的数学模型。

(2) 设计与传感器故障相关的残差。在相同控制量的作用下，传感器输出信号与模型所得值之差即为残差。在没有传感器故障时，残差应为零。当有传感器故障时，残差不再为零，其包含了传感器故障信号。

(3) 进行统计检验和逻辑分析，以诊断某些类型的传感器故障。解析冗余方法不增加硬件设备，成本较低。但是解析冗余方法要求被控对象具有精确数学模型，且要求传感器故障诊断和检验算法必须对系统参数时变、未知输入干扰等干扰因素具有良好的抑制能力。此外，该方法仅能进行传感器的故障诊断，不能恢复故障传感器的信号。

5. 自适应技术

智能传感器的自适应主要针对的是增益设置。常规传感器的固定增益电路中，若增益过小，数据的信息容量就会浪费，信噪比可能很低，测量误差可能较大，从而不能满足要求；反之，增益过大，信息也会因为系统内数据的信息容量不够而损失掉。智能传感器的增益自适应控制克服了固定增益电路的不足。通过对实际情况进行分析处理，在系统自身数据容量与被测量范围、系统的精度与信噪比、系统的灵敏度与分辨率等诸多因素之间折中选择确定增益。

4.5 检测信号处理技术

传感器输出信号通常是比较微弱的电量(如电压、电流、电容、电阻等)，且常叠加其他信号(干扰或载波)，一般无法直接进行分析、显示、记录及控制。因此，应对传感器输出信号进行相应的信号变换、放大、调解等处理，以满足后续测控任务的需求。传感器检测信号处理通常涉及信号放大、调制与解调、滤波、采样与保持等形式。

4.5.1 信号放大

在实际工程应用中，模拟传感器输出信号比较微弱，为了提高检测精度，通常采用运算放大器为核心器件组成信号放大电路，以提高检测信号的电压幅度。基本运算放大电路如图 4.56 所示。

图 4.56(a)为反向放大电路，由于运算放大器输入输出端的电位差为 0(即虚短)，故电阻 R_i 的电流为 U_i/R_i，又因运算放大器输入阻抗很大，通过电阻 R_f 的电流与 R_i 上的电流相等，则反向放大电路的电压增益为

$$G = -\frac{R_f}{R_i} \tag{4-15}$$

图 4.56(b)所示同向放大电路的电压增益为

$$G = 1 + \frac{R_f}{R_i} \tag{4-16}$$

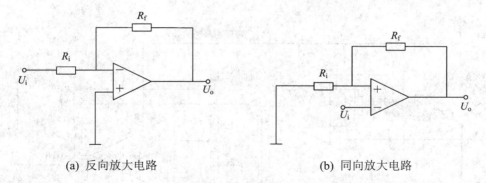

(a) 反向放大电路　　　　　　　　　(b) 同向放大电路

图 4.56　基本运算放大电路

在传感检测电路中常采用高阻抗三运放放大电路，如图 4.57 所示。传感器输出的微弱信号从两个运算放大器 A_1、A_2 同相端输入(即对称输入)，放大信号由 A_3 输出端输出(即不对称输出)。该电路具有高输入阻抗和共模抑制比，有利于发挥传感器的灵敏度，减小信号损失，且失调漂移小；采用不对称输出，便于与后续电路连接；电路增益由电阻 R_G 调节。高阻抗三运放放大电路电压放大倍数为

$$A_u = 1 + \frac{2R_f}{R_G} \tag{4-17}$$

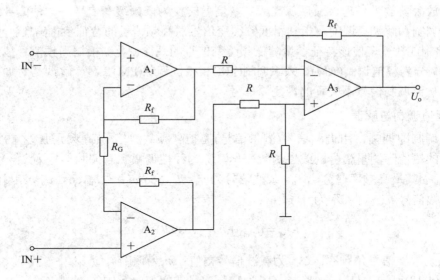

图 4.57　高阻抗三运放放大电路

在实际传感检测电路中，通过采用专用的仪器仪表运放芯片，如 AD620，以提高系统性能和稳定性，降低设计和生产成本。AD620 是一款低成本、高精度仪表放大器，采用 8 引脚 SOIC 和 DIP 封装，尺寸小于分立电路。

AD620 具有高精度(最大非线性度 40 ppm)、低失调电压(最大 50 μV)、低失调漂移(最大 0.6 μV/℃)和低功耗且增益可调(增益范围为 1～10 000)的特点，十分适用于精密数据采集系统(ECG 和无创血压监测等)。利用 AD620 建立的压力监测电路如图 4.58 所示。

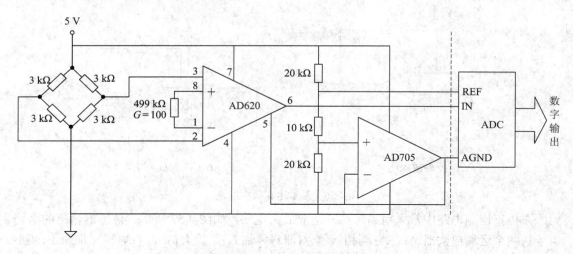

图 4.58 采用 5 V 单电源供电的压力监测电路

4.5.2 调制与解调

在测试过程中，力、位移等被测量经传感器变换为低频缓变信号，若直接放大，存在零漂和级间耦合等问题。为了克服该问题，在实际测量中常将缓变信号转换为交流信号，通过交流放大器放大处理，最后从高频交变信号转换为低频缓变信号。这种信号的处理方法被称为调制和解调。调制是指利用低频缓变信号对高频信号的特征参量(幅值、频率或相位)进行控制或改变，使该特征参量随低频缓变信号的规律变化。根据高频信号被控参量的不同，调制分为幅值调制(AM)、频率调制(FM)和相位调制(PM)三种。解调是对调制的反向过程，即从已调制信号不失真的恢复原信号。

1. 幅值调制与解调

幅值调制即调幅，用调制信号(测量信号)控制高频载波信号(高频正弦波)的幅值，使载波信号的幅值随测量信号的线性函数变化，称为线性调幅。若调制信号为 $x = X_m \cos \Omega t = X_m \cos 2\pi f_m t$，其最高频率成分为 f_m，载波信号为 $u_c = U_{m0} \cos \omega_c t = U_{m0} \cos 2\pi f_c t$，其中 $f_c \gg f_m$，则线性调幅信号 u_{AM} 可表示为

$$u_{AM} = (U_{m0} + mX_m \cos \Omega t) \cos \omega_c t \qquad (4-18)$$

式中，ω_c 为载波信号角频率；U_{m0} 为载波信号幅值；m 为调制灵敏度。

由式(4-18)可知，$U_{m0} + mX_m \cos \Omega t$ 为高频信号的幅值，反映了调制信号的变化规律，即调幅信号 u_{AM} 的包络。若调制信号是角频率为 Ω 的余弦信号，则调幅信号为

$$
\begin{aligned}
u_{AM} &= U_{m0} \cos \omega_c t + mX_m \cos \Omega t \cos \omega_c t \\
&= U_{m0} \cos \omega_c t + \frac{mX_m}{2} \cos(\omega_c + \Omega)t + \frac{mX_m}{2} \cos(\omega_c - \Omega)t
\end{aligned}
\qquad (4-19)
$$

载波信号中不含调制信号 x 的信息，且被测信息的两个边频信号的功率最多占总功率的 1/3，为了提高功率利用率需保留两个边频信号，即双边带调制。对于双边带调幅为

$$u_{AM} = \frac{mX_m}{2}\cos(\omega_c + \Omega)t + \frac{mX_m}{2}\cos(\omega_c - \Omega)t = mX_m \cos\Omega t \cos\omega_c t \qquad (4\text{-}20)$$

双边带调幅过程如图 4.59 所示。幅值调制的过程在时域上是调制信号与载波信号相乘的运算，在频域上是信号频谱与载波信号频谱的卷积，是一个频移的过程。

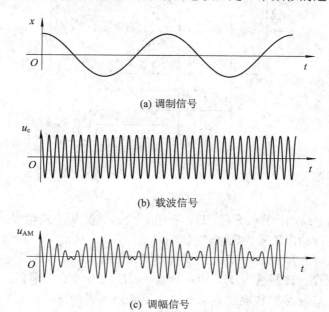

(a) 调制信号

(b) 载波信号

(c) 调幅信号

图 4.59　调幅过程示意图

根据调幅过程可知，调幅装置实质上为一个乘法器。线性乘法器、霍尔元件、电桥等均可作为调幅装置。下面以应变电桥为说明调幅实现过程。

图 4.60 中，采用交流电压 u_i 供电，载波频率为 u_i 的频率。4 个应变片在没有应力作用时，应变片阻值相等($R_1 = R_2 = R_3 = R_4$)，电桥平衡；当受到应变，应变片阻值发生变化，电桥输出为

$$u_o = \frac{u_i}{4}\left(\frac{\Delta R_1}{R} - \frac{\Delta R_2}{R} + \frac{\Delta R_3}{R} - \frac{\Delta R_4}{R}\right) \qquad (4\text{-}21)$$

由式(4-21)可知，电桥输出实现了载波信号与测量信号的相乘，即实现了调制。

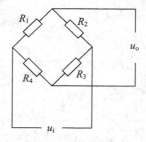

图 4.60　应变电桥调幅

从调幅信号中恢复原测量信号，就必须对调幅信号进行解调(或检波)。此处以检测电路中常用的相敏检波说明检波过程。相敏检波能够使调幅信号在幅值和极性上完整地恢复

成原信号。全波相敏检波电路如图 4.61 所示。

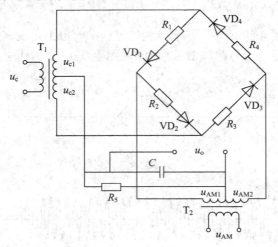

图 4.61 全波相敏检波电路

全波相敏检波电路由两个变压器 T_1、T_2 和一个桥式整流电路组成。变压器 T_1 输出信号为载波信号 u_c，T_2 输出信号为调幅信号 u_{AM}。由于 $u_c(u_{c1}$，$u_{c2}) \gg u_{AM}(u_{AM1}$，$u_{AM2})$，二极管 $VD_1 \sim VD_4$ 的通断由 u_c 决定。在 u_c 的正周期，二极管 VD_1、VD_2 导通，相敏检波器输出为正；在 u_c 的负周期，二极管 VD_3、VD_4 导通，相敏检波器输出为负，保持与调制信号极性相同。采用电容 C 滤除相敏检波器输出的高频成分，获得调制信号。

2. 频率调制与解调

频率调制即调频，是利用调制信号控制载波信号的频率。在频率调制过程中，载波幅值保持不变，仅载波频率随调制信号的幅值正比变化。调频信号 u_{PM} 可表示为

$$u_{PM} = U_m \cos(\omega_c + mx)t \tag{4-22}$$

式中，ω_c 为载波信号角频率；U_m 为载波信号幅值；m 为调制灵敏度。

调制信号 x 可为任意变化信号，若调频信号 x 为线性信号，其调频信号的波形如图 4.62 所示。通常 $x = X_m \cos\Omega t$，调频信号的频率可在 $\omega_c \pm mX_m$ 范围变化。为了避免频率混叠现象，要求 $\omega_c \gg mX_m$，以便于解调。

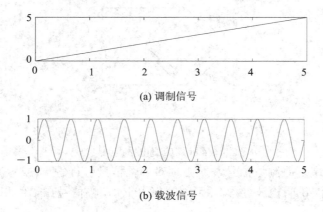

(a) 调制信号

(b) 载波信号

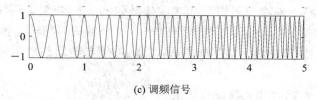

(c) 调频信号

图 4.62　调频信号过程示意图

调频通常由一个振荡频率可控的振荡器实现，如多谐振荡器、LC 电路、RC 电路、变容二极管调制器、压控振荡器等。其中，通过改变多谐振荡器的电容实现调频，如图 4.63 所示。

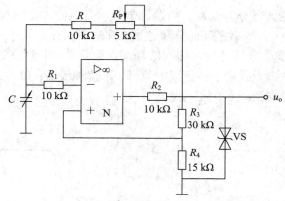

图 4.63　多谐振荡器调谐电路

对调频信号的解调称为鉴频，即从调频信号的频率变化转变为电压幅值变化。鉴频有多种方案，此处以微分鉴频电路为例进行说明。

若调频信号为 $u_{PM} = U_m \cos(\omega_c + mx)t$，对 t 求导可得

$$\frac{\mathrm{d}u_{PM}}{\mathrm{d}t} = -U_m(\omega_c + mx)\sin(\omega_c + mx)t \tag{4-23}$$

式(4-23)的求导结果是一个调频调幅信号，通过包络检波器检波可获得含有调制信号的信号 $U_m(\omega_c + mx)$；测定 $x = 0$ 时的输出，可求出 $U_m\omega_c$；计算不同 x 时的输出信号，获得 U_m，进而求出调制信号。

微分鉴频电路如图 4.64 所示。电容 C_1 与晶体管 V 的发射结正向电阻 r 组成微分电路；二极管 VD 一方面为晶体管 V 提供直流偏压，另一方面为电容 C_1 提供放电回路。电容 C_2 滤除高频载波信号。

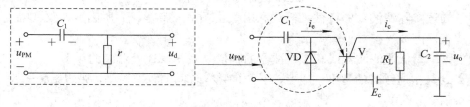

图 4.64　微分鉴频电路

微分鉴频电路中微分电流为 $i = C_1 \dfrac{\mathrm{d}u_{PM}}{\mathrm{d}t}$，且要求 $C_1 \ll \dfrac{1}{\omega_c r}$，导致电路灵敏度较低。为

了改善微分鉴频电路的性能，采用窄脉冲代替微分。窄脉冲鉴频电路中，调频信号 u_{PM} 放大后进入电平鉴别器，若信号超过阈值电平，电平鉴别器翻转，推动单稳态触发器输出窄脉冲；u_{PM} 瞬时频率越高，窄脉冲越密，低通滤波器输出的电压越高，即实现频率与电压转化。

4.5.3 滤波

由于检测电路固有特性和测量环境中各种噪声的影响，传感器的输出信号通常含有多种频率成分的噪声。因此在机电系统中需要设置滤波器抑制噪声，提取有效信号，以提高系统的信噪比。

根据滤波特点，滤波器分为低通、高通、带通和带阻滤波器四种，如图 4.65 所示。低通滤波器允许信号中 $0 \sim f_2$ 频率之间的分量通过，抑制高频分量或干扰和噪声；高通滤波器允许信号中大于 f_1 的高频分量通过，抑制低频或直流分量；带通滤波器允许 $f_1 \sim f_2$ 频率范围内的信号通过，抑制低于或高于该频段的信号、干扰和噪声；带阻滤波器抑制 $f_1 \sim f_2$ 频率范围内的信号，允许该频段以外的信号通过。

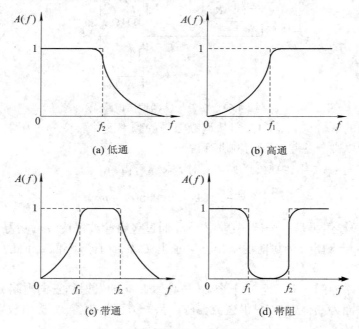

(a) 低通 (b) 高通
(c) 带通 (d) 带阻

图 4.65 四种滤波器的幅频特性

为了描述实际滤波器的特性，需要利用截止频率、带宽、品质因数、纹波幅度、倍频选择、滤波器因数等参数。

截止频率指低通滤波器或高通滤波器的幅值衰减 $-3\ dB$ 处对应的频率。

带宽 B 是指通频带的宽度，即上、下截止频率之间的频率范围，则 $B = f_2 - f_1$。带宽决定滤波器频率分辨率。

品质因数 Q 为中心频率 f_0 和带宽 B 之比，即 $Q = f_0 / B$。其中，中心频率为上、下截止频率乘积的平方根 $(f_0 = \sqrt{f_1 f_2})$。

纹波幅度 d 为滤波器通频带内可能出现的纹波的波动幅值。纹波幅度 d 与幅值特性稳定值 A_0 相比越小越好，且应远小于 $-3\ dB$ 处的衰减量。

倍频选择是指下截止频率 f_1 和 $\frac{1}{2}f_1$(或上截止频率 f_2 和 $2f_2$)之间幅频特性的衰减值，即频率变化一倍频程是幅频特性的衰减量。

滤波器因数 λ 是指滤波器幅频特性的 $-60\ dB$ 带宽与 $-30\ dB$ 带宽的比值。通常要求滤波器 λ 的取值为 1~5。

在实际工程应用中，波滤器参数需根据具体应用对象适当选用，以获得最优滤波性能。滤波器根据实现方式可分为模拟滤波器和数字滤波器两种。

1. 模拟滤波器

模拟滤波器只能通过硬件电路实现。其中，采用无源器件组成的滤波器称为无源滤波器；采用运算放大器、晶体管、门电路等有源器件组成的滤波器称为有源滤波器。无源滤波器和有源滤波器各具优缺点，且优缺点互补。无源滤波器比有源滤波器更适应大电流、大电压、超高频滤波应用场合，成本较低，且在实现简单滤波时更有优势。有源滤波器适用于小信号、超低频滤波场合，且多级滤波器级联，电路计算简单。传感器输出信号多以微小信号为主，故机电一体化系统的传感器滤波电路以有源滤波器为主。常用一阶有源滤波器结构如图 4.66 所示。

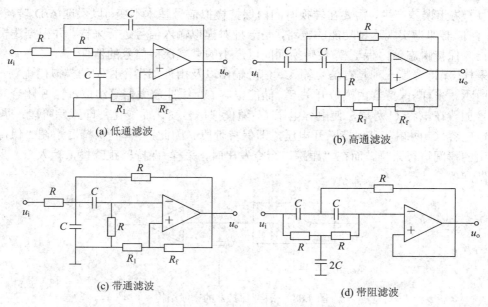

(a) 低通滤波

(b) 高通滤波

(c) 带通滤波

(d) 带阻滤波

图 4.66　一阶有源滤波器电路

2. 数字滤波器

数字滤波器是通过软件程序对采样信号进行平滑加工，以减少干扰在有用信号中的比重，提高信号真实性。相对模拟滤波器，数字滤波器无需其他的硬件成本，只用一个计算过程，可靠性高，不存在阻抗匹配问题。数字滤波可处理各种干扰信号，且可对极低频(如0.01 Hz)信号进行滤波处理；数字滤波使用软件算法实现，多输入通道可共用一个滤波程序，降低了系统开支；通过适当改变滤波程序即可改变其滤波特性。因此，数字滤波具有高精度、高可靠性、可程控改变特性或复用、便于集成等优点，得到了广泛的应用。常用的数字滤波方法包括算术平均滤波法、中值滤波法、滑动平均滤波法、限幅滤波法等。

4.5.4 采样与保持

在机电一体化系统中，传感器的输出电量信号经转换、放大、滤波等处理后，送入计算机(单片机)处理。然而，模拟传感器的输出量必须经过 A/D 转换器转换成数字量，方可送入计算机，如图 4.67 所示。

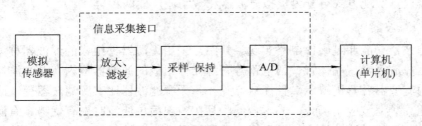

图 4.67　模拟传感器与计算机接口

当对模拟信号进行 A/D 转换时，从启动转换到转换结束输出数字量，需要一定的转换时间。当输入信号频率较高时，A/D 转换无法跟踪输入信号的变化，将造成很大的转换误差。为了防止误差产生，需要在转换时间内保持模拟信号基本不变，以保证 A/D 转换精度。采样-保持器即为实现这种功能的电路，是一种对模拟输入信号进行采样，并根据逻辑控制信号指令保持瞬态值，保证模/数转换期间以最小的衰减保持信号的器件。

采样-保持器是一种具有信号输入、信号输出以及由外部指令控制的模拟门电路，如图 4.68 所示。采样-保持器由模拟开关 S、储能电容 C、缓冲放大器等组成。当 S 闭合时，模拟信号加载在电容 C 两端，使电容电压 U_C 随模拟信号变化而变化，即跟踪阶段；当 S 断开时，电容 C 两端一直保持断开电压，即保持阶段。因此，采样-保持器是在"保持"命令发出的瞬间进行采样，而在"跟踪"命令发出时，采样-保持器跟踪模拟输入量，为下次采样做准备。

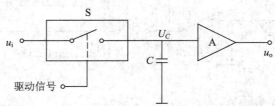

图 4.68　采样-保持器的一般结构

随着大规模集成电路技术的发展，在机电一体化系统中，通常采用集成采样-保持器，以提高系统的采样速度、精度和稳定性。常用通用型采样-保持芯片有 AD582、AD583、LF398 等；高速型采样-保持芯片有 AD783、THS-0025、THS-0060、THC-0030、THC-1500等。此处以 AD783 为例介绍集成采样-保持器的特点。

AD783 是一款高精度、高速、低功耗单芯片采样-保持器，采用 8 引脚 DIP(或 SOIC)封装，具有输入最高频率为 100kHz、采集时间典型值为 250ns(0.01%误差)、保持值的下降

率为 $0.02\,\mu\mathrm{V/\mu s}$ 等特点。AD783 采用自校正结构，无需外接调整元件。典型的 AD783 与 A/D 转换器的连接电路如图 4.69 所示。

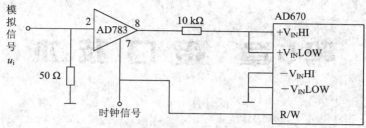

图 4.69　AD783 与 A/D 转换器连接电路

习题与思考题

1. 简述传感检测系统的组成，说明各部分的作用是什么。
2. 机电一体化系统中常见被测物理量有哪些？举例说明。
3. 简述增量式光电编码转速计算方法。
4. 简述光栅和磁栅的组成、原理和特点。
5. 简述常用测距方法，提出一个应用实例。
6. 图像传感器主要有几种类型？说明其特点。
7. 简述常用生物电信号传感器的类型，举例说明其应用场合。
8. 简述表面肌电信号的特点及测量方法。
9. 简述智能传感器的特点，说明智能传感器的实现方式。
10. 说明常用检测信号处理技术的类型。
11. 简述采样-保持原理。

第5章 接口技术

机电一体化系统是一种机械、电子和信息等技术相互融合的综合性系。其中，计算机可被认为是整个系统的"大脑"，机械结构是系统的"骨骼"，伺服系统是系统的"肌肉"，传感器是系统的"感官"，那么接口作为连接"大脑"与其他"器官"的桥梁，就显得极为重要，其性能的优劣直接影响整个机电一体化系统的综合性能。本章将深入论述机电一体化系统接口的技术特点、种类及功能。

5.1 概　述

机电一体化系统由机械结构、检测传感装置、动力源和执行元件等子系统组成，各子系统又分别由若干要素构成。若各要素之间与各子系统之间能够进行物质、能量和信息的传递与交换，则各要素与子系统相连处必须具备一定的联系条件。这个联系条件通常被称为接口。简言之，接口就是各子系统之间，以及子系统内部各要素之间相互连接的硬件和相关协议软件。

5.1.1 接口的功能

机电一体化系统各子系统设备种类繁多，输入/输出信息多样(如数字信号、模拟信号以及开关信号等)，信息传输的速度相差悬殊(手动键盘输入速度为秒级，而磁盘输入可达数兆字节每秒至数十兆字节每秒)，不同的设备之间传输信息的格式也是多种多样的，这直接导致了机电一体化系统接口的多样性和复杂性。机电一体化系统接口的主要功能包括以下几点。

1. 速度与时序匹配

CPU 运算速度很高，而外围设备的工作速度相对 CPU 要低得多，且不同外围设备的速度差异很大；CPU 运行时序与外围设备的定时和控制逻辑亦不相同。因此，在 CPU 和外围设备间增加接口电路，以保证 CPU 与各种外围设备的速度和时序的配合要求。

2. 信号格式转换

CPU 在系统总线上传送的是 8 位、16 位、32 位或 64 位并行二进制数据，而外部设备使用的信号形式、信息格式各不相同。有些外部设备使用数字量或开关量，有些外部设备使用的是模拟量(电流、电压、频率、相位等)，有些外部设备采用并行通信，有些采用串行通信等。接口可使不同信号模式的环节之间实现信号和能量的统一。

3. 信号电平和驱动能力匹配

CPU 信号是 TTL 电平(一般在 0～5 V 之间)，输出功率有限，而外部设备需要的电平要比这个范围宽得多，需要的驱动功率也比较大。接口能够实现不同环节之间的电平转换和能量匹配。

5.1.2　接口的分类

机电一体化系统接口的分类方法较多。

1. 根据变换和调整功能划分

(1) 零接口：无变换和调整功能，仅起连接作用的接口，如联轴器、插座、电缆等。

(2) 被动接口(也称无源接口)：仅对被动要素的参数进行变换和调整的接口，如齿轮变速箱、可变电阻、变压器、光学透镜等。

(3) 主动接口(也称有源接口)：含能动要素，主动进行匹配的接口，如运算放大器、A/D 转换器、D/A 转换器等。

(4) 智能接口：含有微处理器，可进行程序编制或适应条件而变化的接口，如可编程通用输入/输出接口芯片、STD 总线等。

2. 根据输入和输出功能划分

(1) 机械接口：进行机械连接的接口。该接口需满足机械连接所需的形状、尺寸、精度、配合等方面要求，如联轴器、法兰盘等。

(2) 电气接口：实现系统间电信号连接的接口，电气参数(如电压、电流、阻抗、频率等)要相互匹配。

(3) 信息接口：受规格、标准、符号、语言等逻辑和软件的约束的接口，如 STD 总线接口、USB、PXI、RS-232 等。

(4) 环境接口：对周围环境条件有保护作用和隔离作用的接口，如防水接插件、防爆开关、防尘过滤器等。

3. 根据机电一体化系统的功能特点划分

根据机电一体化系统的功能特点，通常将接口分为机电接口(模拟量输入/输出接口)、总线接口和人机接口三大类，如图 5.1 所示。

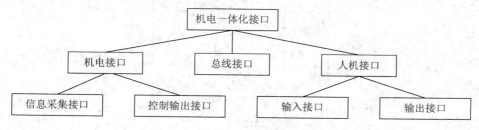

图 5.1　机电一体化接口分类

机电接口可分为信息采集接口(或传感器接口)与控制输出接口。控制微机通过信息采集接口获取传感器的检测信号，监测系统的运行状态，经过运算分析处理发出相应的控制信号，进而通过控制输出接口的匹配、转换、功率放大、驱动执行元件，控制系统按指令运行。

总线接口是控制微机各种功能部件之间传送信息的公共通信干线。总线是一种内部结构，是 CPU、内存、输入设备、输出设备传递信息的公用通道，主机的各个部件通过总线相连接，外部设备通过相应的接口电路再与总线相连接。

人机接口包括输入和输出接口两类，能够进行人与机电一体化系统的信息交流、信息反馈，实现对机电一体化系统的实时监测、有效控制。

通过接口连接组成的机电一体化系统如图 5.2 所示。人机设备、机械系统不能直接与 CPU 连接，而是通过人机接口、机电接口与控制微机的总线接口连接，并通过总线与 CPU 进行数据交换。因此，对于性能优良的机电一体化系统来说，接口必须能够输入有关的状态信息，可靠地传输相应的控制信息；且能够进行信息转换，以满足系统对输入与输出的要求；同时具有较强的阻断干扰信号的能力，以提高系统工作的可靠性。

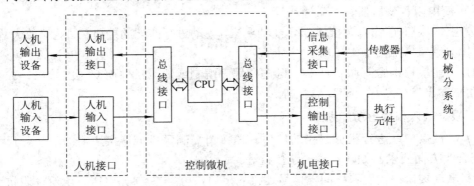

图 5.2　机电一体化系统组成及接口

5.2　输入、输出接口

对于任何一个机电一体化产品，都需要连接输入及输出外围设备。工作时，各类外围设备都是通过各自的接口电路接到控制微机的系统总线上，如图 5.3 所示。

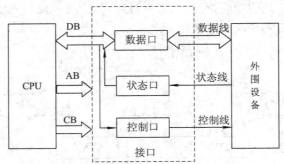

图 5.3　外设与 CPU 连接的基本框图

接口通过数据总线(DB)、地址总线(AB)和控制总线(CB)与 CPU 相连，传递数据信息、状态信息和控制信息。但是，CPU 同一时刻不能同时处理多个外设数据，仅能处理一个外设数据，因此，需要采用地址译码进行外设选择。

地址译码时，CPU 首先要在总线上发出要访问的端口地址信号和必要的控制信号，通过一个转换电路将这些信号转换为相应的 I/O 端口的选通信号，这个转换过程就是 I/O 端口地址译码，完成这个过程的转换电路称为 I/O 端口地址译码电路。

地址译码电路分为固定式和可选式译码；若按端口与地址的对应关系，则可分为全译码方式与部分译码方式。

5.2.1 输出接口

I/O 端口的输入、输出(读、写)主要通过 I/O 读写信号及地址译码输出信号共同作用，实现端口被选中控制信息。下面以 74LS273 为例说明输出接口建立方法。74LS273 是 8 位数据/地址锁存器，是一种带清除功能的 8D 触发器，其引脚图和真值表分别如图 5.4 和表 5.1 所示。

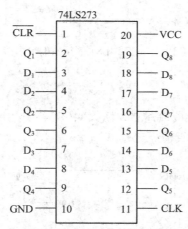

图 5.4 74LS273 的引脚图

表 5.1 74LS273 真值表

控制输入			输出
$\overline{\text{CLR}}$	CLK	D	Q
0	×	×	0
1	上升沿	1	1
1	上升沿	0	0
1	0	×	保持

74LS273 的端口 $D_1 \sim D_8$ 为数据输入端，$Q_1 \sim Q_8$ 为数据输出端，正脉冲触发，低电平清除。$\overline{\text{CLR}}$ 和 CLK 为控制端。$\overline{\text{CLR}}$ 为低电平时，不管 CLK 的电平如何，$Q_1 \sim Q_8$ 输出端为零；$\overline{\text{CLR}}$ 为高电平、CLK 为上升沿时触发锁存，$D_1 \sim D_8$ 输入端信息传输到 $Q_1 \sim Q_8$ 输出端；CLK 为高电平和低电平时，$D_1 \sim D_8$ 输入端对 $Q_1 \sim Q_8$ 输出端无影响。

74LS273 和 74LS138 组成的输出接口电路如图 5.5 所示。CPU 在向外部输出数据时，要进行端口写操作，74LS273 的输入端口 $D_1 \sim D_8$ 与数据总线 $D_1 \sim D_8$ 相连，$\overline{\text{CLR}}$ 接高电平，CPU 的写信号 $\overline{\text{IOW}}$ 和地址译码器 $\overline{Y_0}$ 经或非门接 CLK 端。当地址为 250H 时，$\overline{Y_0}$ 和 $\overline{\text{IOW}}$ 使

CLK 端出现一个正脉冲，脉冲的上升沿触发 74LS273 工作，$D_1 \sim D_8$ 传输数据到 $Q_1 \sim Q_8$ 端锁存。

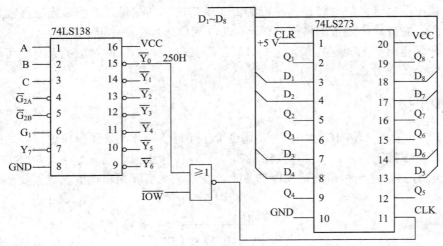

图 5.5　74LS273 和 74LS138 组成的输出接口电路

5.2.2　输入接口

以 74LS245 为例说明输入接口建立方法。74LS245 是 8 路同相三态双向总线收发器，可双向传输数据，其引脚图和真值表分别如图 5.6 和表 5.2 所示。

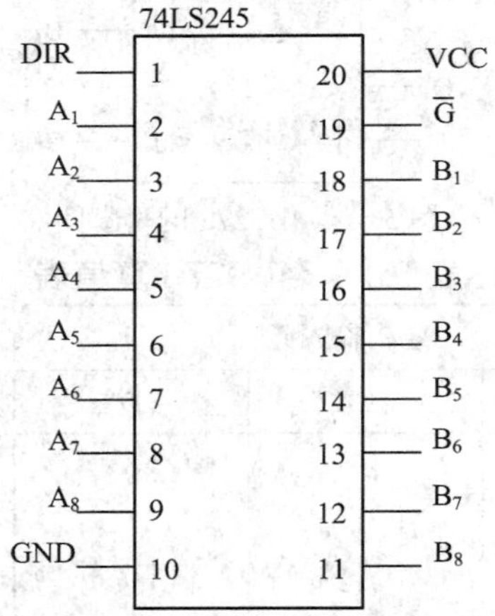

图 5.6　74LS245 的引脚图

表 5.2　74LS245 真值表

控制输入		传输方向
$\overline{G}$	DIR	
0	0	B→A
0	1	B←A
1	×	隔离

74LS245 中 $A_1 \sim A_8$ 和 $B_1 \sim B_8$ 端是数据输入、输出端，DIR 和 $\overline{G}$ 是控制信号端。在 $\overline{G}$ 为高电平时，不管 DIR 的电平如何，A 和 B 端口为隔离状态；在 $\overline{G}$ 为低电平、DIR 为低电平时，信号由 B 向 A 端传输(即接收)；在 $\overline{G}$ 为低电平、DIR 为高电平时，信号由 A 向 B 端传输(即发送)。利用 74LS245 构成的输入接口如图 5.7 所示。键盘向 CPU 输入数据，DIR 端接地时，数据由 B 端口输入 A 端口。地址译码器输出 $\overline{Y_1}$ 和 CPU 读信号 $\overline{IOR}$ 经或门接至控制端 $\overline{G}$。当 $\overline{IOR}$ 和 $\overline{Y_1}$ 为低电平时，$\overline{G}$ 为低电平，这时三态门打开，外设上的数据从 B 端口经三态门传向 A 端口读入 CPU。

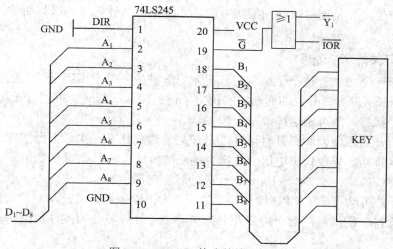

图 5.7 74LS245 构成的输入接口

5.3 人 机 接 口

对于一个完整的机电一体化系统，操作者必须能够对系统进行实时监测和有效控制，即通过输入接口，向系统输入各种命令及控制参数；通过输出接口，操作者可以对系统的运行状态、各种参数进行检测。

5.3.1 人机接口的特点

人机接口是操作者与机电一体化系统之间建立联系、实现信息交换的输入、输出设备的接口。根据信息的传输方向与操作者的关系，人机接口分为输入接口与输出接口两类。输入接口和输出接口分别负责输入设备和输出设备与控制微机的连接。在机电一体化系统中，常用的输入设备有开关、BCD 二-十进制码拨盘、键盘等；常用的输出设备有指示灯、LED、液晶显示器、微型打印机、CRT、扬声器等。

人机接口具有以下特点：

(1) 专用性。每一种机电一体化产品都有自身特定的功能，对人机接口有着专门、具体的要求，故人机接口的设计方案要根据产品的功能要求而定。

(2) 低速性。与控制微机的工作速度相比，大多数人机接口设备的工作速度较低。因此，采用人机接口实现控制微机与外设的速度匹配，以提高控制微机的工作效率。

5.3.2 人机输入接口设计

键盘是由若干个按键组成的，是最常用、最重要的输入设备。操作者通过键盘输入数据或命令，可实现人机对话。键盘可以分为编码键盘和非编码键盘两种类型。编码键盘主要通过硬件电路产生被按按键的键码和一个选通脉冲，以中断方式接收按键的键码。这种键盘使用方便、接口简单、响应速度快但硬件电路复杂。非编码键盘每个按键的键码并非由硬件电路产生，而是通过软件扫描实现的。非编码键盘硬件电路极为简单，因此得到了广泛应用。

1. 按键开关的消抖处理

键盘的每一个按键就是一个简单的开关，当按键按下时，相当于开关闭合；当按键松开时，相当于开关断开。开关的通断状态决定了键的闭合或断开，即输出低电平或高电平，通过检测电平状态，即可确定按键是否按下。

然而按键开关在闭合和断开时，并不是理想的通断状态。实际上操作开关闭合及断开的瞬间会产生抖动，导致输出电压随之产生相应的抖动现象，如图 5.8 所示。抖动时间由按键的机械特性决定，约为 5～10 ms；开关的稳定时间由操作者决定，一般为几百微秒至几秒。按键开关抖动可导致 CPU 读数发生错误。为消除按键开关抖动对读数的影响，需采取相应的消除抖动的措施。对于按键开关的抖动现象处理可分为硬件消抖和软件消抖两种方式。

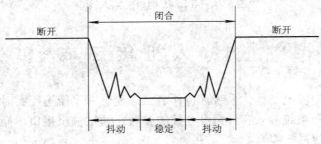

图 5.8 按键开关的抖动现象

1) 硬件消抖

硬件消抖通常采用两个与非门构成的双稳态消抖电路来实现，如图 5.9 所示。由电路构成的特性可知，开关仅与 A 或 B 接触时才会改变门电路的输出状态，在开关的切换过程中，触点的抖动不能影响输出电平，从而消除了抖动的影响。

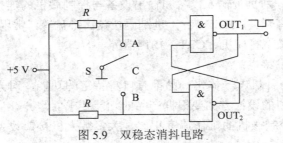

图 5.9 双稳态消抖电路

2) 软件消抖

软件消抖就是在检测到键按下时，延时一段时间后，再确认该键电平是否满足按键按下的状态电平，若是，则认为有键按下。延时时间应大于按键的抖动时间(通常取 10 ms 以上)，以消除抖动的影响。软件消抖可节省硬件，但会占用 CPU 资源。产生负脉冲的按键开关软件消抖过程如图 5.10 所示。

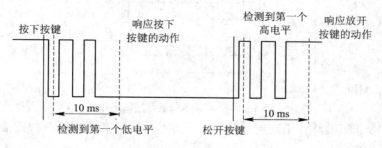

图 5.10　软件消抖过程

2. 独立式键盘接口

独立式键盘接口是指独立连接键盘各键，且各个按键相互独立，每一根数据线(单片机或其他接口芯片的并口)对应一个按键，如图 5.11 所示。

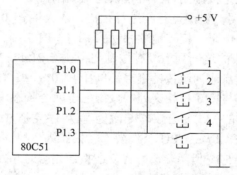

图 5.11　独立式键盘接口

独立式键盘配置灵活，硬件结构简单，按键的判断速度快，但占用 I/O 端口较多。多用于设置键、控制键或功能键等键数少的场合。

独立式键盘按键的软件识别主要采用随机、定时和中断三种扫描方式。

3. 矩阵式键盘接口

矩阵连接键盘即按键按 $N \times M$ 矩阵排列，由交叉的行线(X_i)和列线(Y_j)组成，各按键处于矩阵行线和列线的节点处，4×4 矩阵式键盘接口电路如图 5.12 所示。接口电路中的每个按键由两个固定触点、一个动触片和弹簧组成，其中一个触点和行线连接，另一个触点和列线连接，且列线的一端经电阻与 +5 V 电源相连，另一端连接 CPU。当按动某个按键时，则与该键对应的一对行线和列线被短路。例如，5 号键被按下时，行线 X_1 与列线 Y_1 被短路，此时 Y_1 的电平由 X_1 电位决定。若列线连接 CPU 输入口，行线连接 CPU 输出口，则在 CPU 控制下 $X_1 \sim X_4$ 依次输出低电平，且使其他线保持高电平，通过读取 $Y_1 \sim Y_4$ 输出状态判断有无按键闭合。

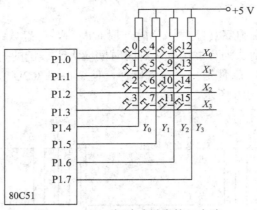

图 5.12   4×4 矩阵式键盘接口电路

矩阵式键盘按键的软件识别主要采用程序控制、定时和用中断三种扫描方式。其中程序控制方式工作过程如下：

(1) 判断按键状态。首先对 CPU 的 P1.0～P1.3 端口全部置 "0"，然后读取 P1.4～P1.7 端口的状态，若全部为 "1"，则无按键闭合；若不全为 "1"，则有按键闭合。

(2) 消除按键抖动。在检测按键信号时，延时 10 ms 后读取按键电平状态，若此时按键闭合信号依然有效，则认定按键闭合；否则认定为机械抖动或干扰。

(3) 判别闭合键的键号。对键盘行线进行扫描，依次将 P1.0、P1.1、P1.2、P1.3 置低电平，且从其他行线送出高电平，相应地顺序读入 P1.4～P1.7 端口状态，若 P1.4～P1.7 全为 "1"，则行线输出为 "0" 的这一列上没有按键闭合；若 P1.4～P1.7 不全为 "1"，则说明有按键闭合。行和列的交叉点即为该按键键号，例如 P1.0～P1.3 输出为 1011，P1.4～P1.7 为 1101，则说明位于第 2 行与第 3 列相交处的按键处于闭合状态，键号为 9。

(4) 控制 CPU 对按键的一次闭合仅作一次处理。程序控制方式需要占用 CPU 运算资源，不断对键盘接口进行扫描，造成 CPU 工作效率较低。为了提高 CPU 利用率，改用中断扫描方式，其接口电路如图 5.13 所示。该方式仅在按键闭合时触发中断，CPU 才进行按键扫描处理，有效地提高了 CPU 工作效率。

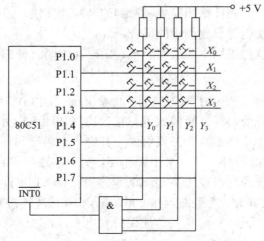

图 5.13   采用中断方式键盘接口

5.3.3　人机交互输出设备工作原理及接口设计

人机交互输出设备是对系统现场信息和控制参数进行监控的设备，能够输出系统自身的运行状态、关键参数、运行结果及故障报警信号。下面主要介绍常用的人机交互输出设备的工作原理及其接口电路。

1. 发光二极管(LED)接口设计

1) 发光二极管的接口电路

LED 具有体积小、功耗低的特点，常作为机电一体化系统的输出显示设备，以指示系统信号状态。根据 LED 的输出特性，当 LED 处于反向截止状态时，LED 不发光；当 LED 处于正向导通状态时，LED 开始发光。图 5.14 是 LED 与单片机的实际接口电路，选用驱动发光二极管的元件时应考虑到元件的负载能力，故在电路中设置限流电阻 R，以保证流经 LED 的电流处于正向工作电流最大限值以内。

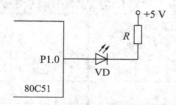

图 5.14　LED 与单片机的接口电路

2) 八段 LED 数码显示管接口电路

八段 LED 数码显示管的结构如图 5.15 所示。八段 LED 数码显示管由 8 个发光二极管组成，7 个 LED 按"8"字笔画形式排列和一个 LED 位于右下角成显示小数点。8 个发光二极管编号分别为 a、b、c、d、e、f、g 和 dp，并与同名引脚相连。此外，七段 LED 数码显示管比八段 LED 数码显示管仅少一只发光二极管(dp)，其他与八段 LED 数码显示管相同。

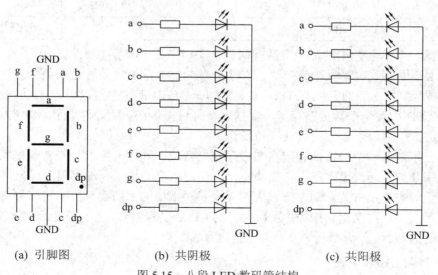

(a) 引脚图　　　　(b) 共阴极　　　　(c) 共阳极

图 5.15　八段 LED 数码管结构

LED 数码显示管原理十分简单,通过对应 LED 同名引脚上所加电平的高低来控制发光二极管导通时,对应的一段笔画或点就发亮,从而形成不同的发光字符。根据数码管内部 LED 的连接方式,八段 LED 数码管分为共阴极和共阳极两种,如图 5.15(b)和(c)所示。各段发光二极管的阴极或阳极连在一起作为公共端,若将各段发光二极管的阳极连在一起,即形成共阳极数码显示管,用低电平驱动;若将各段发光二极管阴极连在一起,即形成共阴极数码显示管,用高电平驱动。

八段 LED 数码显示管控制简单,将单片机 8 位并行输出与数码管的发光二极管引脚相连即可。加载在 LED 数码显示管每段 LED 的电压可以用数字量表示,即 8 位数字量称为字形代码,又称段选码。

八段 LED 可以显示阿拉伯数字 0~9 及 A、B、C、D 等字母,其段选码与显示字符的对应关系见表 5.3。同一个字符的共阴极接法和共阳极接法的段选码具有按位取反的关系,如字符"5"的两种段选码分别为 92H 和 6DH。

表 5.3 段选码与显示字符的对应关系

字符	段 选 码		字符	段 选 码	
	共阳极	共阴极		共阳极	共阴极
0	C0H	3FH	A	88H	77H
1	F9F	06H	B	83H	7CH
2	A4H	5BH	C	C6H	39H
3	B0H	4FH	D	A1H	5EH
4	99H	66H	E	86H	79H
5	92H	6DH	F	8EH	71H
6	82H	7DH	P	8CH	73H
7	F8H	07H	y	91H	6EH
8	80H	7FH	-	BFH	40H
9	90H	6FH	灭	FFH	00H

LED 数码显示管常用的显示方法有两种,即动态显示和静态显示。

静态显示是指在显示某个字符时,对应的发光二极管恒定地导通或截止。这种方式显示时,被显示字符对应的多位 LED 同时点亮,每位 LED 流过恒定的电流(约为 6~10 mA);由于每位 LED 配置一个数据锁存器,数据更新时只需传送一次。静态显示方式编程简单,但成本较高,仅适用于显示位数较少的场合。

动态显示就是一位一位地轮流点亮数码管的各位。利用人眼的视觉暂留现象和发光二极管的余辉效应,通过设定适当扫描频率,可获得稳定的显示,没有闪烁现象。

相对于静态显示方式,动态方式大大减少了对端口的占用数量,节省了硬件资源,但需要对显示器进行定期刷新扫描,占用大量的 CPU 运算时间,适用于显示位数较多、CPU 任务不繁忙的场合。

2. 声音输出接口电路

在机电系统的人机系统中,经常采用扬声器或蜂鸣器发出声音信号,以表示系统运行状态，如系统状态异常、工件加工结束等。

常用蜂鸣器分电压型与脉冲型。电压型蜂鸣器通电即可发声，且频率固定；脉冲型蜂鸣器必须输入脉冲信号才能发声，其发声频率与输入脉冲频率相同。蜂鸣器驱动电路简单，单片机输出端口输入电流即可满足蜂鸣器工作需求，如图 5.16 所示。

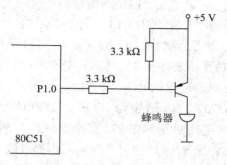

图 5.16　蜂鸣器驱动接口电路

扬声器以硬件或软件生成的音频信号驱动。硬件生成音频信号的特征完全取决于硬件电路的结构，一旦电路参数确定，扬声器的驱动频率即固定，仅能以一种音调工作，如图 5.17 所示。该电路利用集成电路产生音频信号(信号频率受电阻 R、电容 C 数值控制)，经放大后驱动扬声器。软件生成音频信号由软件生成，故扬声器音调丰富，能够按照任务需求修改音频信号，但软件设计工作量大，其驱动电路如图 5.18 所示。

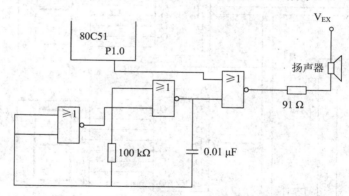

图 5.17　硬件生成音频信号的扬声器接口电路

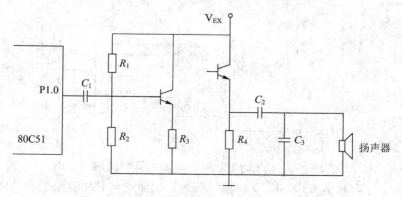

图 5.18　软件生成音频信号的扬声器接口电路

5.3.4 输出接口电路示例

1. 并行输出的 3 位共阳极 LED 静态显示接口电路

任何 LED 显示接口电路必须完成提供正确的驱动逻辑和工作电流两项基本任务。

图 5.19 所示的并行输出的 3 位共阳极 LED 静态显示接口电路中，每个十进制位都需要有一个 8 位输出口控制，如显示数字"0"时，要求 LED 数码管中的 a、b、c、d、e、f 段导通，g 和 dp 段截止。由于需要控制 3 个 LED 数码管，故利用 3 片 74LS373 扩展并行 I/O 口 P0。通过 74LS138 译码器进行地址译码，74LS138 的 A、B、C 分别接 80C51 的 P2.5、P2.6 和 P2.7，则对应 74LS373 的地址分别为 1FFFH、3FFFH、5FFFH。利用译码输出信号与 80C51 单片机的写信号一起控制各 74LS373 数据的写入。$\overline{\text{WR}}$ 端口发出的负脉冲，根据地址指令控制译码器 $\overline{Y_0}$、$\overline{Y_1}$ 或 $\overline{Y_2}$ 端口输出负脉冲，再经过或非门输出正脉冲，作为选定 74LS373 的使能信号 G，将数据总线 $D_0 \sim D_7$ 输出的被显示数字段选码(按表 5.3 选择)存入 74LS373，并送入 LED 数码显示管的 a、b、c、d、e、f、g 和 dp 端口，驱动 LED 显示对应数字。

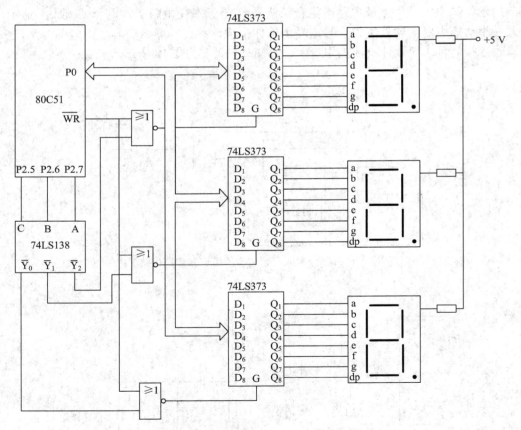

图 5.19 并行输出的 3 位共阳极 LED 静态显示接口电路

另外，对于静态显示方式，LED 由接口芯片直接驱动，利用较小的驱动电流就可以得到较高的显示亮度。

2. 串行输出的 3 位共阳极 LED 静态显示接口电路

对于并行输出的 LED 静态显示接口电路,每一位数字都需要一个 74LS373 芯片,在多位显示时需要的芯片较多。因此,将并行输出转换为串行输出,以减少接口芯片的数量。图 5.20 为串行输出的 3 位共阳极 LED 静态显示接口电路。采用串入并出的移位寄存器 74LS164,将单片机输出的串行输出数据转换为并行数据,74LS164 吸收电流达 8 mA,故无需增加其他驱动电路。TXD 为移位时钟输出,RXD 为移位数据输出,P1.0 作为显示器允许控制输出线。每次串行输出 24 位(3 个字节)的段码数据。

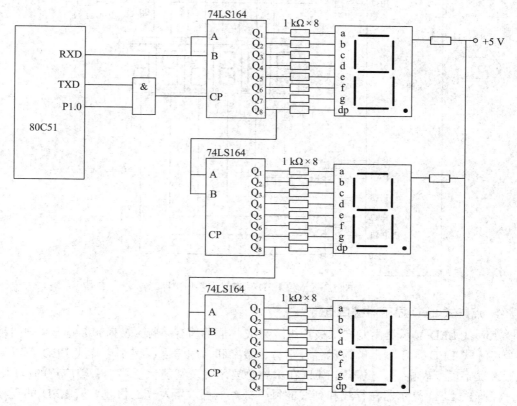

图 5.20 串行输出的 3 位共阳极 LED 静态显示接口电路

3. LED 动态显示接口电路

单片机通过 8155 并行接口控制的 6 位 LED 动态显示接口电路如图 5.21 所示。

电路中采用 8155 并行接口与 6 位 LED 显示数码管相连,8155 的端口 PB0～PB7 作为段数据口(字形口),经同相驱动器 7407 连接 LED 的各个极;端口 PA0～PA5 作为扫描口(字位口),经反相驱动器 75452 连接 LED 的公共极。

动态显示采用软件把要显示的十六进制数(或 BCD 码)转换为相应字形码,故它通常需要在 RAM 区建立一个显示缓冲区(如 79H～7EH),存放 6 位显示的字符数据。8155 的端口 PA 扫描输出总是只有一位为高电平,以选中相应的字位。端口 PB 输出相应位的显示字符段数据,使该位显示出相应字符,其他位为暗。依次改变端口 PA 输出为高电平的位及端口 PB 输出对应的段数据,则 6 位 LED 显示数码管就可以显示出缓冲器数据对应的字符。

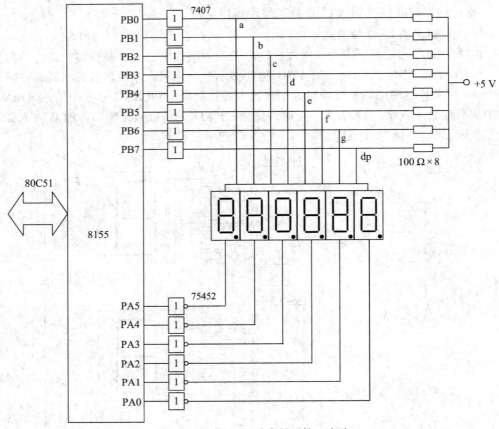

图 5.21　6 位 LED 动态显示接口电路

4. 点阵式 LED 显示器接口电路

点阵式 LED 显示器由发光二极管矩阵组成，常用的有 7 行 × 5 列和 8 行 × 8 列两种。单个点阵式 LED 显示器能够显示各种字母、数字和常用符号；多个点阵式 LED 可以显示图形、汉字以及表格等。点阵式 LED 在大屏幕显示牌及智能化仪器中有着广泛的应用。

点阵式 LED 显示器在行线和列线的每个交点上都放置发光二极管。若 LED 的正极接行引线、负极接列引线，可组成共阳极 LED 显示器；若 LED 的正极接列引线、负极接行引线，可组成共阴极 LED 显示器，如图 5.22 所示。点阵式 LED 一般采用动态扫描方式显示。共阳极点阵 7 × 5 点阵式 LED 显示器接口电路如图 5.23 所示。

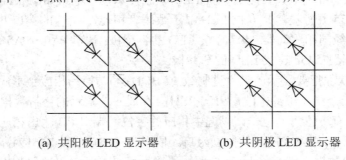

(a) 共阳极 LED 显示器　　　(b) 共阴极 LED 显示器

图 5.22　共阳极与共阴极 LED 显示器结构

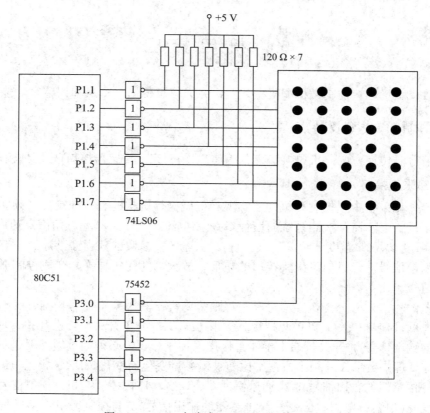

图 5.23   7×5 点阵式 LED 显示器接口电路

图 5.23 中，点阵式 LED 显示器采用列扫描方式，且 80C51 的 P1 口通过 74LS06 连接点阵式 LED 显示器行线，P3 口通过 75452 连接列线。列扫描显示时，每次扫描只有一列信号有效(对于共阳极 LED 显示器，低电平为有效信号)，然后通过行线控制口输出选中列的显示信息，进而依次改变被选中列，就可以完成对整个显示的驱动。以显示字母 "C" 为例说明其工作过程，共阳极 LED 显示器的字母 "C" 列扫描点阵数据如表 5.4 所示。

表 5.4   字母 "C" 列扫描点阵数据

序号	数据							
	D_7	D_6	D_5	D_4	D_3	D_2	D_1	D_0
1	1	1	0	0	0	0	0	1
2	1	0	1	1	1	1	1	0
3	1	0	1	1	1	1	1	0
4	1	0	1	1	1	1	1	0
5	1	1	0	1	1	1	0	1

每个字节对应一列发光二极管。显示时，在 P3 口同步下，按序号将一个个字节顺序地由 P1 口送出，数据为 "0" 的位对应的发光二极管点亮，数据为 "1" 的位对应的发光二极管不亮。

5.4 机电接口

机电接口负责连接控制微机和机械装置，完成信息传递、变换和调整等功能。

5.4.1 机电接口类型及特点

根据信号的传递方向，机电接口可分为信息采集接口(传感器接口)与控制输出接口。

1. 信息采集接口

机电一体化系统中，控制微机为了实现对机械执行机构的有效控制，必须实时监测机械系统的运行状态，监测检测系统的运行参数(如电流、电压、频率、角度、速度、流量、压力等)与环境参数(如温度、湿度、气压等)。上述各类参数的获得必须通过传感器将物理信号转换为电信号，经过信息采集接口的整形、放大、匹配、转换，变成控制微机可以接收的数字信号。

传感器的输出信号分为数字信号和模拟信号两类。其中数字信号包括开关量和数字量两种。开关量只有开和关(1 和 0)两种状态(如限位开关、光电开关、行程开关、时间继电器等传感器的输出信号)。开关量通常不能直接送入控制微机，必须通过缓冲器进行整形、放大、隔离等处理。数字量其频率或占空比随被测参量变化而变化(如增量式光电编码器、光栅传感器等传感器的输出信号)，需通过缓冲器、计数器连接控制微机。模拟信号随被测物理量连续变化(如温敏电阻、应变片等传感器的输出信号)，与控制微机连接需要将模拟量转换为数字量，即模/数转换(用 A/D 表示)。针对不同性质的信号，各类传感信号与控制微机的接口如图 5.24 所示。

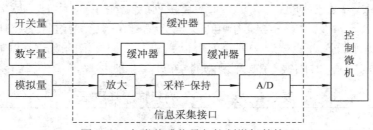

图 5.24 各类传感信号与控制微机的接口

传感器工作环境恶劣，传感器和控制微机之间常采用长线传输，且信号强度较弱，故信息采集接口设计中也要考虑干扰的影响。

2. 控制输出接口

控制微机通过信息采集接口检测机械系统的状态，经过运算处理，发出有关控制信号，经过控制输出接口的匹配、转换、功率放大，驱动执行元件去调节系统的运行状态，使其按设计要求运行。根据执行元件的不同，控制接口的任务也不同。对于继电器、接触器、步进电机等使用数字信号驱动的执行元件，需要对控制信号进行隔离和功率放大；而对于交流电动机变频调速器使用模拟信号驱动的执行元件，控制信号为 0~5 V 的数字信号(输出电流约 4~20 mA)，则必须将控制信号转换为模拟量，即数/模转换(用 D/A 表示)，通常

D/A 转换的输出信号功率较小，对于交流接触器等大功率器件，必须进行功率驱动。

控制输出接口的不同形式如图 5.25 所示。与信号采集接口类似，控制输出接口同样需要考虑干扰的影响。

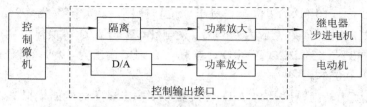

图 5.25　控制输出接口的不同形式

5.4.2　A/D 转换器

A/D 转换器是将模拟量转换成 n 位二进制数字量，是信息采样接口中的核心器件，其转换过程分为采样与保持、量化和编码，具体如下。

(1) 采样是将模拟信号转换为离散的模拟信号。在对模拟信号进行 A/D 转换时，从启动转换到转换结束输出数字量，需要一定的转换时间，且输入信号频率较高时，A/D 转换无法跟踪输入信号的变化，将造成很大的转换误差。为了防止误差产生，需要在转换时间内保持采集的模拟信号基本不变，以保证 A/D 转换精度。采样-保持过程是对模拟输入信号进行采样，并根据逻辑控制信号指令保持瞬态值，保证模/数转换期间的信号稳定。

(2) 采样后的信号虽然时间上不连续，但幅值仍然连续，仍为模拟信号，必须经过量化转换成数字信号，才能送入计算机。量化过程即进行 A/D 转换的过程，A/D 转换将采样后的模拟信号转换成数字量。只有在模拟信号等于量化电平整数倍时，量化结果才是准确值，否则皆为模拟信号的近似值。这种量化过程引入的误差称为量化误差。根据量化的工作原理，量化误差只能减小不能消除。

(3) 编码就是将量化的结果进行二进制编码。常用编码方法有符号-数值法、补码和偏移二进制码。

1. A/D 转换器的类型

按照工作原理，A/D 转换器可分为计数式 A/D 转换器、逐次逼近型 A/D 转换器、双积分型 A/D 转换器和并行 A/D 转换器几类。计数式 A/D 转换器结构简单，转换速度慢，已很少使用。逐次逼近型 A/D 转换器结构较为简单，转换速度和价格适中，分辨率远高于并行 A/D 转换器，是目前应用最广的 A/D 转换器。双积分型 A/D 转换器抗干扰能力强，转换精度高，但转换速度不高，主要用于数字式测量仪表这类对速度要求不高的场合。并行 A/D 转换器的转换速度最快，但分辨率不高，且结构复杂，成本较高，故只适用于实时处理系统。

按照 A/D 转换方法，A/D 转换器分为直接 A/D 转换器和间接 A/D 转换器。直接转换是指将模拟量直接转换为数字量；而间接转换是指先将模拟量转换为中间量，然后再将中间量转换成数字量。

按照 A/D 输出方式，可分为并行 A/D 转换器、串行 A/D 转换器和串并行 A/D 转换器等。

2. A/D 转换器的主要性能参数

为了保证数据处理结果的准确性，A/D 转换器技术指标包括以下几项。

(1) 分辨率。分辨率是 A/D 转换器能够分辨最小量化信号的能力，通常用数字量的位数表示，如 8 位、10 位、12 位等。对于 n 位转换器，其分辨率为 $1/2^n$。如 8 位转换器的分辨率为 $1/2^8$，用百分数表示为 0.39%。对于 BCD 码 A/D 转换器，用 BCD 码的位数表示分辨率，如 3 位半的 BCD 码 A/D 转换器，满刻度输出为 1999，其分辨率为 1/2000，用百分数表示为 0.05%。

(2) 转换精度。转换精度是与 A/D 转换器数字输出量所对应的模拟输入量的实际值与理论值之间的差值。差值可用绝对精度和相对精度表示，绝对精度是理论值与实际值之间的偏差，相对精度是偏差相对于满量程的百分比。

(3) 转换时间。转换时间是完成一次数字量和模拟量之间转换所需要的时间，其倒数为转换率，可表征 A/D 转换器的速度。

(4) 量程。量程指所能转换的输入模拟电压的范围，如 5 V、10 V、15 V 等。

(5) 输出逻辑电平。通常 A/D 转换器的输出信号与 TTL 电平兼容，但与 CPU 数据总线连接时，需要考虑三态逻辑输出的设置和数据锁存的使用。

3. 常用的 A/D 转换芯片

1) 8 位 A/D 转换器 ADC0809

ADC0809 为 8 路模拟输入逐次逼近型 8 位 A/D 转换器，片内具有 8 位模拟开关，可对 8 路模拟电压量实现分时转换。ADC0809 采用 28 引脚 DIP 结构封装，单一 +5 V 电源供电，其转换电压为 −5～+5 V，典型转换时间为 100 μs(时钟为 640 kHz)，转换绝对误差为 ±1 LSB。片内带有三态输出锁存缓冲器，可直接与单片机的数据总线连接。ADC0809 的内部逻辑结构如图 5.26 所示。

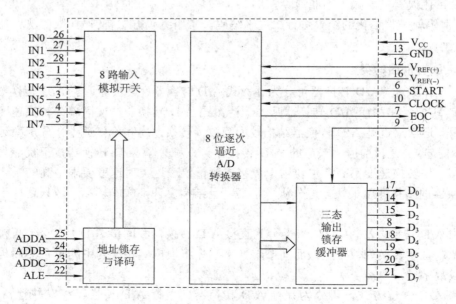

图 5.26　ADC0809 内部逻辑结构

ADC0809 主要引脚说明如下：

IN0～IN7：8 个模拟输入端。ADC0809 允许有 8 路模拟量输入，但同一时刻只能接通 1 路进行转换。

ADDC～ADDA：通道地址线。ADDC 为最高位，ADDA 为最低位。ADDC、ADDB、ADDA 的 8 种组合状态 000～111 对应了 8 个模拟通道，具体如表 5.5 所示。

D_0～D_7：转换数据输出端。D_7 为最高有效位(MSB)，D_0 为最低有效位(LSB)。

$V_{REF(+)}$、$V_{REF(-)}$：参考电压输入端，分别接 +、- 极性的参考电压，用来提供 A/D 转换器权电阻的标准电平。在模拟量单极性输入时，$V_{REF(+)}$ 接 +5 V，$V_{REF(-)}$ 接地；双极性输入时，$V_{REF(+)}$ 接 +5 V，$V_{REF(-)}$ 接 -5 V。

ALE：地址锁存信号，高电平有效。ALE 为高电平时，允许 ADDA、ADDB、ADDC 所示通道被选中，并将该通道的信号接入 A/D 转换器。

START：A/D 转换启动信号，高电平有效。该信号上升沿使 ADC0809 复位，下降沿启动 A/D 转换。

EOC：A/D 转换结束信号，A/D 转换期间为低电平，当转换结束时由低电平跳变为高电平。

OE：数据输出允许信号，高电平有效。当 A/D 转换结束时，输入一个高电平，打开输出三态输出缓冲器，输出数字量。

表 5.5　ADC0809 模拟通道地址

ADDC	ADDB	ADDA	选通的模拟通道
0	0	0	IN0
0	0	1	IN1
0	1	0	IN2
0	1	1	IN3
1	0	0	IN4
1	0	1	IN5
0	1	0	IN6
1	1	1	IN7

由于 ADC0809 转换器输出端三态输出锁存缓冲器，因此与系统总线连接非常简单，即可直接与系统总线相连，由读信号控制三态输出锁存缓冲器，在转换结束后，通过执行输入指令产生读信号，将数据从 A/D 转换器取出。ADC0809 与 80C51 单片机的接口电路如图 5.27 所示。

ADC0809 的时钟信号 CLOCK 由单片机的地址锁存允许信号 ALE 提供，若单片机的晶振频率为 12 MHz，则 ALE 信号经分频输出为 500 kHz，满足 CLOCK 信号不高于 640 kHz 的要求；当写信号 $\overline{WR}$ 和 P2.7 同时低电平有效时，通过或非门启动 A/D 转换，且使 ADC0809 的 ALE 有效；P0 口输出地址 A_2、A_1 和 A_0，通过 74LS373 的 Q_2、Q_1 和 Q_0 连接到 ADC0809 的 ADDC、ADDB 和 ADDA，并根据表 5.5 选定转换通道。当读信号 $\overline{RD}$ 和 P2.7 信号同时有效时，OE 有效，输出缓冲器打开，单片机接收转换数据。

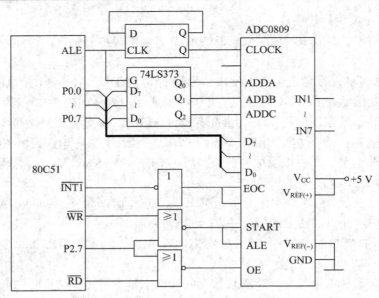

图 5.27　ADC0809 与 80C51 单片机的接口电路

2）12 位 A/D 转换器 AD574

AD574 是 12 位逐次逼近型模数转换器，其转换时间小于 35 μs，转换误差为 ±0.05%。AD574 内部含三态电路，可直接与 8 位、16 位单片机连接，且能与 CMOS 及 TTL 电平兼容；内部配置高精度参考电压源和时钟电路，不需要任何外部电路和时钟信号。

AD574 引脚说明如下：

DB11～DB0：12 位数据输出线。DB11 为最高有效位(MSB)，DB0 为最低有效位(LSB)。

$12/\overline{8}$：数据模式选择。当此引脚输入为高电平时，12 位数据并行输出；当此引脚为低电平时，与引脚 A0 共同决定输出是 12 位数据的高 4 位或低 4 位，如表 5.6 所示。

表 5.6　AD574 的控制逻辑

CE	$\overline{CS}$	$R/\overline{C}$	$12/\overline{8}$	A0	工作状态
0	×	×	×	×	不允许转换
×	1	×	×	×	未选通芯片
1	0	0	×	0	启动 12 位转换
1	0	0	×	1	启动 8 位转换
1	0	1	1	×	12 位数据并行输出
1	0	1	0	0	输出高 8 位数据
1	0	1	0	1	输出低 4 位数据

$\overline{CS}$：片选线，低电平时选通芯片。

A0：端口地址线。A0 为 0 时，启动 12 位转换；A0 为 1 时，启动 8 位转换。输出转换数据时，A0 为 0 时输出高 8 位数据，A0 为 1 时输出低 4 位数据。

$R/\overline{C}$：读结果/启动转换线，高电平时读结果，低电平时启动转换。

CE：芯片允许线，高电平时允许转换。

STS：A/D 转换状态信号，A/D 转换期间为高电平，转换结束时由高电平跳变为低电平。

DC、AC：接地端。DC 为数字地，AC 为模拟地。

V_{CC}、V_{EE}：参考电压源。V_{CC} 为 12 V/15 V 参考电压源；V_{EE} 为 −12 V/−15 V 参考电压源。

V_{LOG}：电源端，接 +5 V。

10 V IN：10 V 量程模拟信号输入端。对单极性信号为 10 V 量程的模拟信号输入端，对双极性信号为 ±5 V 模拟信号输入端。

20 V IN：20 V 量程模拟信号输入端。对单极性信号为 20 V 量程的模拟信号输入端，对双极性信号为 ±10 V 模拟信号输入端。

REFOUT：10 V 基准电压输出端。

REFIN：片内基准电压输入端。

AD574 与 80C51 单片机的接口电路如图 5.28 所示。

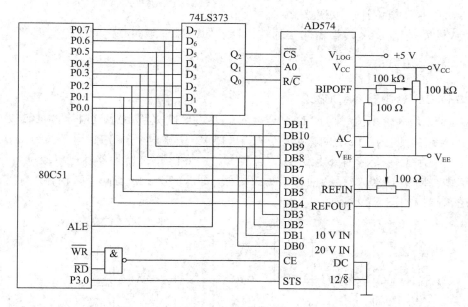

图 5.28　AD574 与 80C51 单片机的接口电路

AD574 与 80C51 的接口电路采用三态锁存器 74LS373 和 74LS00 与非门电路，逻辑控制信号由单片机的 P0 发出，通过三态锁存器 74LS373 锁存到输出端 Q_2、Q_1 和 Q_0，连接到 $\overline{CS}$、A0 和 R/$\overline{C}$，控制 AD574 的工作过程。AD574 转换器数据输出端 DB0～DB11 与 P0 数据总线连接。写信号 $\overline{WR}$ 和读信号 $\overline{RD}$ 通过与非门与 CE 相连，故在整个转换过程中 CE 为 1。由于 12/$\overline{8}$ 接地，故当 P3.0 查询到 STS 端转换结束信号后，先将转换后的 12 位 A/D 数据的高 8 位读进 80C51，然后再读入低 4 位。

5.4.3　D/A 转换器

D/A 转换器用来实现数字电信号到模拟电信号的转换，是整个输出通道的核心环节。

1. D/A 转换器的分类及主要性能参数

D/A 转换器有很多分类方式，按照输出信号类型，分为电流输出型和电压输出型 D/A 转换器；按照分辨率，可分为 8 位、10 位、12 位、16 位 D/A 转换器。

D/A 转换器的主要性能参数有分辨率、转换精度、偏移量误差和线性度。

(1) 分辨率是指能分辨的最小输出模拟增量，即输入数字量的最低有效位(LSB)变化时，所对应的输出模拟量(常为电压)的变化量。分辨率与输入数字量的位数具有确定的对应关系，可表示为 $FS/2^n$。FS 表示满量程输入值，n 为二进制位数。例如，满量程为 5 V 的 8 位的 D/A 转换器的分辨率为 $5\ V/2^8 = 19.5\ mV$；若采用 12 位的 D/A 转换器，分辨率则为 $5\ V/2^{12} = 1.22\ mV$。

(2) 转换精度是指满量程时 D/A 转换器的实际模拟输出值和理论值的接近程度。通常 D/A 转换器的转换精度为分辨率的一半，即为 $\pm\frac{1}{2}LSB$。

(3) 偏移量误差是指输入数字量为零时，输出模拟量对零的偏移量。通常，该误差可由外接参考电压和电位计加以调整。

(4) 线性度是指 D/A 转换器的实际转换特性曲线和理想曲线之间的最大偏差。通常，线性度不应大于 $\pm\frac{1}{2}LSB$。

2. 8 位 D/A 转换器 DAC0832

DAC0832 是 8 位电流输出型 D/A 转换器。DAC0832 采用 20 脚 DIP 结构封装，其分辨率为 8 位，转换时间为 1 μs，供电电压为 +5～+15 V，逻辑电平与 TTL 电平兼容。DAC0832 由一个 8 位输入锁存器、一个 8 位 D/A 寄存器和一个 8 位 D/A 转换器及逻辑控制电路组成，输入数据锁存器和 DAC 寄存器构成了两级缓存，可以实现多通道同步转换输出。DAC0832 的内部逻辑结构如图 5.29 所示。

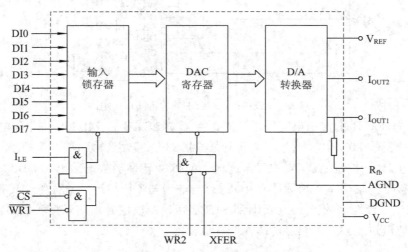

图 5.29　DAC0832 的内部逻辑结构

对 DAC0832 的主要引脚功能描述如下：

DI7～DI0：转换数据输入。

$\overline{\text{CS}}$：片选线，低电平时选通芯片。

I_{LE}：数据锁存允许信号，高电平有效。

$\overline{\text{WR1}}$：写选通信号 1，低电平有效。作为第一集锁存信号将输入数据锁存到输入锁存器中，此时与 $\overline{\text{CS}}$ 和 I_{LE} 必须同时有效。

$\overline{\text{WR2}}$：写选通信号 2，低电平有效。将锁存在输入锁存器中的数据送到 8 位 DAC 寄存器中，此时传送控制条件必须有效。

$\overline{\text{XFER}}$：数据传送控制信号，低电平有效。

I_{OUT1}：模拟电流输出端。当数据全为"0"时，输出电流最小；全为"1"时，输出电流最大。

I_{OUT2}：模拟电流输出端，$I_{\text{OUT1}} + I_{\text{OUT1}} =$ 常数。

R_{fb}：反馈电阻(电阻值 15 kΩ)，即为运算放大器的反馈电阻端，可直接连接运算放大器的输入和输出端之间。

V_{REF}：参考电压输出端，输入电压为 $-10\sim+10$ V。

DAC0832 是电流输出型 D/A 转换器，为了获得电压输出，需外接运算放大器进行 I/U 转换。图 5.30 所示为两级运算放大器组成的模拟电压输出电路。V_{o1} 和 V_{o2} 端分别输出单、双极性模拟电压，若参考电压端 V_{REF} 输出电压为 $+5$ V，则 V_{o1} 端输出电压为 $0\sim5$ V，V_{o2} 端输出电压为 $-5\sim+5$ V。

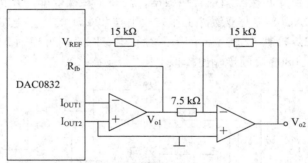

图 5.30 DAC0832 模拟电压输出电路

3. DAC0832 接口电路

根据 DAC0832 的输入锁存器和 DAC 寄存器的不同控制方法，DAC0832 有直通、单缓冲和双缓冲 3 种工作方式。

1) 直通方式

直通方式是数据不经输入锁存器和 DAC 寄存器锁存，即 $\overline{\text{CS}}$、$\overline{\text{XFER}}$、$\overline{\text{WR1}}$、$\overline{\text{WR2}}$ 均接地，I_{LE} 接高电平。此方式适用于连续反馈的控制线路，但不能直接与单片机的数据总线连接，必须通过外加 I/O 接口与之连接，以匹配单片机与 D/A 的转换速率，故很少采用。

2) 单缓冲方式

单缓冲方式是控制输入锁存器和 DAC 寄存器，使它们一个处于直通状态，另一个处于受控锁存状态。通常将 DAC 寄存器设定为直通状态，即 $\overline{\text{XFER}}$ 和 $\overline{\text{WR2}}$ 接地，或将两个寄存器控制信号并联，控制两个寄存器同时选通。DAC0832 单缓冲方式的接口电路如图 5.31 所示。输入寄存器和 DAC 寄存器控制信号并联，$\overline{\text{WR1}}$ 和 $\overline{\text{WR2}}$ 与单片机写信号 $\overline{\text{WR}}$ 连接，则单片机每执行一次写操作，把一个 8 位数据直接写入 DAC 寄存器并启动转换。

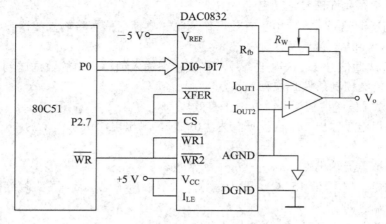

图 5.31　DAC0832 单缓冲方式的接口电路

3) 双缓冲方式

双缓冲方式是对两个寄存器分别控制，首先控制输入锁存器接收数据，然后将输入锁存器的数据传输到 DAC 寄存器，即分两次锁存输入数据。该方式可以使数据接收和转换异步进行，可在数据转换期间接收新的转换数据，提高了转换效率，并实现多个 D/A 转换同步输出。图 5.32 为 DAC0832 在双缓冲工作方式下与 80C51 的接口电路。P2.6 控制 #1 转换器的输入锁存器，P2.5 控制 #2 转换器的输入锁存器，P2.7 同时控制 2 个转换器的 DAC 寄存器，保证 2 个 DAC0803 可同步输出模拟电压。

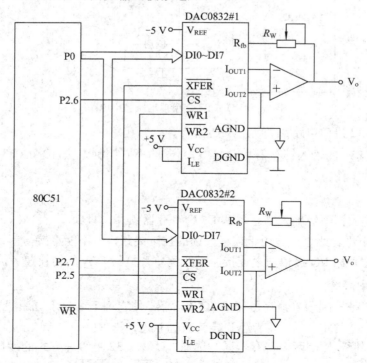

图 5.32　DAC0832 双缓冲方式的接口电路

5.4.4 功率接口

在机电一体化系统中，执行元件(如电机、液压伺服缸等)通常是功率较大的机电设备，而控制微机发出的控制信号(包括数字控制信号和 D/A 转换获得的模拟控制信号)的功率很小，因此控制信号必须通过功率接口电路实现功率放大后才能驱动执行元件工作。功率接口电路通常可以分为隔离和驱动两部分。

1. 光电耦合器

在机电一体化系统中，在驱动大功率负载时，电磁干扰很强。例如，在控制大功率电机时，电机关断时感应的高电压可能会通过功率器件或电源的耦合作用窜入控制系统，不仅会影响系统的正常工作，甚至会造成硬件的损坏。因此，在大功率驱动的情况下，必须采用隔离技术。光电耦合器是机电一体化系统中最常使用的隔离器件。

光电耦合器(Optical Coupler，OC)简称光耦。光耦合器由发光源和受光源两部分组成，其原理结构如图 5.33(a)所示。工作时，输入的电信号驱动发光二极管，使之发出一定波长的光，被光探测器接收而产生光电流，再经过进一步放大后输出，即实现了电—光—电的转换，从而起到输入、输出、隔离的作用。由于光电耦合器输入、输出间互相隔离，电信号传输具有单向性等特点，因而具有良好的电绝缘能力和抗干扰能力。

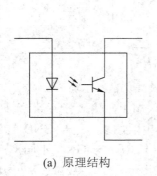

(a) 原理结构　　　　　　　　(b) TLP521-1 光电耦合器实物

图 5.33　光电耦合器

在机电一体化系统中，光电耦合器主要具有信号隔离、电平转换和驱动负载 3 项功能。光电耦合器可对输入信号与输出信号进行隔离，对输入信号与输出信号的幅值进行转换，且具有一定的功率驱动能力，另有部分类型的光电耦合器具有较强的驱动能力，如达林顿晶体管输出型和晶体管输出型。

常用的光电耦合器的主要形式如图 5.34 所示。

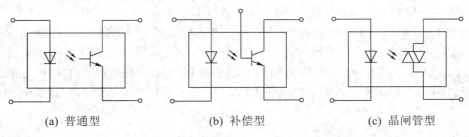

(a) 普通型　　　　　　　(b) 补偿型　　　　　　　(c) 晶闸管型

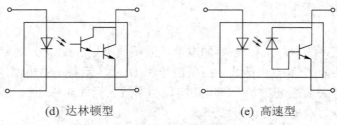

(d) 达林顿型　　　　　　　(e) 高速型

图 5.34　光电耦合器的常见结构形式

图 5.34(a)为普通型光电耦合器,常用于隔离频率在 100 kHz 以下的控制信号;图 5.34(b)为补偿型光电耦合器,其在光敏晶体管的基极上增加引出线,可用于温度补偿和检测;图 5.34(c)为晶闸管型光电耦合器,其输出端采用光控晶体管,可用在大功率驱动场合;图 5.34(d)为达林顿型光电耦合器,采用光敏晶体管和放大晶体管组成达林顿输出电路,可直接驱动较低频率的载荷;图 5.34(e)为高速型光电耦合器,其输出端采用光敏二极管和高速开关管组成复合电路,具有较高的响应速度。

典型开关量的光电耦合器接口电路如图 5.35 所示。

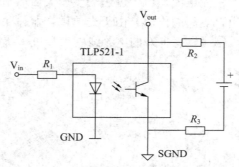

图 5.35　开关量的光电耦合器接口电路

电路中光电耦合器为 TLP521-1,在光电耦合器输入端中,输入开关量 V_{in} 驱动发光二极管(LED),U_{LED} 是发光二极管两端的压降,R_1 为限流电阻,参考地是 GND;在光电耦合器输出端中,R_2 为上拉电阻,V_{out} 为输出端,参考地为 SGND(与 GND 不同)。当输入 U_{in} 为高电平时,LED 导通发光,光敏晶体管导通,V_{out} 输出低电平;当输入 V_{in} 为低电平时,LED 不发光,光敏晶体管关断,V_{out} 输出高电平。因此,光电耦合器实现了输入和输出信号的隔离。

2. 驱动电路

在机电一体化系统中,常用的驱动电路包括 I/O 口驱动电路、功率晶体管驱动电路、达林顿管驱动电路、可控硅驱动电路、功率场效应管驱动电路等。

1) I/O 口驱动电路

由于 I/O 口或扩展 I/O 口输出电流较小,带载能力低,一般不能直接驱动功率开关器件(如 TTL 门电路的低电平吸收电流约为 16 mA),因此需要在 I/O 口和功率开关之间增加一级驱动器,图 5.36 为单片机与继电器的接口电路。继电器和单片机之间采用光电耦合器进行电气隔离,利用 7406 提供驱动电流;并通过晶体管 VT 为继电器提供驱动电流。

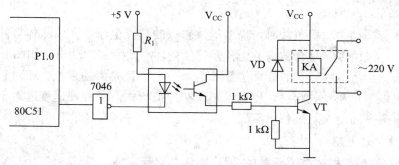

图 5.36　单片机与继电器的接口电路

2) 功率晶体管驱动电路

图 5.37(a)为基本晶体管驱动电路。该电路利用晶体管电流放大效应，将微弱信号放大成幅度值较大的电信号。晶体管驱动电路工作时，需直流电源的极性与晶体管的类型相配合，电阻的设置要与电源相配合，以确保晶体管工作在线性放大区。晶体管驱动电路常用于小功率负载。

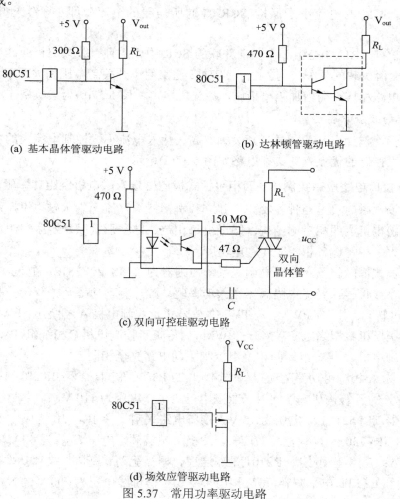

(a) 基本晶体管驱动电路　　　　　(b) 达林顿管驱动电路

(c) 双向可控硅驱动电路

(d) 场效应管驱动电路

图 5.37　常用功率驱动电路

3) 达林顿管驱动电路

由于晶体管驱动大功率负载时，需要提供较大的基极电流，导致晶体管的放大倍数 β 值降低，因此，采用多管复合结构的达林顿管作为功率器件，驱动电路如图 5.37(b)所示。由于采用复合管，故达林顿管的放大倍数 β 为两个晶体管 β 值的乘积。相对于晶闸管，达林顿管不仅可以工作在开关状态，也可以工作在模拟状态，且开关速度远大于晶闸管，其驱动电路具有很高的输入阻抗和电流增益。

4) 可控硅驱动电路

可控硅(SCR)是可控硅整流元件的简称(亦称晶闸管)，是一种具有三个 PN 结的四层结构的大功率半导体器件，具有体积小、结构相对简单、放大倍数高、开断速度快等特点。可控硅只工作在导通或截止状态，常用于整流和功率开关器件。

普通 SCR 从物理结构来看是一个 PNPN 器件，其工作原理与一个 PNP 晶体管和一个 NPN 晶体管的组合类似。SCR 具有截止和导通两个稳定状态。当 SCR 阳极和控制极上加载正向电压时，SCR 导通。SCR 一旦导通，控制极对 SCR 就不起控制作用了，只有当流过 SCR 的电流小于保持 SCR 导通所需的电流，即小于维持电流时，SCR 才截止。

双向可控硅(TRIAC)是由 2 个反向并联的 SCR 构成，且有公共门极的硅半导体闸流元件，适用于交流负载的开关控制。由于 TRIAC 通常用于开关高电压和大功率负载，故不宜直接与控制电路相连，需增加隔离措施，如光电隔离。图 5.37(c)为其典型应用电路。

5) 功率场效应管驱动电路

场效应管用作功率开关，具有开关频率高、输入电流小、控制电流大的特点，兼有晶体管开关和可控硅的优点。其典型电路如图 5.37(d)所示。

3. 功率接口电路应用实例——四相平板式横向磁场永磁电机绕组功率驱动电路

横向磁场永磁电机是一种各相完全独立和解耦特殊直流无刷永磁电机，而四相平板式横向磁场永磁电机为四相对称结构，即电机每相定、转子形状以及定子绕组完全相同，且其四相电压大小相等，各相相差 45° 电角度。

四相平板式横向磁场永磁电机调速系统控制器为 TMS320F2812。通过 TMS320F2812 产生 8 路 PWM 信号，经光电隔离器送入功率驱动芯片驱动功率开关管，控制 4 相绕组电压，驱动电机转动。其中，PWM1 与 PWM2 信号负责控制电机 A 相绕组，PWM3 与 PWM4 信号负责控制电机 B 相绕组，PWM5 与 PWM6 信号负责控制电机 C 相绕组，PWM7 与 PWM8 信号负责控制电机 D 相绕组，四相绕组控制驱动电路完全相同。

图 5.38 为 A 相绕组功率驱动接口电路，由 TLP521 光电耦合器、IR2101 功率驱动芯片、IRF730 功率开关管等构成。横向磁场永磁电机的工作电压为 110 V，功率驱动芯片 IR2101 和光电耦合器 TLP521 工作电压为 15 V。接口电路采用 4 个 IRF730 构成一组 H 型逆变桥电路，其中，IRF730 为 N 沟道场效应管，漏极—源极额定电压 U_{DSS} 为 400 V，漏极最大电流 I_D 为 5.5 A；功率驱动芯片 IR2101 是双通道、栅极驱动、高压、高速功率驱动器，其输入与 CMOS 和 LSTTL 电平兼容，可直接用来驱动工作母线电压为 600 V 的 N 沟道 MOSFET 器件，每片 IR2101 驱动 2 个 IRF730 功率开关管。

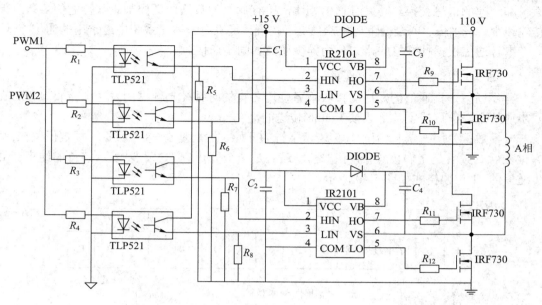

图 5.38   A 相绕组功率驱动接口电路

5.5   总 线 接 口

随着科技的发展，机电一体化系统不再只是一个独立的单元，而是逐步发展成多机、多层的网络控制系统，原有的机电一体化系统已经转换为整个控制网络的一个执行节点。机电一体化系统中，多机的连接通过满足某种特定通信协议的总线接口实现，其中以串行通信最为常见。

5.5.1   串行通信

通信是指计算机与外界的信息交换。根据交换数据的特点，通信分为并行通信和串行通信。并行通信中所传送数据的各位同时进行发送或接收；串行通信中所传送数据一位一位地依次发送或接收，如图 5.39 所示。

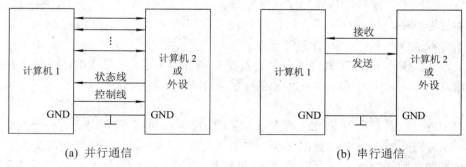

(a) 并行通信   (b) 串行通信

图 5.39   两种通信方式

并行通信数据为一个字节(Byte)或字节倍数，仅适用于外设与计算机之间进行近距离、大量和快速的信息交换。与并行通信相比，串行通信的数据传送控制比并行通信复杂，但传输线少、成本低、适合远距离传输且易于扩展，是机电一体化系统中最常用的通信方式。

串行通信根据帧信息的格式分为异步通信和同步通信。

1. 异步通信

异步通信是指通信的发送与接收设备使用各自的时钟控制数据的发送和接收过程。在异步通信中，数据或字符是逐帧(Frame)传送的。

一帧数据先用一个起始位"0"表示字符的开始，然后是 5～8 位数据，规定低位在前，高位在后，其后是奇偶校验位(可省略)，最后是一个停止位"1"，以表示字符的结束。异步通信的 11 位帧格式如图 5.40 所示。

图 5.40　异步通信的 11 位帧格式

2. 同步通信

在同步通信中，发送方在数据或字符开始处用同步字符(常约定 1～2 个字节)来指示一帧的开始，以实现发送端和接收端同步，接收方一旦检测到约定同步字符就开始接收，发送方连续、顺序地发送 n 个数据。当数据传送完毕后，发送 1～2 字节的校验码。同步通信传送格式如图 5.41 所示。

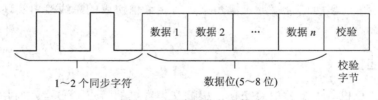

图 5.41　同步通信传送格式

同步通信的数据传输速率通常可达 56 Mb/s 或更高。但同步通信要求发送时钟和接收时钟保持严格同步，硬件设备较异步通信复杂。

在串行通信中，数据在两机之间传递。按照数据的传送方式，串行通信可分为单工、半双工、全双工 3 种制式，如图 5.42 所示。

单工方式：在 A 机和 B 机之间只允许数据在单方向传送。在图 5.42(a)中，A 机只能作为发送器，B 机只能作为接收器，数据流的方向只能从 A 机到 B 机，因而两机之间只需一条数据线。

半双工方式：A 机和 B 机均具有发送和接收的能力，但它们之间只有一个通信回路，同一时刻仅能进行一个方向的数据传送。在图 5.42(b)中，A 机、B 机既可作为发送器，又可作为接收器。数据流的方向可以从 A 机到 B 机，也可从 B 机到 A 机，但只能分时发送和接收。

全双工方式：A 机和 B 机之间具有两根数据线，支持数据流在两个方向同时传送。如图 5.42(c)所示，在同一时刻当 A 机向 B 机发送时，B 机也向 A 机发送，实际上为两个逻辑上完全独立的单工数据通路。

串行通信中无论何种制式，两机之间必须连接公共地线。

图 5.42　串行通信方式

5.5.2　串行通信标准总线

在机电一体化系统中，不同设备之间的数据传输不仅需要通过电缆实现物理连接，也需要满足特定数据通信规范。为了降低机电一体化系统通信接口的设计难度，采用总线标准可实现通信接口设计标准化、通用化。只要采用同一接口标准，通信双方无须了解对方的内部结构即可进行软件、硬件设计，为设计人员带来了极大的方便。

1. RS-232C 接口

RS-232 接口标准是美国电子工业协会(Electric Industry Association，EIA)于 1969 年制定的，最初是作为数据终端设备和数据通信设备(DCE)之间互相连接与通信而使用的。随着计算机的普及应用，它作为计算机系统接口被广泛用于计算机系统、外部设备或终端之间的通信。目前，RC-232 接口主要采用 RS-232C 标准，使用 9 针 D 型连接器，其结构和引脚分布如图 5.43 所示。

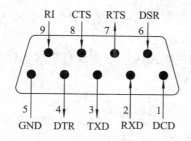

图 5.43　RS-232C 9 针 D 型连接器的结构及引脚分布

RS-232C 采用负逻辑电平(即 EIA 电平)，规定 DC −15～−3 V 为逻辑"1"，DC +3～+15 V 为逻辑"0"，−3～+3 V 为过渡区，不作定义。由于 RS-232 早于 TTL 集成电路，因此其逻辑电平不同于 TTL 逻辑电平(逻辑"1"的电平大于 2.4 V；逻辑"0"的电平小于 0.4 V)。但计算机内的大多数 I/O 接口芯片采用 TTL 电平，显然，两者之间不能直接连接，必须加电平转换电路。常用的 EIA/TTL 电平转换芯片有 MC1488、MC1489。MC1488 的供电电压为 ±12 V，可将 TTL 电平转换为 EIA 电平，MC1489 的供电电压为 +5 V，能把 EIA 电平转换为 TTL 电平。MC1488 和 MC1489 的逻辑功能如图 5.44 所示。

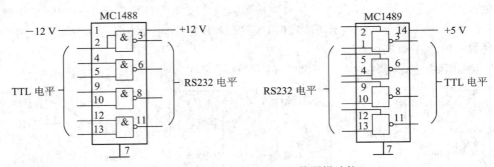

图 5.44　MC1488 和 MC1489 的逻辑功能

MAX232 是 MAXIM 公司生产的包含两路接收器和驱动器的 IC 芯片,其内部具有电压倍增电路和转换电路,可以把输入的 +5 V 电压变换成为 RS-232C 输出电平。该芯片只需外接 +5 V 电源和 5 个电容即可工作,具有良好的适应性。MAX232 连线图如图 5.45 所示。

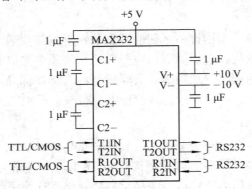

图 5.45　MAX232 连线图

单片机与计算机之间采用 MAX232 芯片的串行通信接口电路如图 5.46 所示。该电路选用 MAX232 芯片两路发送接收端中的任意一路作为串行通信接口,但需要保证发送和接收的引脚互相对应。采用 T1IN 引脚接单片机的 TXD,则 PC 的 RS-232C 接收端连接至芯片的 T1OUT 引脚。R1OUT 接单片机的 RXD 引脚,相应的 PC 的 TXD 应接到芯片的 R1IN 引脚。5 个电容和 V+、V– 用于实现电压变换,且电容为钽电容,典型值一般为 1 μF。

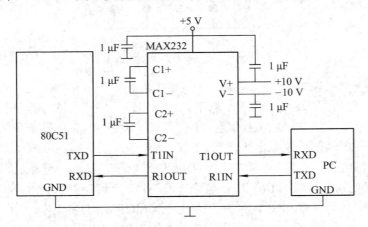

图 5.46　单片机与计算机的串行通信接口电路

2. RS-422A 和 RS-485 接口

RS-422A 接口标准的全称是"平衡电压数字接口电路的电气特性",该接口采用全双工传输。由于传输信号为两对平衡差分信号线,故 RS-422A 的传输距离长,最大传输距离可达到 1200 m,最大传输速率为 10 Mb/s。相较于 RS-232C,RS-422A 收发双方的信号地不再共用。

与 RS232C 类似,RS-422A 与 I/O 口两者之间不能直接连接,必须加电平转换电路。将 TTL 电平转换成 RS-422A 电平的常用芯片有 MC3487、SN75174 等;将 RS-422A 电平转换成 TTL 电平的常用芯片有 MC3486、SN75175 等。典型的转换电路如图 5.47 所示。

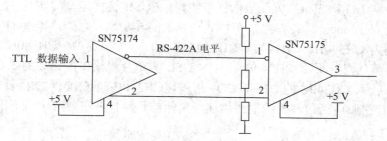

图 5.47 RS-422A 接口的电平转换电路

RS-485 是 RS-422A 的变形,它与 RS-422A 的区别是 RS-485 为半双工,采用一对平衡差分信号线。RS-485 的信号传输采用两线间的电压来表示逻辑 1 和逻辑 0,数据采用差分传输,抗干扰能力强,传输距离可达到 1200 m,传输速率可达 10 Mb/s。驱动器输出电平在 −1.5 V 以下时为逻辑 1,在 +1.5 V 以上时为逻辑 0。接收器输入电平在 −0.2 V 以下时为逻辑 1,在 +0.2 V 以上时为逻辑 0。通常使用芯片 MAX485 来完成 TTL/RS-485 的电平转换。

3. USB 总线

USB(Universal Serial Bus,通用串行总线)是由 Intel 和 Microsoft 开发的一种高速串行传输总线,它使用标记分别为 D+ 和 D− 的双绞线采用半双工差分信号传输数据。常用 USB 外形如图 5.48 所示。差分传输是区别于传统的一根信号线和一根地线的一种传输方法,信号在两根线上都传输,这两个信号的振幅相等、相位相反,信号接收端比较这两个信号电压的差值来判断发送端发送的是逻辑 0 还是逻辑 1。差分信号互相参考,没有公共地,可以有效抵制共模信号,抵消长导线的电磁干扰。

USB1.0-2.0A   USB1.0-2.0B   USB3.0A

图 5.48 USB 接口的外形

USB 具备以下几方面的特点:

(1) USB 设备安装和配置简单。

(2) 相对于 RS-232C 传输速度快。USB2.0 协议支持的最高传输速率为 480 Mb/s;USB3.0 的最大传输带宽高达 5.0 Gb/s。

(3) USB 具有控制模式、同步传输、中断传输和批量传输 4 种传输模式,可适应不同设备的需要,且使用 USB 接口允许连接多个不同的设备。

(4) USB 接口具有很强的可扩展性，一个 USB 口理论上可以连接 127 个 USB 设备，且连接方式十分灵活。

(5) USB 采用总线独立供电，USB 接口可以对 USB 设备提供电源，其最大电压为 5 V，电流为 500 mA。

目前，USB 接口是计算机上的常备接口，与 USB 接口设备连接时，通常具有即插即用的特点。但是大多数单片机并未设置 USB 接口，因此，USB 设备与单片机连接需增加接口电路。USB 与单片机接口中常采用 CH340 系列 USB 总线转接芯片。CH340 可实现 USB 转串口、USB 转 IrDA 红外(红外线数据标准协议)或 USB 转打印口的功能。在串口方式下，CH340 能够提供 Modem 联络信号，可扩展计算机的异步串口。CH340 具有 4 种型号的转换芯片，分别为 CH340B、CH340T、CH340R 和 CH340G。其中，CH340B 为每个芯片设置产品序列号等信息。采用 CH340B 芯片的 USB 与单片机接口电路如图 5.49 所示。USB 引脚 D−、D+ 接入 CH340B 的 UD−、UD+ 引脚，CH340B 的 TXD、RXD 直接连接单片机的 RXD、TXD 引脚；两边芯片的地线相连，其他信号线根据需要选用，不用可悬空。

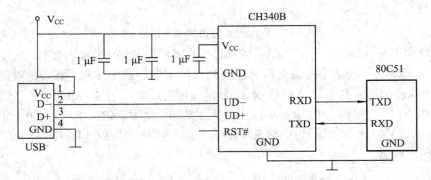

图 5.49　USB 与单片机接口电路

习题与思考题

1. 简述机电一体化系统接口设计的重要性。
2. 简述机电一体化系统的接口分类及其特点。
3. 利用 74LS138 译码器设计产生地址为 340H～347H 的全译码电路。
4. 利用 74LS138 与定时器/计数器芯片 8253 设计部分译码电路
5. 什么是键盘抖动？如何实现消抖处理？
6. LED 数码显示管的显示方法有几种？
7. 在机电一体化系统中，控制器为 80C51，利用 74LS164 设计 5 位 LED 显示电路，画出接口逻辑，并简述工作原理。
8. 简述 A/D 转换器和 D/A 转换器的工作原理，说明其主要参数指标。
9. 用电机转速传感器 K76-J3V2500B30(参数详见 4.2.1 节)设计转速信号接口电路，简述设计方案。
10. 简述串行通信传送方式及其特点。

第 6 章 计算机控制技术

随着微电子技术和计算机技术的发展，计算机在速度、存储、位数、接口和系统应用软件等方面的性能都有了很大提高。同时，批量生产以及技术进步使得计算机的成本越来越低，使得计算机的软硬件在机电一体化系统中的占比越来越大。计算机因其优越的特性被广泛应用于工业、农业、国防及日常生活中。例如，数控机床、工业机器人、无人机等。计算机控制技术是自动控制技术和计算机技术相结合的产物，对控制系统的性能、结构以及相关控制理论产生了深远的影响。

机电一体化产品与非机电一体化产品的本质区别在于前者具有计算机控制系统，将来自不同传感器的检测信号进行采集、存储、分析、转换和处理，然后根据处理器结果发出指令，控制整个系统运行。同模拟控制器相比，计算机能够实现更加复杂的控制算法，并具有更好的柔性和抗干扰能力。

6.1 概　　述

6.1.1 计算机控制系统基本结构

典型计算机控制系统的基本结构框图如图 6.1 所示。

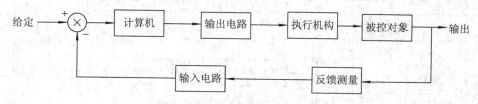

图 6.1　计算机控制系统基本结构框图

由图 6.1 可知，计算机完成比较运算、控制输出等功能。由于计算机的输入和输出信号都是数字信号，而反馈测量元件输出多数为模拟信号，执行机构多数也只能接收模拟信号，因此需要使用 A/D 转换器(输入电路)将模拟信号转换为数字信号，以及用 D/A 转换器(输出电路)将数字信号转换成模拟信号。例如，采用光电盘测速装置时，需要使用计数器方式的输入电路；采用步进电机作为执行机构的控制系统，需要控制电机的脉冲输出电路。

计算机控制系统的控制过程可归纳为三个步骤：

(1) 实时采集数据。该步对系统输出(被控对象)的瞬时值进行检测，并输入计算机中进行处理。

(2) 实时决策。该步对实时给定的值与被控参数的数据按已定的控制规律，进行运算和推理，决定控制过程。

(3) 实时控制。该步根据决策实时地向执行机构发出控制指令。

上述过程中，信号的输入、运算和输出都在一定的时间(采样间隙)内完成。通过不断地执行上述过程，使整个系统能按照一定的静态和动态的指标工作，这就是计算机控制系统最基本的功能。

6.1.2 计算机控制系统的组成

计算机控制系统与一般计算机系统相同，均由硬件和软件两大部分组成。硬件由运算器、控制器、存储器、输入设备、输出设备及外部设备等组成。运算器的主要功能是对数据进行各种运算；控制器则是整个计算机系统的控制核心，指挥计算机各个部分协调工作，对各个参数进行巡回检测，保证计算机按照程序规定的目标和步骤有条不紊地进行操作及处理；输入设备和输出设备统称为 I/O 设备，用来向计算机输入各种原始数据和输出计算机加工处理的结果。控制计算机与一般的计算机系统的主要区别在于其 I/O 设备更加丰富，I/O 接口的可扩展性更强，系统具有更好的电磁兼容性能和更高的可靠性。

1. 硬件组成

硬件由计算机主机、接口电路及外部设备等组成，如图 6.2 所示。受控对象的被测参数经过传感器、变送器转换成统一的标准信号，再经过多路开关送到 A/D 转换器进行模拟/数字转换，转换后的数字量经过接口(模拟量输入通道)送入计算机。除此之外，有些被测参数为数字量、开关量或脉冲量，可以通过相应接口直接加载至计算机。

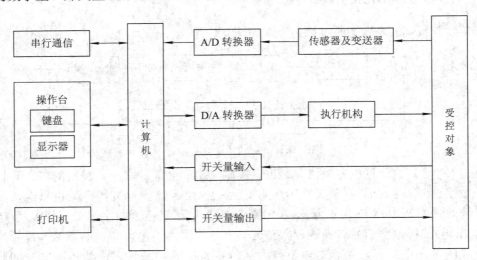

图 6.2 计算机控制系统组成

1) 主机

由 CPU、时钟电路、内部存储器构成的计算机主机是整个计算机控制系统的指挥部，可以接收操作台传来的命令，对系统控制参数进行巡回检测，执行数据采集、数据处理、逻辑判断、控制量计算、超限报警等，并根据计算的结果通过接口发出输出命令。随着微处理技术的快速发展，控制对象和要求有所不同，针对工业领域相继开发出了一系列工业控制计算机，如单片机、PLC、工控机、分布式计算机控制系统等，这些计算机控制系统弥补了一般商用计算机的缺点，更加适用于工业控制环境，同时也提高了机电一体化系统的自动化程度。

2) 输入/输出通道(接口)

输入/输出通道(接口)是计算机主机与被控对象进行信息交换的桥梁，分为模拟量输入/输出通道和数字量输入/输出通道。模拟量输入/输出通道主要是进行模拟-数字转换和数字-模拟转换。由于实际应用场景中，计算机只能处理数字信号，要先经过传感器和变送器将获得的模拟量参数转换成数字量，才能输入计算机，而计算机的数字量则需经过数字-模拟转换为模拟信号或输出到执行机构，以实现生产环境过程的控制作用。

3) 外围设备

外围设备的主要作用是扩大计算机主机的功能。在计算机控制系统中，最基本的外围设备是操作台，它是人机交互联系的纽带。外围设备可发出各种操作命令，显示控制系统的工作状态和数据，并可输入各种数据。外围设备一般包括各种控制开关、指示灯、数字键、功能键、打印机、键盘及显示器等，用来打印、记录、显示和存储各种数据。

此外，计算机控制系统还常配有串行通信口，用于和上级计算机进行通信。

4) 执行机构和传感器

计算机控制系统通常使用各类传感器将各种被测参数转变为数字信号，再通过变送器转换成统一电平送至计算机中。同时，接收计算机的输出信号控制执行机构完成相应的操作。常用的执行机构有电动、液压和气动等形式。

2. 软件组成

软件是指用于完成操作、监控、控制、管理、计算和自我诊断等各个功能的程序的总称。一般将计算机控制软件按功能分为系统软件、应用软件两大类。

1) 系统软件

系统软件是指用来管理计算机本身的资源和便于用户使用计算机的软件，它们一般由计算机制造厂商提供，用户只需了解并掌握使用方法，或根据实际需要进行适当的二次开发。常用的系统软件包括操作系统和开发系统(汇编语言、高级语言、数据库、通信网络软件等)。

2) 应用软件

应用软件是用户根据要解决的具体控制问题而编制的控制和管理程序，如数据采集和滤波程序、控制程序、人机接口程序、打印显示程序等。其中，控制程序是应用软件程序的核心。

在计算机控制系统中，软件和硬件并不是独立存在的，二者需要相互之间的有机配合和协调，才能拥有满足实际生产要求的高质量控制系统。

6.1.3 计算机控制系统的特点及要求

随着现代工业控制系统复杂性的增加，对计算机控制系统的要求也越来越高。除了基本的计算机性能、存储性能和实时性外，对计算机接口控制系统的可靠性、接口形式等也做了进一步的增强，以满足实现连续控制系统难以实现的更为复杂的控制规律，如非线性控制、逻辑控制、自适应和自学习控制等。

1. 接口功能完备及可扩展性

控制计算机相当于机电一体化系统的大脑，需要处理信息以及发送一系列指令，因此必须包含各种信息的输入/输出接口。由于数据采集过程中使用的传感器不同，其输出的数字信号形式也不尽相同。因此，为满足不同信号形式，计算机控制系统应配置不同的输入接口电路，如 A/D 转换器电路、数字输入接口电路、高速脉冲输入接口电路和并行(串行)通信接口电路等。

同样，对于不同的执行机构所需要的控制信号也不尽相同，控制计算机也应配置具有相应功能的输出接口电路，如 D/A 转换接口电路、数字输出接口电路等。同时，为满足操作人员使用方便，控制计算机还需要相应的人机接口设备，这些设备包含键盘、鼠标、接触屏、显示器等，其接口电路繁简不等。

2. 实时控制功能和高精度

控制计算机应具备时间驱动和事件驱动的能力，要能对生产过程进行实时监视和控制，因此控制计算机应具备完整的中断系统、系统时钟及高速数据通道，以保证对被控对象的状态、参数变化及紧急情况具有迅速响应的能力，并能够实时地在主机与被控对象之间进行信息交换。

同时，满足实时性要求外，控制计算机的数据精度要与传感器和控制器的精度相匹配。数据精度一般使用字长表示，即微处理器内部数据总线上一次处理二进制代码的长度，微处理器的字长越长，其所能表达数据的精度就越高。在选择微处理器字长时既要考虑实际需求，也要考虑成本因素。

3. 较强可靠性、适应性和抗干扰能力

工业生产过程通常是不间断进行，一般的生产设备要几个月甚至一年才能进行设备维护，而在工业现场环境中，电磁干扰十分严重，此时控制计算机就必须具有非常高的可靠性和电磁兼容性，对各种突发事件、环境具有很强的抗干扰能力。此外，控制计算机还应对高温度、高湿度、振动冲击、灰尘等恶劣作业环境具有很强的适应性。

6.1.4 计算机控制系统的分类

计算机控制系统与其所控制的对象密切相关，所控制的对象及要求不同，其控制系统也不同。

1. 按控制装置分类

由于微型计算机的循序发展，当今的机电一体化系统大多采用计算机作为控制器，如

单片机、工业 PC、普通 PC 和 PLC 等，表 6.1 给出了各种计算机控制系统的性能比较。

表 6.1   各种计算机控制系统性能比较

比较项目	系 统 类 型				
	单片机控制系统	基于 PC 的控制系统		基于 PLC 的控制系统	
		普通 PC 系统	工业 PC 系统	中小型 PLC 系统	大型 PLC 系统
系统组成	自行开发	按要求配置各个功能接口板卡	整机已系统化，外设需另行配置	按要求选择主机和扩展单元	
系统功能	简单的处理功能和控制功能	数据处理功能强大	具备完整的控制功能	逻辑控制为主	复杂多点控制
程序语言	汇编语言为主，也可使用高级语言	汇编语言和高级语言均可	高级语言为主	梯形图	支持多种高级语言
人机界面	较差	好	很好	一般	好
执行速度	快	很快	很快	一般	很快
抗干扰能力	较差	一般	好	很好	很好
环境适应性	较差	差	一般	很好	很好
应用场合	智能仪表/简单控制	实验室环境的信号采集和控制	较大规模工业现场控制	一般规模工业现场控制	大规模工业现场控制
开发周期	较长	一般	一般	短	短
成本	低	较高	高	中	很高

2. 按控制计算机应用方式分类

1) 操作指导控制系统

操作指导控制系统又称为数据处理系统(Data Processing System，DPS)。它是指计算机的输出不直接用来控制对象，而只是对系统过程参数进行收集、加工处理，并根据一定的控制算法计算出最优操作方案和最佳设定值，由操作人员根据计算的输出信息(如 CRT 显示图形或数据、打印机输出、报警等)，去改变调节器的设定值或直接操作执行机构，其系统组成框图如图 6.3 所示。这种系统的优点是结构简单、安全可靠；缺点是需要由人工操作，速度受到一定的限制。操作指导控制系统常用于数据检测处理、试验新的数学模型和调试新的控制程序，尤为适合控制规律尚不明确的系统，常常被用于计算机控制系统的初期研发阶段，或者是新的控制算法或控制程序的试验和调试阶段。

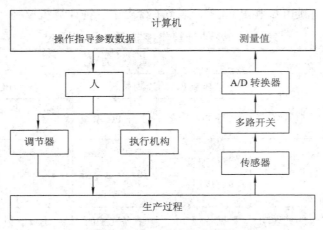

图 6.3 DPS 系统组成框图

2) 直接数字控制系统

直接数字控制(Direct Digit Control，DDC)系统与操作指导控制系统不同，它将计算机的运算和处理结果直接输出并作用于生产过程。这类控制系统是计算机用于工业生产过程控制的最典型的一种系统，广泛应用于热工、机工、机械、冶金等中，其系统原理图如图6.4 所示。DDC 系统中的计算机参与闭环控制，完全取代了模拟调节器实现多回路的 PID 控制，并且只通过改变程序就能实现复杂的控制规律，如串级控制、前馈控制、非线性控制、自适应控制、最优控制等。

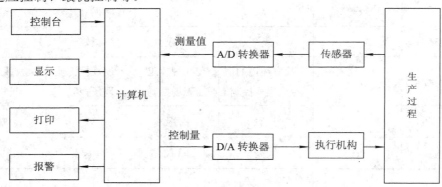

图 6.4 DDC 系统组成框图

3) 监督计算机控制系统

监督计算机控制(Supervisory Computer Control，SCC)系统是指计算机根据实际生产工艺参数和过程参数检测值，按照预定的控制算法计算出最优设定值，直接传送给模拟调节器或者 SCC 系统，最后由模拟调节器或 SCC 系统控制生产过程。图 6.5 为 SCC 系统的构成示意图。由图可知，SCC 系统中计算机输出值并没有直接控制执行机构，而是作为下一级的设定值，该系统并不参与输出控制，旨在控制规律的修正与实现。SCC 系统相较于 DDC 系统更接近生产过程的实际情况，不仅可以进行给定值的控制，而且可以进行顺序控制、最优控制及自适应控制等。由于采用了两级控制形式，因此当上一级出现故障时，下一级仍可独立执行控制任务，故此控制系统可靠性极高。

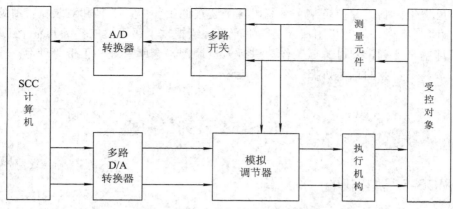

图 6.5　SCC + 模拟调节器系统构成

4) 分布式计算机控制系统

在实际生产过程中既存在控制问题，也存在大量的管理问题。以前由于计算机价格昂贵，计算机控制系统往往采用集中控制的方式，这样既能完成生产过程中各个环节的控制功能，又能完成生产的管理工作，可充分利用昂贵的计算机资源。但由于任务过于集中，一旦计算机出现故障，将会涉及其他环节的功能，影响全局。随着工业生产的规模不断扩大、对控制和管理的要求也日益提高，因此出现了采取分散控制、集中操作、分级管理原则的分布式计算机控制系统(Distributed Control System，DCS)。

DCS 采用多层分级的结构形式，使用多台计算机分别执行不同的控制和管理功能，具有灵活方便、可靠性高、功能强等特点。图 6.6 为一种四级的分布式计算机控制系统。其中，装置控制级(DDC 级)对生产过程进行直接控制，如进行 PID 控制或模糊控制时，使所控制的生产过程在最优化的状态下工作。有时也能完成各种数据采集功能，通常使用单片机组成。车间控制管理级(SCC 级)根据厂级下达的指令以及装置控制级获取被控对象的数

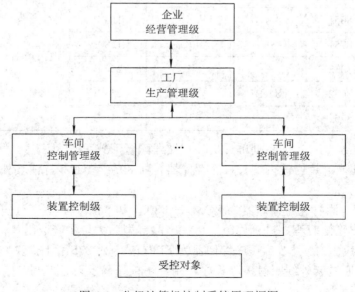

图 6.6　分级计算机控制系统原理框图

据，进行最优化控制，并担负整个系统内各个装置的工作协调控制和对装置控制级进行监督，一般由 PC 等微型计算机组成。工厂生产管理级根据上级下达的任务和整个工厂(系统)的情况制订生产计划，安排本厂工作，进行人员调配、仓库管理和工资管理等。企业经营管理级负责整个企业的总体协调、经营决策等。

6.2 MCS-51 系列单片机

6.2.1 MCS-51 单片机的内部结构

目前，单片机的结构有两种类型：一种采用通用计算机广泛使用的程序存储器(ROM)与数据存储器(RAM)统一编址的结构，即普林斯顿(Princeton)结构，依靠指令来区分访问程序存储器和数据存储器，这类结构数据吞吐率较低；另一种是程序存储器(ROM)和数据存储器(RAM)独立编制形式，即哈佛(Harvard)结构，将程序和数据存储在不同的存储器中独立访问，使取指令和执行指令能重叠运行，这种结构的数据吞吐率得到了显著提高。本书所讨论的 MCS-51 系列单片机采用哈佛结构设计，其内部 CPU、I/O 接口及存储器的结构均相同，只是存储器的容量及半导体制造工艺不同。各种芯片程序存储器(ROM)和数据存储器(RAM)容量比较如表 6.2 所示。

表 6.2 MCS-51 系列单片机存储器容量对比

系列		片内存储器			片外存储器	
		ROM		RAM	EPROM	RAM
		掩膜	EPROM			
51 子系列	8031	—	—	128 B	64 KB	64 KB
	8051	4 KB	—	128 B		
	8751	—	4 KB	128 B		
52 子系列	8032			256 B		
	8052	8 KB	—	256 B		
	8752	—	8 KB	256 B		

由表 6.2 可知，MCS-51 系列单片机按存储器配置形式可分为三种类型。

(1) 无 ROM 型：片内没有配置程序存储器，如 8031 和 8032，需要外接 EPROM 来存放程序，使用较灵活。

(2) ROM 型：片内程序存储器为 ROM，如 8051 和 8052。在生产过程中由厂家将程序写入 ROM，用户无法对程序进行修改，可在产品定型后大量生产选用。

(3) EPROM 型：这类芯片程序存储器为 EPROM，如 8751 和 8752。它利用高压脉冲写入程序，也可通过紫外线照射擦除程序，用户可根据需求自行改写，常在实验和科研活动中选用。

MCS-51 系列单片机包括中央处理器(CPU)、程序存储器(ROM)、数据存储器(RAM)、定时器/计数器、64 位总线扩展控制接口、可编程 I/O 接口、可编程全双工串行接口和中断系统等几大单元，其功能结构示意图如图 6.7 所示。

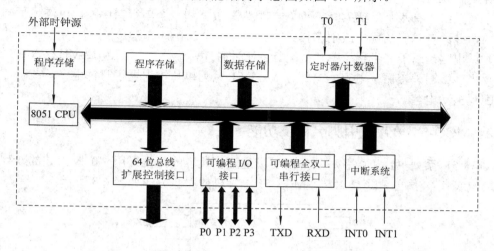

图 6.7　8051 单片机功能结构示意图

中央处理器(CPU)：整个单片机的核心部件是 8 位数据宽度的处理器，能够处理 8 位二进制数据和代码。CPU 负责整个单片机系统的协调工作，完成算术运算、逻辑运算、输入/输出控制、中断处理等功能操作。

程序存储器(ROM)：共有 4096 个掩膜 ROM，一般大小为 4 KB，主要存放用户程序、原始数据或表格。

数据存储器(RAM)：有 128 个 8 位用户数据存储单元和 128 个专用寄存器单元，其中专用存储器只能用于存放控制指令数据，用户可以访问，但不能用于存放数据。RAM 划分为 4 个区，每个区的说明如表 6.3 所示。

表 6.3　数据存储器结构

存储区描述		地址范围
工作寄存区	工作寄存器区 0	00H～07H
	工作寄存器区 1	08H～0FH
	工作寄存器区 2	10H～17H
	工作寄存器区 3	18H～1FH
位寻址区		20H～2FH(位地址 00-7F)
用户数据区		30H～7FH
专用寄存器		80H～FFH

定时器/计数器：有两个 16 位的可编程定时器/计数器，实现定时或计数，产生中断用于控制程序转向。有些单片机还有一个 T2 定时器，用于自动重装载、波特率设置等场合。

可编程输入/输出(I/O)接口：有 4 组 8 位 I/O 接口(P0、P1、P2、P3)，主要用于与外部设备进行数据交换和控制。

全双工串行口：内置一个全双工串行通信口，用于与其他芯片或者 PC 设备的数据交换和控制。

中断系统：有两个外部中断、两个定时器/计数器和一个串行口中断，可满足不同的控制需求，并具有 2 级的优先级别选择。

时钟电路：用于产生整个单片机运行的脉冲时序，最高频率可达 12 MHz，MCS-51 系列单片机多数需外接振荡电容，但部分 MCS-51 系列单片机内置了时钟电路，此时片外不需要配置振动电容。

6.2.2 MCS-51 单片机引脚名称及功能

MCS-51 系列单片机中各种芯片的引脚是互相兼容的，常采用 40 脚封装的双列直接 DIP 结构或者 44 脚的 PLCC 封装，MCS-51 单片机的引脚分布如图 6.8 所示。

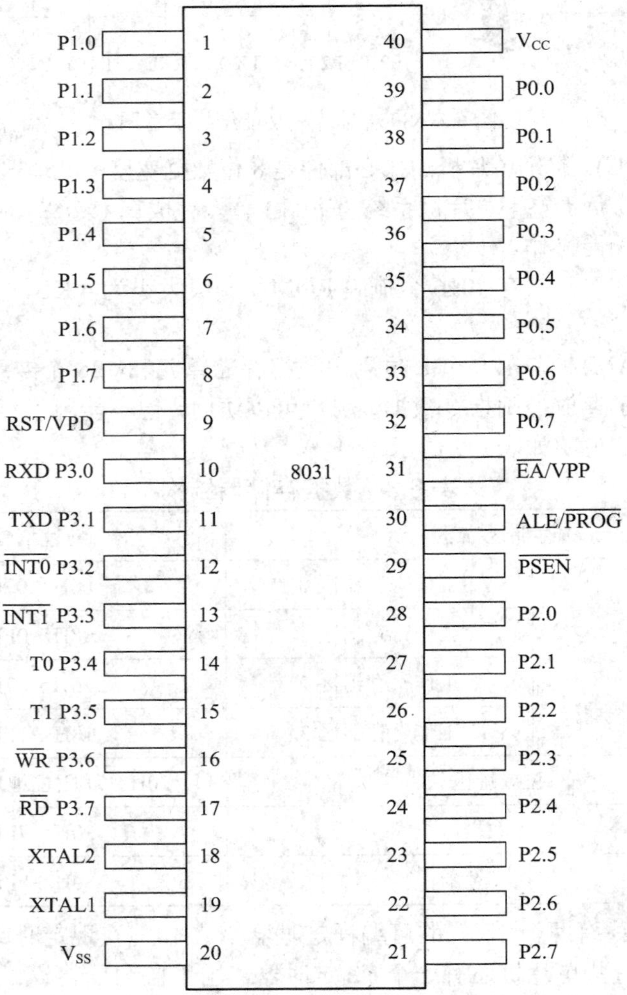

图 6.8　MCS-51 单片机的引脚分布

各个引脚功能说明如下。

1. 电源及时钟电路引脚

V_{CC}(40 脚)：电源引脚，正常工作或对片内 EPROM 烧写程序时接入 +5 V 电源。

V_{SS}(20 脚)：接地引脚。

XTAL1(19 脚)：时钟信号输入脚，在芯片内它是振荡电路反相放大器的输入端。采用外部时钟时，该引脚必须接地。

XTAL2(18 脚)：时钟信号输出脚，在芯片内它是振荡电路反相放大器的输出端。采用外部时钟时，该引脚输入外部时钟脉冲。

2. 输入/输出引脚

MCS-51 单片机有 4 组 8 位 I/O 口，分别为 P0、P1、P2 和 P3，其中 P0 口为 8 位漏极开路型双向 I/O 口，在访问片内存储器时，分时作低 8 位地址线和 8 位双向数据总线之用；P1 口为带有内部上拉电阻的 8 位双向 I/O 口；P2 口为带有内部上拉电阻的 8 位双向 I/O 口，在访问外部存储器时送出高 8 位地址；P3 口为带有内部上拉电阻的 8 位双向 I/O 口，因受到封装形式限制，P3 口除了一般 I/O 口的功能外，还具有第二功能，其引脚定义见表 6.4。在 DIP 封装中，引脚 39~32 为 P0.0~P0.7 输入/输出脚，引脚 1~8 为 P1.0~P1.7 输入/输出脚，引脚 21~28 为 P2.7~P2.0 输入/输出脚，引脚 10~17 为 P3.0~P3.7 输入/输出脚。

表 6.4　P3 口第二功能

引脚	第二功能
P3.0	串行输入口(RXD)
P3.1	串行输出口(TXD)
P3.2	外部中断 0(INT0)
P3.3	外部中断 1(INT1)
P3.4	定时/计数器 0 的外部输入口(T0)
P3.5	定时/计数器 1 的外部输入口(T1)
P3.6	外部数据存储器写选通(WR)
P3.7	外部数据存储器读选通(RD)

3. 控制信号引脚

RST/VPD(9 脚)：RST 为复位信号输入端，高电平有效。当此输入端保持两个机器周期的高电平时，可以完成复位操作。引脚 9 的第二个功能是 VPD，即备用电源的输入端，当主电源 V_{CC} 发生故障或电压值降低到低电平规定值以下时，将 +5 V 电源自动接入引脚 9，为 RAM 提供备用电源，以保证 RAM 中的信息不丢失，复位后能继续正常工作。

ALE/$\overline{PROE}$ (30 脚)：地址锁存允许信号端。当 51 系列单片机上电正常工作后，ALE 引脚不断向外输出正脉冲信号，此信号频率为振荡器频率的 1/6。CPU 访问片外存储器时，ALE 的输出信号作为锁存低 8 位地址的控制信号；CPU 不访问片外存储器时，ALE 端以振荡频率的 1/6 固定输出正脉冲，故 ALE 引脚端可作为对外输出时钟或定时信号。引脚 30 的第二个功能是在对片内带有 4 KB EPROM 的 8751 编程写入时，作为编程脉冲输入端。

$\overline{PSEN}$ (29 脚)：在访问片外程序存储器时，引脚 29 定时输出脉冲，作为读取片外存储器的选通信号端。

$\overline{EA}$ /VPP(31 脚)：作为外部程序存储器地址允许输入端和固化编程电压输入端。当 $\overline{EA}$ 引脚接通高电平时，CPU 只访问片内 EPROM/ROM，并执行内部程序存储器中的指令，仅当程序计数器的值超过 0FFFH 时，自动转去执行外部程序存储器内的程序。当 $\overline{EA}$ 引脚接低电平时，CPU 仅访问外部 EPROM/ROM，并执行外部程序存储器中的指令(不管是否存在片内程序存储器)。

6.2.3　MCS-51 单片机存储器结构

MCS-51 单片机的存储器结构在物理上设有四个存储器空间，即片内程序存储器、片外程序存储器、片内数据存储器和片外数据存储器。但由于片内、片外程序存储器采用统一寻址方式，故实际上只有 3 个逻辑空间，即片内、片外统一寻址的 64 KB 程序存储器地址空间、片内 256 B 数据存储器地址空间和片外 64 KB 的数据存储器地址空间，通过指令区分访问片内数据存储器还是片外数据存储器。在访问 3 个不同的逻辑空间时，所使用的汇编语言指令也不尽相同。例如 MOVC 指令可访问程序存储器，MOV 指令访问片内数据存储器，MOVX 指令访问片外数据存储器等。

片内数据存储空间在物理上又包含两个部分：对于 MCS-51 子系列(如 8031)，00H～7FH 为片内 RAM 存储空间，而 80H～FFH 仅其中 20 个字节用作特殊功能寄存器(SFR)空间，访问其他字节是无意义的；对于 52 子系列的单片机(如 8032 或 8052)，00H～7FH 的定义与 51 子系列相同，而 80H～FFH 则是片内数据存储器高端地址和特殊功能寄存器(SFR)端口地址的重叠区域。MCS-51 单片机存储空间配置如图 6.9 所示。

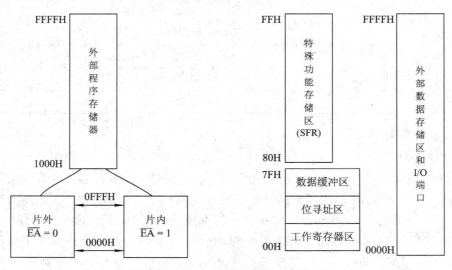

图 6.9　MCS-51 单片机存储空间配置

1. 程序存储器地址空间

程序存储器(Program Memory)主要用于存放应用程序和表格常数。MCS-51 单片机的整个程序存储器可以分为片内和片外两部分，CPU 访问外部 ROM 时，$\overline{\text{PSEN}}$ 脚上产生选通信号。CPU 读取片内/片外的指令由 $\overline{\text{EA}}$ 引脚所接收的电平决定。

(1) 当 $\overline{\text{EA}}$ 引脚为高电平时，CPU 可访问内部和外部 ROM，并且程序自片内程序存储器开始执行，PC 值超过片内 ROM 的存储容量时，则自动跳转片外程序存储器中的程序。

(2) 当 $\overline{\text{EA}}$ 引脚为低电平时，CPU 总是访问外部 ROM，且从 0000H 开始编址，系统全部执行片外程序存储器中的程序。

此外，MCS-51 的程序存储器中有 7 个单元具有特殊功能，其中 0000H 为 51 复位后的 PC 的初始地址；0003H 为外部中断 0 的入口地址；000BH 为定时器 0 溢出中断入口地址；0013H 为外部中断 1 入口地址；001BH 为定时器 1 溢出中断入口地址；0023H 为串行口中断入口地址；002BH 为定时器 2 溢出中断入口地址(8052 所特有)。

2. 数据存储器地址空间

数据存储器是单片机最灵活的地址空间，主要用于存放运算中间结果、数据缓冲、标志位以及待调试的程序。数据存储器在物理上和逻辑上都分为两个地址空间：一个是片内 256 B 的 RAM；另一个是片外最大可扩充 64 KB 的 RAM。片外数据存储器与片内数据存储器空间的低地址部分(0000H~00FFH)重叠，通常使用 MOV 和 MOVX 两种指令，来区分片内、片外 RAM 空间。

片内数据存储器在物理上又划分为两个不同的功能区。

(1) 00H~7FH 单元：低 128 B 的片内 RAM 区，访问时可采用直接寻址或间接寻址方式。

在低 128 B RAM 中，00H~1FH 共 32 个单元通常作为工作寄存器区，共分为 4 个组，每组由 8 个单元组成通用寄存器，分别为 R0~R7，如图 6.10 所示。每组寄存器均可选 CPU 作为当前工作寄存器，通过 PSW 状态中 RS1、RS0 的设置来改变 CPU 当前使用的工作寄存器。

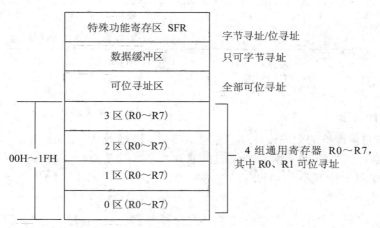

图 6.10　MCS-51 片内 RAM 组成

(2) 高 128 B 的 RAM：特殊功能寄存器(Special Function Register)。

MCS-51 单片机中共有 21 个专用寄存器 SFR，又称为特殊功能寄存器，这些寄存器分布在片内 RAM 的高 128 字节中。SFR 寄存器符号与含义如表 6.5 所列。

表 6.5 特殊功能寄存器符号与含义

符号	地址	含义
Acc	0E0H	累加器
B	0F0H	寄存器 B
PSW	0D0H	程序状态寄存器
SP	81H	堆栈指针
DPTR	82H，83H	数据指针寄存器，16 位，分为高 8 位 (DPH)和低 8 位(DPL)
IE	0A8H	中断允许控制寄存器
IP	0B8H	中断优先级控制寄存器
P0	80H	I/O 端口 0 寄存器
P1	90H	I/O 端口 1 寄存器
P2	0A0H	I/O 端口 2 寄存器
P3	0B0H	I/O 端口 3 寄存器
PCON	87H	电源控制与波特率选择寄存器
SCON	98H	串口通信控制寄存器
SBUF	99H	串口数据缓冲寄存器
TCON	88H	定时器/计数器控制寄存器
TMOD	89H	定时器/计数器工作模式控制寄存器
TL0	8AH	定时器/计数器 0 低 8 位
TH0	8CH	定时器/计数器 0 高 8 位
TL1	8BH	定时器/计数器 1 低 8 位
TH1	8DH	定时器/计数器 1 高 8 位

6.2.4 MCS-51 单片机编程基础

1. 程序设计语言

MCS-51 系列单片机的程序设计语言主要有 3 种：机器语言、汇编语言和高级语言(C51)。

在单片机中，机器语言是指完全面向机器并能被单片机直接识别和执行的语言。机器语言仅仅使用 0 和 1 这两个二进制代码指令、数字和符号，直接使用机器语言编写的程序称为机器语言程序。

汇编语言是一种符号化语言，它采用英文字符代替二进制代码，通常程序设计时，将这些英文字符称为助记符。所有的指令都是通过助记符来描述和标识的语言称为汇编语言，用汇编语言编写的程序即为汇编程序。汇编语言本质同机器语言一样，也是面向机器，即汇编语言编写的程序必须翻译成二进制机器语言后才能送给机器执行。在使用汇编语言进行编程时，每一个系列的单片机都有自己的专属汇编语言指令系统，相互之间并不通用。

　　高级语言的优点很多，以 C 语言为例，它易于读写和掌握，针对性较强，表达方式灵活，编写程序方便快捷，移植性好，可实现结构化设计，方便多人合作完成指定项目。

　　C 语言和汇编语言一样，所编写的程序都必须翻译成二进制机器语言才能送给机器执行。汇编语言是面向机器的语言类型，和底层硬件联系非常紧密，掌握了汇编语言程序设计，就能真正理解单片机的工作原理及软件对硬件的控制关系，这对初学者是至关重要的。本书以 MCS-51 系列单片机的 C 语言程序设计(C51)为突破口，介绍 C51 的基本特点、结构、编程基础，在学习单片机汇编语言程序设计的基础上阅读以下内容，对于理解和掌握会事半功倍。

2. MCS-51 高级语言程序编写基础

1) C51 语言程序设计

　　C 语言程序由若干条语句组成，语句以分号结束。C 语言是一种结构化程序设计语言，从结构上可以把程序分为顺序结构、循环结构和分支结构。

　　C51 语言中有一组相关的控制语句，用来实现分支结构与循环结构，包括分支结构语句 if、switch、case，循环控制语句 for、while、do-while、goto。

　　(1) 顺序结构。

　　顺序结构是 C 语言程序设计中基本的结构类型。例如，将片内 RAM 的 30H 单元存放一个 0～9 之间的数，用查表法获得该数的平方值并放入片内 RAM 的 31H 单元中。该 C 语言程序实现如下：

```
void main()
{   char data x, *p;
    char code tab[10]={ 0, 1, 4, 9, 16, 25, 36, 49, 64, 81};  /平方数存放在片内程序存储器/
    p=0x30;                          /指向片内 RAM30H 单元/
    x=tab[*p];                       /访问数据/
    p++;                             /指向 31H 单元/
    *p=x;                            /保存在 31H 单元/
}
```

　　(2) 循环结构。

　　循环结构(重复结构)是程序中的另一种基本结构，在 C 语言中用来构建循环控制语句有 while、do while、for 和 goto 语句。

　　例如：将片内 30H～39H 单元的数据传送到片外 RAM 的 1000H～1009H 单元中，用 C51 语句实现程序如下：

```
#include<absacc.h>          /存储器访问/
#define a 0x30              /片内 RAM 首地址/
#define b 0x1000            /片外 RAM 首地址/
void main()
{   unsigned char I;
    for(i=0; i<10; i++)
        XBYTE[b+i] = DBYTE[a+i];      /数据传送/
}
```

(3) 分支结构。

分支结构是一种基本的结构，其基本特点是程序的流程由多路分支组成，在程序的一次执行过程中，根据不同的情况，只有一条支路被执行，而其他分支上的语句被直接跳过。C 语言分支语句有以下几种形式：

① if 语句。其含义为：若条件表达式为真(非 0 值)，就执行后面相应的语句；反之，若条件表达式为假(0 值)，就不执行后面的语句。

② switch 语句。其基本结构为：

```
switch()
{
case  常量表达式 1：语句 1
    break;
    case  常量表达式 2：语句 2
    break;
default;
}
```

上述程序含义为：将 switch 后面表达式的值与 case 后面各个常量表达式的值逐个进行比较，若相等，就执行相应的 case 后面的语句，然后执行 break 语句。break 语句又称间隔语句，它的功能是终止当前语句的执行，使程序跳出 switch 语句。若遇到不相等的情况，则执行 default 后面的语句。

2) C51 语言中常用的库函数

C51 编译器中拥有相当丰富的库函数，使用库函数可以在程序设计时简化程序设计工作，提高工作效率。由于 MCS-51 系列单片机本身的特点，某一些库函数的参数和调用格式与 ANSI C 标准有所不同。每个库函数都在相应的头文件中给出了函数原型声明，用户如果需要使用库函数，必须在源程序的开始处采用编译预处理命令 #include 将有关的头文件包含进来。C51 的库函数又分为本征库函数和非本征库函数。在 MCS-51 系列单片机中，本征库函数只有 9 个，具体功能及名称见表 6.6。

表 6.6　MCS-51 系列单片机的本征库函数

函数名称及定义	函数功能说明
Extern unsigned char_crol_(unsigned char val, unsigned char n)	将 VAL 循环左移 n 位
Extern unsigned int_irol_(unsigned int val, unsigned char n)	将 VAL 循环左移 n 位
Extern unsigned long _lrol_(unsigned long val, unsigned char n)	将 VAL 循环左移 n 位
Extern unsigned char_cror_(unsigned char val, unsigned char n)	将 VAL 循环右移 n 位
Extern unsigned int_iror_(unsigned int val, unsigned char n)	将 VAL 循环右移 n 位
Extern unsigned long_lror_(unsigned long val, unsigned char n)	将 VAL 循环右移 n 位
Extern unsigned char_chkfloat_(float ual)	测试并返回 float 的状态
Extern bit_testbit_(bit bitval)	测试该位变量并跳转同时清除
Extern void _nop_(void)	相当于插入汇编指令 nop

　　C51 提供的本征库函数是指编译时直接将固定的代码插入当前行，而不是用 ACALL 和 LCALL 语句来实现，这样可以大大提高库函数的访问效率，而非本征库函数必须由 ACALL 和 LCALL 调用。

　　在使用本征库函数时，只需要在程序前端使用 #include<intrins.h>即可。

　　C51 还提供了丰富的库函数和相应的头文件，只需要用 #include 命令包含相应的库函数和头文件，就可以使用库函数中定义的函数或者头文件中定义的寄存器。

6.3　可编程逻辑控制器(PLC)

　　可编程逻辑控制器(PLC)是在继电器逻辑控制基础上发展而来的，由于其特殊的性能，正在逐步取代继电器控制，在电气传动控制领域内已经得到了广泛应用。可编程逻辑控制器采用可编程存储器作为内部指令记忆装置，具有逻辑、排序、定时、计数及算术运算等功能，并通过数字或模拟输入/输出模块控制各种形式的机械或生产过程。

6.3.1　PLC 的硬件组成

　　不同型号的可编程逻辑控制器，其内部和各个功能不尽相同，但主体结构形式大体相似，其基本结构与计算机类似，均以中央处理器为核心。PLC 的基本结构如图 6.11 所示，包括中央处理器(CPU)、存储器、输入/输出单元、电源、通信接口等。通过 CPU 模块或通信模块上的通信接口，PLC 被连接到通信网络上，可以与其他外部设备或 PLC 通信。

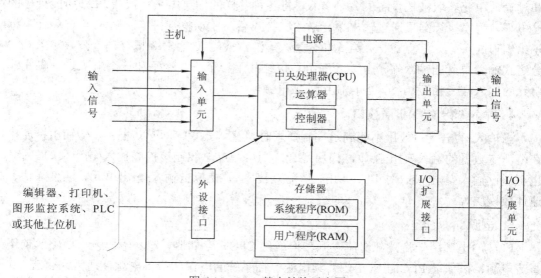

图 6.11　PLC 基本结构示意图

1. 中央处理器(CPU)

　　中央处理器(CPU)是 PLC 的核心部件，其作用类似于人体的神经中枢，是 PLC 的运算与控制中心，它包括微处理器和控制接口电路两部分。其主要任务是按照系统程序的要求，接收并存储由编程器键入的用户程序和数据，以扫描的方式接收现场输入设备的状态和数据。CPU 芯片的性能与 PLC 处理信息的速度和能力息息相关。目前 PLC 使用的 CPU 主要分为以下几种。

(1) 通用微处理器，例如 8080、8086 等，其特点是价格便宜，通用性强。

(2) 单片机，例如 Intel 公司的 8051、摩托罗拉公司的 68HC 系列等，其特点是集成度度高、体积小、可扩充性好，适用于小型机。

(3) 位片式微处理器，例如 AMD2900 系列等，其特点是可以使用多个微处理器，将任务划分为多个平行处理的部分，多个微处理器同时处理，适用于高速运算的 PLC。

2. 存储器

PLC 的存储器分为只读存储器(ROM)和随机存储器(RAM)两种，主要用于存放程序、变量和各种参数。用户程序由编程器写入 PLC 的 RAM 中，如在调试中发现错误，可用编程器进行修改，无误后再将 RAM 中的程序写入 ROM 中。另外，PLC 的操作系统程序、用户解释程序、系统诊断程序、管理程序、键盘输入处理程序等一般均固化在 ROM 中。目前，常用的 ROM 有 EPROM、E^2PROM 和 FEPROM。EPROM 为可擦除可编程只读存储器，只能用紫外光线擦除；E^2PROM 和 FEPROM 为电可擦除可编程只读存储器，其区别在于 E^2PROM 按字节擦除，虽然灵活，但却复杂，导致成本提高，可靠性降低；FEPROM 可实现整片一次性擦除，适用于大数据量的更新。数据存储通常采用 RAM，存储 PLC 在工作过程中经常变化的数据，包括输入/输出数据、逻辑部件数据、中间变量等。

3. 输入/输出单元

输入/输出单元是 PLC 与工业设备信号连接的重要接口，是完成电平转换的桥梁。PLC 通过输入单元获取被控设备的各种参数，将各种各样的信息电平转换成 PLC 所能处理的标准电平，程序执行结果通过输出单元送给被控设备，驱动执行机构。输入/输出单元根据端子组织形式可分为汇点式、分组式和分隔式。汇点式输入/输出端子有一个公共端子 COM。分组式输入单元的输入端子分为若干组，每组共用一个公共端子和一个电源。分隔式输入单元的输入端子相互隔离，各自使用独立电源。

4. 输入/输出(I/O)扩展接口

当输入/输出接口数量不能满足控制要求时，整体式 PLC 可以通过输入/输出扩展接口获得一定数量的输入/输出接口，模块组合式则可通过总线连接扩展输入/输出接口。此外，也可通过输入/输出接口对 PLC 功能进行拓展，例如模拟量输入/输出单元、温度模块、高速计数模块等。

5. 电源

PLC 的电源用于将外部交流电源转换成供 CPU、存储器、输入输出接口电路等使用的直流电源，以保证 PLC 正常工作。其电源包括系统的电源和后备电源，通常为交流 220 V 或直流 24 V 输入，通过 PLC 电源单元，转换成 PLC 所需的不同等级的直流电源。对于箱体式 PLC，电源一般封装在基本单元的机壳内部；对于模块式 PLC，则采用独立的电源模块。此外，还可以使用锂电池作为备用电源，以保证外部供电中断时 PLC 内部信息不致丢失。

6.3.2　PLC 的工作方式、特点及性能指标

1. 工作方式

PLC 采用周期性循环扫描的工作方式,如图 6.12 所示。一般情况下,PLC 工作过程主要包括 CPU 自检、通信处理、读取输入、执行程序和输出刷新。在 CPU 自检阶段,系统程序检测 PLC 的主要部件,确定 PLC 自身的动作是否正常(如 CPU、程序存储器、通信等是否正常),如有异常,接通 CPU 面板上的 LED 及异常继电器,并在特殊寄存器中会存入出错代码;在通信处理阶段,CPU 与带微处理的功能模块通信,响应编程器输入的命令,更新编程器的显示内容;在读取输入阶段,PLC 对每个输入端子进行扫描,并依次读取输入状态和数据,并存入输入映像寄存器;在程序执行阶段,PLC 的用户程序由若干条指令组成,指令在存储器中按顺序排列,当 PLC 处于运行模式执行程序时,CPU 对用户程序按顺序机型扫描(例如,如果程序用梯形图表示,则按照先上后下、从左到右的顺序逐条执行程序指令);在输出刷新阶段,PLC 将输出映像寄存器中的通/断状态同时送入输出锁存器中,通过输出端子向外输出控制信号,驱动用户输出设备或负载,实现控制功能。PLC 采取扫描工作方式就是按照定义和设计、连续和重复地检测系统输入,求解目前的控制逻辑,以及修正系统输出。在典型的 PLC 扫描方式中,I/O 服务处于扫描周期的末尾,这种典型的扫描方式称为同步扫描。根据不同的 PLC 产品,扫描时间一般为 10～100 ms。此外,进行 I/O 服务的时间极短,而扫描周期的大部分时间的干扰都被挡在 PLC 之外,所以 PLC 扫描过程具有很强的抗干扰能力。在多数 PLC 中,都设有一个"看门狗"计时器,测量每一次扫描循环时间的长度,如果扫描时间超过了某预设的长度(例如 150～200 ms),它便会激发临界报警。

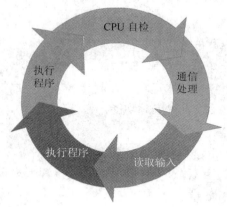

图 6.12　PLC 基本工作过程

PLC 采取扫描工作方式就是按照定义和设计、连续和重复地检测系统输入,求解目前的控制逻辑,以及修正系统输出。在典型的 PLC 扫描方式中,I/O 服务处于扫描周期的末尾,这种典型的扫描方式称为同步扫描。根据不同的 PLC 产品,扫描时间一般为 10～100 ms。此外,进行 I/O 服务的时间极短,而扫描周期的大部分时间的干扰都被挡在 PLC 之外,所以 PLC 扫描过程具有很强的抗干扰能力。在多数 PLC 中,都设有一个"看门狗"计时器,测量每一次扫描循环时间的长度,如果扫描时间超过了某预设的长度(例如 150～200 ms),

它便会激发临界报警。

PLC 的扫描工作方式是 PLC 与微型计算机的基本区别，此外，还有以下其他区别，具体表现为：

(1) 在理论上，微机可以通过编程形成 PLC 的多数功能，然而，通用微型计算机并不是专门为工业环境应用设计的，适应性不强。

(2) 微机与外部环境连接时，需要专门的接口电路板，而 PLC 带有各种 I/O 模块可供直接使用，且输入/输出线可达数百条。

(3) PLC 具有多种诊断能力，模块式结构，易于维修。

(4) PLC 可采用梯形图编程，编程语言简单直观，容易掌握。

(5) 虽然许多 PLC 可以能够接受模拟信号和进行简单的算术运算，但是在数学运算复杂时，PLC 是无法与通用微型机相比的。

2. PLC 的主要特点

目前，PLC 主要面向工业现场控制，其特点主要体现在以下几个方面。

1) 抗干扰能力强，可靠性高

传统的继电器控制系统使用大量的中间继电器、时间继电器等，由于线路复杂、连接点多、触点接触不良容易导致故障的发生；PLC 用软件代替中间继电器、时间继电器等，从而大大减少了硬件元件、触点及接线，大大减少了因接触不良导致的故障。此外，PLC 采用大规模集成电路，器件的数量少、故障率低、可靠性高，而且 PLC 本身配有自诊断功能，可迅速判断故障，从而进一步提高可靠性。PLC 通过设置光耦合电路、滤波电路和故障检测与诊断程序等一系列硬件和软件的抗干扰措施，有效地屏蔽了一些干扰信号对系统的影响，极大地提高了系统的可靠性。

2) 功能完善，通用性强

PLC 内部有成百上千个可供用户使用的编程"软元件"，其接线也是用户程序实现的软接线，可以根据需求灵活组合，方便实现定时、计数、锁存、比较、跳转和强制 I/O 等功能。PLC 不仅具有逻辑运算、算术运算、数制转换以及顺序控制等功能，而且还具有模拟运算、显示、监控、打印及报表生成等功能。

3) 简单易学、易于编程

PLC 的编程可采用与继电接触器电路极为相似的梯形图语言，直观易懂，只要熟悉继电接触器线路都能极快地进行编程、操作和程序修改，深受现场电气技术人员的欢迎。

4) 设计、安装、调试周期短、维修方便

PLC 控制采用软件代替传统继电器控制系统中大量的中间继电器、时间继电器等，硬件线路简洁，控制柜的设计以及繁重的安装、接线等的工作大大减少。程序编制工作也可在实验室进行，使设计和施工可同时进行，因而缩短了周期。而系统安装结束后的现场调试过程中，通过在线监控以及修改程序就可发现和解决问题，调试时间也大幅度缩短。

5) 体积小、能耗低

PLC 是将微电子技术应用于工业控制设备的新型产品，其结构紧凑、坚固、体积小、

重量轻、功耗低。

3. PLC 的性能指标

1) I/O 点数

I/O 点数是指 PLC 外部 I/O 端子数的总和，也是指 PLC 可以接收的输入信号和输出的控制信号的总和。I/O 点数越多，PLC 可连接的外部输入/输出设备就越多，控制规模也就越大。

2) 存储容量

存储容量是指用户程序存储器的容量，它决定了 PLC 所能存放的用户程序的大小。存储容量大，则可存放越复杂的控制程序。

3) 扫描速度

扫描速度是指 PLC 执行用户程序的速度。一般情况下，PLC 用户手册都会提供执行各条指令所用的时间，用户根据用户手册判定 PLC 工作是否正常。扫描速度的快慢直接影响了用户程序执行时间，进而影响 PLC 的扫描周期。

4) 编程指令的功能和数量

PLC 编程指令的功能越强、数量越多，PLC 的处理能力和控制能力就越强，程序编程越简单方便，越容易完成复杂的控制任务。

5) 内部元件的种类和数量

在 PLC 编程时，通常使用 PLC 的内部元件来存放变量状态、中间结果、定时/计数器预设值和当期值以及各种标志值等信息。内部元件的种类、数量越多，表示 PLC 存储和处理各种信息的能力越强。

6) 可扩展能力

在进行 PLC 控制系统设计时，通常需要考虑 PLC 的可扩展能力，包括 I/O 点数的扩展，存储容量的扩展，网络功能的扩展及各种功能模块的扩展等。

6.3.3　PLC 的编程语言

1. 常用编程语言

PLC 是专门为工业控制而开发的装置，主要使用对象是广大的工程技术人员和操作维护人员。为了符合他们的传统操作习惯和掌握能力，通常 PLC 不采用计算机的编程语言，而常常采用面向控制过程、面向问题的"自然语言"编程，这些编程语言有梯形图、指令表、控制系统流程图和顺序功能图等。PLC 的编程语言与一般计算机语言相比，具有明显的特点，它既不同于高级语言，也不同于一般的汇编语言，它既要满足易于编写，又要满足易于调试的要求。

1) 梯形图

梯形图(Ladder Diagram，LAD)在形式上类似于继电器控制电路，沿用了继电器的触点、线圈、连线等图形及符号，具有形象、直观、实用的特点，适用于电气控制线路的电气技术人员，是 PLC 编程中应用最多的一种语言。

图 6.13 所示为 PLC 梯形图编程语言示例，程序中的与、或逻辑运算利用触点的串、并联表示；非逻辑运算则利用常闭触点表示；逻辑运算结果利用线圈的形式输出。

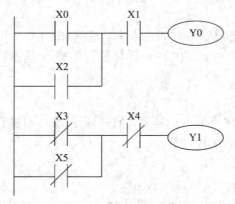

图 6.13　PLC 梯形图编程语言

2) 指令表

指令表(Statement List，STL)是一种指令编程语言，类似于计算机汇编语言的形式，它包括若干条基本指令和功能指令，指令控制语句组成 PLC 助记符控制程序。由于不同生产厂家生产的 PLC 使用助记符不同，以 F 系列 PLC 为例，图 6.14 所示为与梯形图相对应的指令表程序。

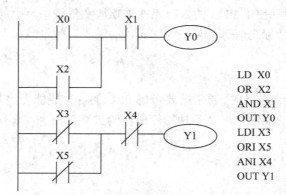

图 6.14　梯形图对应指令表程序

由图 6.14 可知，指令表程序中每一条指令通常包含指令代码与操作数两部分，也可以通过指令前加跳转标记来实现跳转。在指令表编程中，LD、OUT、AND、ANI、OR 等称为指令代码，分别代表读入、输出、与、与非、或等逻辑运算符，而 X0、X1、Y0、Y1 等则代表逻辑运算的对象，称为操作数。

3) 逻辑功能图

控制系统流程(Control System Flowchart，CSF)图也就是逻辑功能图，它沿用数字电子线路的逻辑门电路、触发器、连线等图形与符号，每一种功能使用一个运算方块，其运算功能由方块内的符号确定，适用于熟悉逻辑电路和具有逻辑代数基础或从事电子线路设计的工程师使用。逻辑功能图如图 6.15 所示。

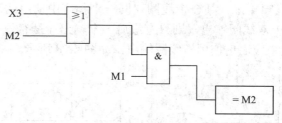

图 6.15　逻辑功能图

4) 顺序功能图

顺序功能图(Sequential Function Chart，SFC)是按照工艺流程图进行编程的图形化编程语言，适用于顺序逻辑控制场合。图 6.16 为三菱 PLC 顺序功能图程序。

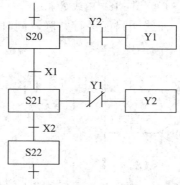

图 6.16　顺序功能图程序

2. 绘制梯形图的基本原则

梯形图是 PLC 控制系统中最常用的一种语言，在利用梯形图编制用户程序时必须遵循以下原则：

(1) 梯形图的各种元件符号，要以左母线为起点，右母线为终点(可允许省略右母线)，自上而下依次绘制，以线圈或指令盒结束；同时，触点、线圈都应该有编号，以相互区别，程序结束时必须以 END 为标记。

(2) 梯形图的触点应画在水平线上，不能画在垂直分支线上，且遵循编号单向自左向右、自上而下流动的原则，如图 6.17 所示。

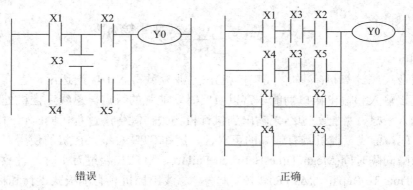

错误　　　　　　　　　　　　　　　　正确

图 6.17　梯形图触点位置

(3) 不宜采用双线圈输出。某一个线圈在同一个程序中使用两次或多次，称为双线圈输出。如果程序中出现双线圈输出，则只有最后一个输出才是有效的，而前边的输出均无效，因此在 PLC 编程中应避免使用双线圈输出，如图 6.18 所示。

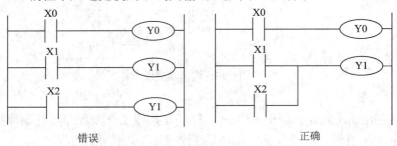

图 6.18　双线圈输出

(4) 触点可以串联、并联，而线圈只能进行并联，同时线圈右侧应无任何触点，如图 6.19 所示。

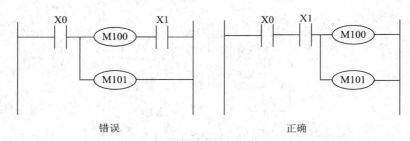

图 6.19　梯形图触点位置

(5) 线圈或指令盒一般不能直接连接在两个逻辑电源线上，如图 6.20 所示。此时，可以通过增加上电运行监控触点来实现控制要求。

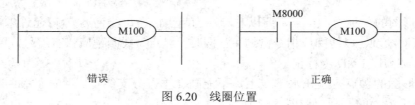

图 6.20　线圈位置

6.4　总线工业控制计算机

总线工业控制计算机(简称总线工控机)在工业领域得到了广泛运用，它具备环境适应能力强、过程输入和输出接口功能丰富以及实时功能强的特点。总线工控机处理来自检测传感器的输入信息，并把处理结果输出到执行机构去控制生产过程，同时可对生产过程进行监督、管理。总线工控机具有较高的可靠性，例如 STD 总线工控机的使用寿命达到数十年，平均故障间隔时间(Mean Time Between Failure，MTBF)超过万小时，且故障平均修复时间(Mean Time To Repair，MTTR)较短。此外，总线工控机具有模板式设计和标准化特征，可以使其设计和维修更加简单化，且系统配置的丰富软件多以结构化和组态软件形式呈现给用户，使用户能够在较短的时间内掌握和熟练应用。

6.4.1 工控机的主要结构

工控机主要包括全钢机箱、无源底板、工业电源、主板以及显卡、硬盘、键盘、软驱、鼠标、光驱、显示器等附件。

1. 全钢机箱

为了增强抗电磁干扰能力，工控机的机箱采用符合 EIA 标准的全钢结构工业机箱，而且机箱密封并带有正压送风散热，具有较高的防磁、防尘、抗冲击的能力，能够很好地解决工业现场存在的电磁干扰、灰尘、振动、散热等问题。

2. 无源底板

工控机的无源底板一般采用以总线结构(如 STD 总线、PC 总线)设计成多插槽形式，可插接各种类型的板卡，包括 CPU 卡、显示卡、控制卡、I/O 卡等。所有的电子组件均采用模块化设计，可直接将各个功能模块通过总线挂接在底板上，并带有塑料压杆锁定功能，以防止因振动引起的接触不良，从而提高了抗冲击和抗振动能力。工控机采用无源底板结构而非商用 PC 的大板结构，不但可以提高系统的扩展性，方便系统升级，而且当故障发生时，查错过程简化，板卡更换方便，快速维修时间短，使得整个系统更加有效。

3. 工业电源

工控机配有高度可靠性的工业电源，具有抗电网浪涌和尖峰干扰的能力，相较于其他计算机系统，平均无故障运行时间可达到 250 000 h。

4. 主板

主板由 CPU、存储器和 I/O 接口等组成，各类芯片均采用工业级芯片，并且采用一体化主板，易于更换和升级。工控机主板装有"看门狗"计时器，能在系统出现故障时迅速做出响应，并在无人干预的情况下使系统自动恢复运行。

6.4.2 工控机常用总线类型

1. PC/XT 总线

1981 年 IBM 公司在 PC/XT 个人计算机上推出了 PC/XT 系统总线，它是最早的 PC 总线结构，也称 PC 总线。由于当时针对 8 位 Intel 8088 微处理器进行设计，因此它仅支持 8 位数据传输和 20 位寻址空间。这种早期的总线价格低、可靠简便、使用灵活、兼容性较好，因此很多厂家的产品都与之兼容，品种范围非常广泛。早期的 PC/XT 总线产品主要用于办公自动化，后来很快扩展到了实验室和工业环境下的数据采集和控制。

PC/XT 总线共有 62 个引脚(引脚编号为 A1~A31、B1~B31)，其中数据线 8 根(D7~D0)、地址线 20 根(A19~A0)、控制线 21 根(包括地址锁存输出允许信号 ALE、中断请求信号 IRQ2~IRQ7、I/O 读/写信号 $\overline{IOR}$ 和 $\overline{IOW}$、存储器读/写信号 $\overline{MEMR}$ 和 $\overline{MEMW}$、DMA 请求信号 DRQ1~DRQ3、DMA 响应信号 $\overline{DACK0}$ ~ $\overline{DACK3}$、地址允许信号 AEN、计数结束信号 T/C、系统复位信号 RESET DRY)、电源线 5 根(±5 V，±12 V)、其他 6 根(晶振信号

OSC、系统时钟信号 CLOCK、插件板选中信号 $\overline{\text{CARDSLCTD}}$ 、地信号 GND 三根)。图 6.21 所示为 IBM 公司生产的 PC/XT 8088 总线主板实物图。

图 6.21　PC/XT 8088 总线主板

2. ISA 总线

工业标准体系结构(Industry Standard Architecture，ISA)总线由 IBM 公司于 1984 年为 PC/AT 计算机(采用 80286CPU)定制的总线标准，为 16 位体系结构，也称为 AT 总线。为了 80286CPU 的优良性能，同时又保证最大限度地与 PC/XT 总线兼容，工业标准体系结构总线保留了 PC/XT 总线的 62 个引脚信号的同时，增加了一个 36 引脚的扩展插槽，从而将数据总线由 8 位扩展到 16 位，地址总线由 20 位扩展到 24 位，而中断数目增加了 6 个，并提供了中断共享功能，DMA 通道数量也由最初的 4 个扩展到 8 个。因此，相较于 PC/XT 总线，ISA 总线不仅增加了数据宽度和寻址空间，而且还增强了中断处理和 DMA 传输能力，具备一定的多主控功能，特别适合控制外设和进行数据通信的功能模块。

3. EISA 总线

扩展工业标准体系结构(Extended Industry Standard Architecture，EISA)总线是由 COMPAQ、HP、AST、ESPON 等九家公司组成的 EISA 集团专为 32 位 CPU 定制的总线扩展标准。作为 ISA 总线扩展，EISA 总线与之完全兼容。EISA 总线是一种全 32 位总线结构，相较于 ISA 总线，EISA 拥有更多的引脚。其插槽为双层设计，上层与 ISA 卡相连，下层与 EISA 卡相连。EISA 总线结构保持了与 ISA 总线兼容的 8 MHz 工作频率，但由于该设计支持突发式数据传输方法，因此可以以三倍于 ISA 总线的速度传输数据。

4. STD 总线

STD 总线(Standard Bus)最早是由美国 Pro-Log 公司于 1978 年推出的，是目前国际上工业控制领域最流行的标准总线之一，也是我国优先重点发展的工业标准微机总线之一，它的正式标准为 IEEE-961 标准。按 STD 总线标准设计制造的模块化计算机系统，称为 STD 总线工控机。它采用了开放式的系统结构，模块化是 STD 总线工控机设计思想中最突出的特点，其系统组成没有固定的模式和标准机型，而是提供了大量的功能模板，用户可以根据自身需求，通过对模板的品种和数量的选择与组合，配置成适用于不同工业对象、不同生产规模的生产过程工业控制机。目前，STD 总线工控机已广泛应用于工业生产过程控制、工业机器人、数控机床、钢铁冶金和石油化工的数据采集、仪器仪表等领域，成为应用于我国中小型企业和传统工业改造方面的主要机型之一。

STD 总线的优点主要体现在以下几个方面。

(1) 底板结构、模块化。STD 总线采用小底板结构，所有模板的标准尺寸为 165.1 mm × 114.3 mm。这种小尺寸底板结构在机械强度、抗断裂、抗振动、抗老化和抗干扰等方面优势显著。STD 的小底板实际上是将大板功能进行分解，一种模板只具有单一特定功能，如 CPU 板、存储器板、A/D 板、I/O 板等，从而便于用户根据实际需求灵活选择模板进行组装，以实现自己的最小系统，更大限度地减小硬件冗余，缩短了开发周期，降低了系统成本，且便于维修及更新换代。

(2) 具有严格的标准化和广泛的兼容性。STD 总线设计遵循严格的规范，这是 STD 总线的与众不同之处。传统的计算机总线都会含有几条未定义的信号线，而 STD 总线的各种信号线都有严格的定义，用户不能随意更改。这种严格的标准化设置带来的好处是整个总线具有广泛的兼容性，不同厂家生产的板卡只要遵循 STD 总线规范便能保证兼容，这就保证了市场上拥有丰富的兼容产品，为用户构建满足自身需求的系统带来极大的便利和实惠，这也是 STD 总线结构得以迅速发展的重要原因之一。

此外，STD 总线既可以支持 8 位、16 位、32 位的微处理器，也可以很方便地更换 CPU 和相应的软件，使原来的 8 位系统得到升级，而原有的 I/O 模板不需要任何更改，从而降低了系统升级的成本。

(3) 面向 I/O 应用设计，适合工业控制应用。许多高性能的总线设计是面向系统性能的提高，即提高系统的数据处理能力和运算能力，而 STD 总线是面向 I/O 接口的。例如 IBM PC/XT(AT)只有几个 I/O 扩展槽，而 STD 总线却能提供强大的 I/O 扩展能力，一个 STD 总线底板可以插接 8 至 20 块模板，再加上众多功能模板的支持，用户可以方便地进行选择和组合，以满足各种工业控制要求。

(4) 高可靠性。STD 总线是作为工业标准的计算机总线，因而具有较高的可靠性。美国 Pro-Log 公司生产的 STD 总线产品的保用期为 5 年，平均故障间隔时间(MTBF)超过 60 年。高可靠性除了源自小板结构的优点外，还得益于在线路设计、PCB 布线、元器件选型、在线检测、抗干扰设计等方面采取了一系列严格的措施。此外，"看门狗"及掉电保护等技术的应用也为系统可靠性提供了有力的保障。

5. PCI 总线

20 世纪末，Intel 公司首次将外围部件互连(Peripheral Component Interconnect，PCI)的概念向公众推出，便得到了 IBM、COMPAQ、AST、HP 和 DEC 等 100 多家公司响应，并于 1993 年正式推出 PCI 总线。相较于 ISA 总线，PCI 总线主板插槽的体积比 ISA 总线插槽更小，但其功率却得到了较大的改善，支持突发读/写操作，同时可支持多达 10 个外围设备。为了解决 PCI 总线的瓶颈问题，又相继出现了改进的 PCI 总线(PXI)，它能通过增加 CPU 与打印机、网卡等外部设备之间的数据流量来提高计算机的性能。

PCI 总线是一种不依赖于某个具体处理器的局部总线，已经成为局部总线的新标准。从结构上看，它在 ISA 总线和 CPU 总线之间增加了一级总线，由 PCI 局部总线控制器(或称为"桥")相连接。由于 PCI 总线独立于 CPU，PCI 总线与 CPU 及其时钟频率无关，因此可以充分发挥 CPU 的性能。网络适配卡、图像卡、硬盘控制器等高速外设可以通过 PCI 挂接到 CPU 总线上，使之与高速的 CPU 总线相匹配，而不必担心在不同的时钟频率下会引起性能的下降。此外，PCI 总线可与各种 CPU 兼容，允许用户随意增加外设，并在高时钟频率下保持最高传输速度。

　　PCI 总线支持总线主控技术，允许智能设备在需要时获取总线控制权，以加速数据传送。PCI 总线拥有明确而严格的规范，保证了良好的兼容性和扩展性(通过 PCI-PCI 桥接，可允许无限地扩展)。另外，PCI 总线的严格时序及灵活的自动配置能力使之成为通用的 I/O 接口部件标准，广泛应用于多种平台和体系结构中。

　　图 6.22 所示为 PCI 总线插槽引脚示意图。

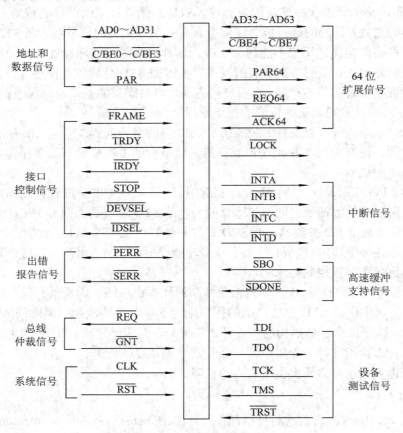

图 6.22　PCI 总线插槽引脚图

　　图 6.22 中，AD0～AD63 为地址/数据复用引脚，$\overline{C/BE0}$～$\overline{C/BE7}$ 为总线命令和字节使能，PAR 为奇偶校验，$\overline{FRAME}$ 为帧周期信号，$\overline{TRDY}$ 和 $\overline{IRDY}$ 分别为主、从设备准备就绪，$\overline{STOP}$ 为初始化设备选择，$\overline{PERR}$ 和 $\overline{SERR}$ 分别为报告奇偶检验错误和系统错误，$\overline{REQ}$ 和 $\overline{REQ64}$ 分别为总线占用请求和 64 位扩展总线占用请求，$\overline{GNT}$ 为总线占用允许，CLK 为系统时钟，$\overline{RST}$ 为复位信号，$\overline{ACK64}$ 为 64 位扩展总线响应，$\overline{LOCK}$ 为总线锁定，$\overline{INTA}$～$\overline{INTD}$ 为中断 A～D，$\overline{SBO}$ 和 $\overline{SDONE}$ 分别为监听和监听完成，TDI 和 TDO 分别为测试数据

输入和测试数据输出，TCK 为测试时钟，TMS 为测试模式选择，$\overline{\text{TRST}}$ 为测试复位。

习题与思考题

1. MCS-51 单片机的存储器分为哪几个空间？如何区分不同空间的寻址？
2. 可编程控制器的硬件系统主要由哪几个部分组成？各部分的作用是什么？
3. 可编程控制器常用的编程语言有哪几种？其特点分别为什么？
4. 写出图 6.23 梯形图对应的指令表。

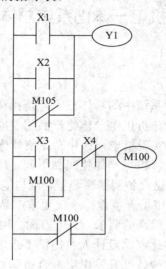

图 6.23 习题 4 图

5. 可编程控制器与通用微机有何区别？
6. 工控机的主要特点是什么？为了适应工业控制要求，工控机在软硬件上采取了哪些措施？
7. 分布式计算机控制系统有什么特点？对于一个四级的分布式系统，其计算机多采用什么机型？
8. 机电一体化系统对控制计算机有什么要求？
9. 常用控制计算机有哪几种？各有什么特点？
10. 简述计算机控制系统的基本组成？
11. PLC 的开关量输入/输出模块各有哪几种类型？分别适用什么类型的负载？

第7章 机电一体化系统设计

7.1 机电一体化系统总体设计

7.1.1 总体设计的概念

机电一体化系统设计是应用系统中的总体技术，是指在具体设计之前，应用系统工程的观点，从整体目标出发，综合分析机电一体化产品的性能要求及各机、电单元的特性，选择最合理的单元组合方案，是实现机电一体化产品整体优化设计的过程。

随着大规模集成电路的出现，机电一体化产品得到了迅速普及和发展，从普通家用电器到工业生产设备，从办公自动化设备到军事装置，机与电紧密结合的程度都在迅速提高，形成了一个纵深且广阔的市场。市场竞争规律不仅要求产品具有高性能，还要具有低成本，这就给产品设计人员提出了越来越高的要求。另一方面，种类繁多、性能迥异的集成电路、传感器和新材料等，给机电一体化产品设计人员提供了众多的可选方案，使设计工作具有更大的灵活性。如何充分利用这些条件开发出更迎合市场需求的机电一体化产品，是机电一体化总体设计的重要任务。

7.1.2 系统总体设计方法论

系统总体设计方法论是机电一体化系统设计方法论在总体方案设计阶段的技术指导。其中，整体性、互补性、等效性三原则是系统总体技术方法论的核心。霍尔三维结构是美国系统工程专家霍尔提出的一种系统工程方法论，如表7.1所示。

1. 等效性

在表 7.1 中，等效性用于对各功能元的原理设计，是系统方案设计的基础。一个系统以实现某种或多种功能为目的，根据系统的层次性，实现总功能需要由各个子功能综合完成，这样实现同一功能会有多种原理结构方案，比如某功能采用机械方式、电子方式的硬件和软件均能实现，但原理或结构存在等效性。

2. 互补性

在表 7.1 中，互补性原则用于对组合后的方案进行筛选，是等效性原理方案选择的基础原则。系统由多个元素组成，而各个元素服务于系统中的功能，同时也会有多个元素对同一功能产生影响。图 7.1 说明了互补性原理，图 7.1(a)中步进电动机通过一对齿轮带动滚珠丝杠的传动。如果考察电动机到丝杆螺母之间的传动系数(脉冲当量 α/p)这一功能，则步进电动机步距角 α、齿轮传动比 i、丝杠导程 P 这些元素均对传动系数有影响；如果考虑获得最佳传动系数，则需要合理搭配各个元素的传动系数才能达到目的。图 7.1(b)表明一个控制器控制驱动器带动执行元件使机械装置工作，为了整体达到某性能指标，系统中控制器、驱动器、机械系统都对该性能指标有影响，要合理地配置各器件的性能才能达到目的。互补性原理是达到整体性能最佳的系统各要素的连接剂。

表 7.1　系统总体设计霍尔三维结构

	系统方案设计阶段						
	A	B	C	D	E	F	G
明确问题	市场需求	使用环境	同类产品技术	产品生命周期	制造条件、水平	规划组织	—
确定目标	功能指标	经济指标	安全指标	设计指标	优化指标	—	—
系统设计	性能指标分析	功能分析	功能规划	功能分解	等效原理设计	方案组合	方案筛选互补性指标分配
系统优化	性能指标分析	确定目标函数	制定约束条件	数学模型	优化算法	结果分析	—
系统实施	绘制方案原理图	列出关键技术实施难点	工程设计准备	工艺制定	—	—	—
系统分析	系统建模	系统仿真	静态分析	动态分析	系统测试	性能评价修改方案	—

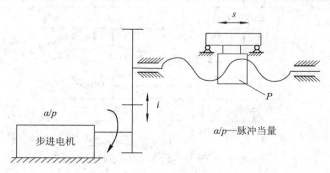

(a) 步距角、传动比、丝杆导程对脉冲当量的共同作用

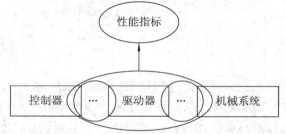

(b) 控制器、驱动器、机械系统对同一性能指标的共同作用

图 7.1　互补性原理

3. 整体性

机电一体化系统是有机的整体，性能好坏并不是各环节单独作用的结果，也不是要求每个环节的功能都尽善尽美。只要从整体角度出发，正确制定各环节的相互联系和性能要求，使各环节的先进性、可靠性、经济性达到和谐统一，就能使机电系统具有满意的整体功能。

7.1.3　总体设计的主要内容

机电一体化系统总体设计是机电产品设计中的重要环节，从性质上分，有开发性设计、适应性设计和变异性设计。设计性质不同，设计过程也不一样。就机电一体化产品开发性设计而言，它包括技术资料准备、系统工作原理设计、可行性分析、初步方案设计、方案最优性评估、详细设计、设计方案审核与优化以及完成总体设计报告。其设计流程可归纳为如图 7.2 所示，每一步的内容和方法简述如下。

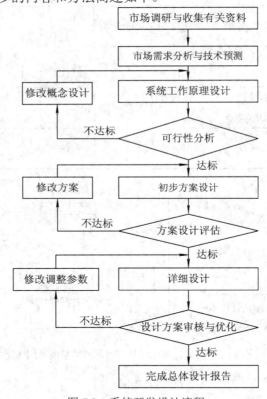

图 7.2　系统开发设计流程

1. 技术资料准备

技术资料准备主要是指详细并全面地搜集用户对所设计产品的需求。

(1) 搜集所有相关的技术资料，包括设计需求、现有同类产品资料、相关的理论研究成果和先进技术等，通过对这些技术资料的分析比较，了解现有技术的发展水平和趋势，设计人员在这一基础上应做出用户真正需要设计什么样的产品的判断。这是进行总体方案设计最基本的依据。

(2) 了解所设计产品的使用要求，包括功能、性能等方面的要求。此外，还应了解产品的极限工作环境、用户的维修能力和操作者的技术水平等方面的情况。使用要求是确定产品技术指标的主要依据。

(3) 了解生产单位的设备条件、工艺手段、生产水平等，作为研究设计具体结构方案的重要依据，以保证缩短设计和制造周期、降低生产成本、提高产品质量。

(4) 了解用户自身的一些规定、标准，例如厂标、一般技术要求、对产品表面的要求(防蚀、色彩)等。

2. 系统工作原理设计

明确设计对象的需求后，就可以开始进行系统工作原理设计，这是总体设计的关键。设计质量的优劣取决于设计人员能否有效地对系统的总功能进行合理的抽象与分解，并能合理地运用技术进行创新设计，勇于开拓新的探索领域和应用新的工作原理，使总体设计方案最优化，从而形成系统总体方案的初步轮廓。

机电一体化系统工作原理设计主要包括系统抽象化与系统总体功能分解两个阶段。

1) 系统抽象化

机电一体化系统(或产品)是由若干具有特定功能的机械与微电子要素组成的有机整体，可以满足人们的使用要求。根据使用要求的不同，系统利用能量使得机器运转，利用原材料生产产品，合理地利用信息将关于能量、生产方面的各种知识和技术进行融合，进而保证产品的数量和质量。因此，可以将系统抽象化为以下功能：

① 转换(加工、处理)功能；

② 传递(移动、输送)功能；

③ 存储(保持、积蓄、记录)功能。

在图 7.3 的系统功能图中，以物料搬运、加工为主，原材料(原料、毛坯等)、能量(电能、液能、气能等)和信息(控制及加工指令等)，经过加工处理，主要输出改变了位置和形态的物质的系统(或产品)，称为加工机。例如各种机床、交通运输机械、食品加工机械、纺织机械、印刷机械等。以能量转换为主，输入能量(或物质)和信息，输出不同能量(或物质)的系统(或产品)，称为动力机。其中输出机械能的为原动机，例如电动机、水轮机、内燃机等。

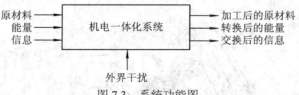

图 7.3 系统功能图

以信息处理为主，输入信息和能量，主要输出某种信息(如数据、文字、图像、声音等)的系统(或产品)，称为信息机。例如各种仪器、仪表、电子计算机、电报传真机以及各种办公机械等。

在分析机电一体化系统总功能时，根据系统的输入和输出的原材料、能量和信息的差别与关系，将其进行功能分解，分析系统结构组成及子系统功能，得到系统工作原理方案。

2) 系统总体功能分解

为了分析机电一体化系统的子系统功能组成，需要统计实现工作对象转化的工作原理的相关信息。每一种工作对象的转化可以利用不同的工作原理来实现，例如工件孔的加工，可以采用冲、钻、铣、铰、镗等不同的加工方式；同样，孔测量可以采用接触式测量、非接触式测量、机械式测量、电气式测量、光学式测量、直接测量等多种的测量方式。不同的工作方式将使机电一体化系统具有不同的工艺及经济效果。因此可依据具体性能指标要求从各种可行的工作方式中选择最佳的工作方式。

通常，机电一体化系统较为复杂，设计人员很难直接得到满足总功能的系统方案。因此，可以采用总体功能分解法，对系统进行功能分解，建立功能结构图，这样既可显示各功能元、分功能与总功能之间的关系，又可通过各功能元的有机组合确定系统方案。

将总功能分解为较简单的子功能，并明确各相应子功能的原理方案，从而简化了实现总功能的原理构思。如果部分子功能还是较复杂，则可进一步分解到更简单层次的子功能，分解到最后的基本功能单元称为功能元。所以，功能结构图应从总功能开始，以下有一级子功能，二级子功能，其末端是功能元，前级功能是后级功能的目的功能，后级功能是前级功能的手段功能。另外，同一层次的功能单元组合起来，应能满足上一层功能的要求，最后合成的整体功能满足系统的要求。对具体的技术系统来说，其总功能需要分解到何种程度，取决于在哪个层次上能找到相应的物理效应和结构来满足其功能要求。这种功能的分解关系称为结构。

以工业机器人为例进行有关分析。工业机器人是集机械、电子、控制、计算机、传感器、人工智能等多学科先进技术于一体的现代制造业重要的自动化装备。最近，联合国标准化组织采用的机器人的定义是：一种可以反复编程的，多功能的，用来搬运材料、零件、工具的操作机。工业机器人可以在无人参与的情况下，利用控制系统逻辑地处理具有控制编码或其他符号指令规定的程序，并将其译码，自动按不同的轨迹、不同的运动方式完成规定动作和各种任务。该系统总功能可以分解为执行子功能、控制子功能、驱动子功能、感知反馈子功能及编程子功能。

因此，工业机器人的组成大体上可分为四大部分，即执行机构、驱动单元、控制系统、感知和反馈系统，具体组成如图 7.4 所示。执行结构按控制系统的指令进行运动，驱动系统为其提供动力，各部分关系如图 7.5 所示。

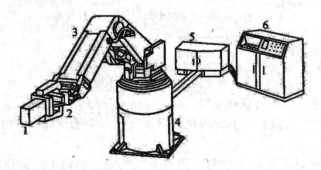

1—工件；2—机械手；3—机械臂；4—气动装置；5—驱动装置；6—计算机控制系统

图 7.4　工业机器人的组成

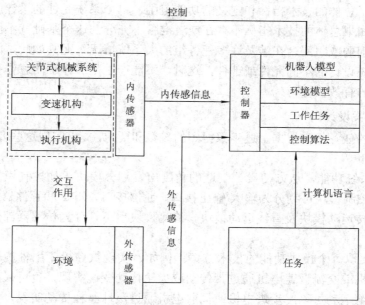

图 7.5　工业机器人各部分相互关系

　　工业机器人的执行机构为机械系统，又称为操作机，一般将操作机简化为由连杆、关节和末端执行件组成，连杆首尾相连，通过关节相连，构成一个开式连杆系，在连杆系的末端安装末端执行件。

　　机器人的驱动系统，按动力源可分为液压、气动和电动三种基本类型，根据需要也可将这三种类型组合成复合式的驱动系统，通过控制各关节运动坐标的驱动器，使各臂杆端点按要求的轨迹、速度和加速度运动，并通过协调各臂杆的运动，或使末端执行件按指定的路径运动，或使其到达空间指定的位置，并满足正确的取向要求。为完成指定的作业，在工作过程中，控制系统还必须实现操作机和周边设备间的信息交流和工作协调。

　　感知和反馈系统共同作用实现工业机器人的智能化，前者主要利用传感器实现，后者靠运动软件实现。感知技术是通过各种传感器获取工作环境信息，不断捕捉环境变化的实际情况，进行任务规划和自主控制，最终实现目标要求。机器人所用的传感器按功能可分为外部传感器和内部传感器。内部传感器用于检测控制系统中涉及的变量，而外部传感器则主要是捕捉周围工作环境，辅助控制系统实现功能规划。

3. 可行性分析

　　可行性分析主要是对概念设计所提出的机电一体化产品设计要求，从理论、技术和经济等各个方面来进行论证和评估，即分析这些要求在理论上是否正确，技术上是否可行，经济上是否合理。如果其中有一项通不过，原则上都应进行概念设计的修改，只有三个方面都可行时，开发设计工作才走向下一步。此项工作有时也放到初步设计后一并完成。为了有助于选择可行的解决方法，以及在详细设计阶段决定工作特性和元件尺寸等参数，可能要求对系统及其元部件进行分析和建模，并采用计算机辅助工程技术进行计算机仿真，试验各种模型并做出选择。这样可以大大地缩短传统设计的循环过程，从而缩短开发周期，降低产品成本。

一旦产生了总体的技术指标和定义的功能范围，单个系统元件的设计就可以在可靠的基础上进行。如果总体的技术指标不存在或者准备不充分，这个基础就不能充分利用，设计过程就会被削弱或阻碍，在涉及许多任务组的大系统情况下尤其如此，因为每一个小组要处理整个系统设计的不同元件或部件，这时，不能产生足够详细的总体技术指标，将会妨碍单独任务的有效执行。

4. 初步方案设计

初步设计的任务就是根据上述步骤得到的参数和要求，提出实现这些要求的技术方案，其工作内容如下。

(1) 按照系统功能，从方便设计制造的角度出发划分模块，如控制模块、驱动模块、检测模块等。控制模块可划分为输入/输出接口、通信接口、CPU 和存储器等。驱动模块则可划分为可旋转运动模块及直线运动模块。检测模块也可划分为传感器部分和调制放大部分等。

(2) 提出实现每个模块功能的技术方案。例如，实现数控机床主轴旋转和变速功能，可以用直流电机或交流调速电机通过带传动或齿轮传动变速实现，也可采用电机主轴直接驱动；直线进给运动可以用步进电机或伺服电机通过滚珠丝杠传动实现，也可以采用直线电机直接驱动实现；运动控制方式可采用开环、闭环或半闭环等。总之，每个模块、每个功能和参数的实现，都可能有两个或多个技术方案，初步设计时应尽可能多地提出一些可以实现的方案，以供进一步分析、比较、筛选和优化设计。

(3) 对于提出的各个方案中所包含的主要元器件和构件，如对电机传动轴、传动件(齿轮、丝杠)及其主要参数进行预选和粗算，并定出其中 1~2 个较优者做最后的比较。

5. 方案最优性评估

无论是设计方案还是机械结构，其优劣程度都需要技术人员进行分析和评价。评价是一项艰难的工作，它不仅要求技术人员掌握评价体系和评价方法，还要求技术人员具备丰富的设计知识和工艺知识，熟悉评价对象的需求状况、应用场合和工作条件等。

对于设计方案或机械结构的分析和评价，一般可以从技术性、经济性和社会性三个方面进行考虑。应遵循评价原则来选定适当的评价指标，并采取一定的评价方法科学有序地进行分析和评价。要给出评价对象的满意程度，指出评价对象存在的弱点和改进方向。

进行方案最优性评估时，首先对系统进行建模并提出优化的目标函数和评价指标，即根据哪几方面参数来评价，是根据系统的动态稳定性运动精度、工作可靠性、节能、节材和成本，还是其他性能指标；其次是根据建立起来的模型评价的目标函数对每一个技术方案进行计算或仿真分析；最后，进一步修改技术方案，完成方案设计的评估。

对于不同的产品、不同的系统，其数学模型不一样，评价的目标面数和指标也不一样，故此项工作十分复杂，只有采用计算机辅助进行分析。目前，只有对某些较为典型又简单的系统，如数控机床的伺服进给系统等，可以进行单目标优化，一般的系统只能通过简单的工程设计和类比法设计来进行方案评估。

6. 详细设计

详细设计主要是对系统总体方案进行具体实施步骤的设计，其依据的是总体方案框架。从技术上将其细节逐步展开，直至完成试制产品样机所需的全部技术工作(包括图样和文档)。

详细设计阶段的第一步是进行辅助功能模块设计，在明确了实现主体功能模块需要哪些辅助功能来配合的条件下，实现辅助功能尽量直接选用标准件、通用件等现有结构；第二步是进行主体功能模块的详细设计，应遵循结构设计的基本原则和原理，然后，进一步完善、补充结构草图。

详细设计阶段的任务包括确定所有电子元器件的规格参数、安装位置和尺寸，确定机械零部件(含外购件和标准件)的规格尺寸参数和公差、配合及材料；对于最后选定和设计的元器件或零部件的尺寸参数，如电机的功率、传动轴和齿轮的强度、滚珠丝杠的刚度、整个传动系统的惯量和负载等进行必要的核算，如机电不匹配或不满足要求，应对有关尺寸或参数进行修改，直到符合设计要求；最后画出零件图和加工装配图，包括提出零部件加工装配的技术条件和要求等。

目前详细设计阶段的工作内容基本都已经能够借助计算机辅助设计、辅助工程(CAD/CAE)软件系统来完成。

7. 设计方案审核与优化

设计方案的审核是在前面阶段工作的基础上，对已设计的结构整体进行优化设计，找出关键问题及薄弱环节进行干扰和差错分析，最后进行经济分析，检查成本是否满足预定规划。

系统优化就是应用最优化理论和方法，对各候选方案进行最优化计算，以期获得最优的系统方案。由于系统的结构通常很复杂，有许多目的和要求，其中有些可能是矛盾的，很难完全兼顾，因此在一些相互矛盾而难以兼顾的目的要求之间，不得不采取某些合理的、可行的妥协和折中。有人曾针对许多目标优化中存在的矛盾提出"满意性"的观点，即不一定追求系统的真正最优，而是寻求一个综合考虑功能、技术、经济、使用等因素后的满意的系统。在这个系统中不一定每项性能指标都达到最优，有些是次优，有些甚至离最优较远。虽然从局部看来都不是最优，但从整体来看，则是相对的最优。

8. 完成总体设计报告

总结上述设计过程的各个方面，写出总体设计报告，为总体装配图和部件装配图的绘制做好准备。总体设计报告要突出设计重点，将所设计系统的特点阐述清楚，同时应列出所采取的措施及注意事项。

机电一体化总体设计的目的是设计出综合性能最优或较优的总体方案，作为进一步详细设计的纲领和依据。应当指出，总体方案的确定并非一成不变，在详细设计结束后应再对整体性能指标进行复查，如发现问题，应及时修改总体方案，甚至在样机试制出来之后或在产品使用过程中，如发现总体方案存在问题，也应及时加以改进。

7.1.4　总体设计的评价方法

系统评价的方法很多，特别是人工智能的介入，给评价技术带来了新意，但是种种方法都不十分全面。现在采用较多的还是专家评审后集体讨论，具体方法有加权评价法、价值工程评价方法、模糊评价法等，本文主要介绍加权评价法。

对不同属性参数的评价指标(如功能、费用、时间、可靠性、外观、环境影响等)进行综合评价时，往往各项评价指标在系统中占有的重要程度有很大差别，对各评价指标不能等量衡量，此时宜采用加权评价法。这种评价可分为选择评价指标、确定加权系数、专家评价和评价综合四个步骤。

1) 选择评价指标

评价指标是指完成一定研究目的的若干个相互联系的指标。选择评价指标要建立在客观性、实用性、公开性等原则上，同时兼顾代表性和全面性，既要单个指标具有代表性，能独立反映研究对象某方面的特性，又要所选全部指标能联合反映评价对象的整体属性。

2) 确定加权系数

加权系数是指反映评价指标重要程度的量化系数。评价指标的加权系数大，说明其重要程度高；评价指标的加权系数小，则意味着其重要程度低。为便于分析与计算，取各评价指标加权系数 $q_i < 1$，且有 $\sum q_i$。

加权系数值一般可以根据经验来确定，也可以采用强制判定法计算。

强制判定(Forced Design，FD)法确定加权系数时，先把评价指标按重要程度的顺序分别列于表格的第一列和第一行，然后根据评价指标的重要程度两两进行比较，并在相应格中给出评分。当两项指标同等重要时，各给 2 分；若一项比另一项重要，分别给 3 分和 1 分；若一项比另一项重要得多，则分别给 4 分和 0 分。最后计算出各加权系数：

$$q_i = \frac{k_i}{\sum_{i=1}^{n} k_i} \tag{7-1}$$

式中，k_i 为各评价目标的总分；n 为评价指标数。

3) 专家评价

在进行专家评价时，首先应建立评价指标的评语转化标准，并给出标准分。例如，对某产品设计方案的评语转化标准为很好、较好、一般、较差和很差，给出对应的标准分分别为 4 分、3 分、2 分、1 分和 0 分。标准分可以取 0~4，也可以取 0~1，或取 0~100 等。其次要充分考虑专家的来源，一般来说参与评价的专家应能够覆盖被评价对象所涉及的各个领域。以机械产品设计方案为例，评价人员不仅要有设计和工艺方面的专家，还应包含经营管理、经济、供应、销售方面的专家和用户等。最后是专家们的认真分析和打分。第 i 位专家的最后评分值 y_i 可表示为

$$y_i = \frac{\sum q_i x_i}{\sum q_i x_{\max}} = \frac{\sum q_i x_i}{x_{\max}} \tag{7-2}$$

式中，x_i 为第 i 项评价指标的专家评价标准分值；$x_{\max}$ 为每项评价指标的最高标准分值。

4) 评价综合

评价综合是对每位专家的最后评分值进行综合，得到被评价对象的最终评分值。在评价综合时，可以设定每位专家的评分值等价，也可以根据专家水平或专家从事行业的不同设定不同的权重系数后再进行综合。取每位专家评分值等价时，最后综合评分值 Y 为

$$Y = \frac{\sum\limits_{j=1}^{n} y_j}{n} \tag{7-3}$$

式中，n 为评价专家的人数。

7.2　机电一体化系统的性能指标与优化

7.2.1　使用要求分析

1. 功能性要求分析

产品的功能性要求是指产品在预定的寿命内能够有效地实现其所有预期功能和性能的要求。从设计的角度来分析，功能性要求可以用以下性能指标来表示。

(1) 功能范围。任何产品实现功能都有一定范围。例如一台多功能的数控机床可以通过换刀完成多种复杂的加工处理，而单一功能的机床只能进行单一的加工操作。一般来说，产品的适用范围相对较窄，结构相对简单，相应的开发周期较短，成本也就较低，但由于适用范围窄，市场覆盖面很小，产品批量小，单套的成本会增加；反之，如果扩大适用范围，虽然产品结构趋于复杂，成本增加，但批量数量的增加可以使单套成本趋于降低。

合理确定产品的功能范围，不仅要考虑用户的使用要求，还要考虑生产者的经济合理性。要综合分析市场需求、技术难度、生产企业实力等因素进行决策。在所有的影响因素中，最难准确获得的是市场需求与功能范围的关系。如果能准确地得到这一关系，就不难采用优化方法做出最优决策。而对于单件生产的专用机电一体化设备，直接满足用户要求就可以了。

(2) 精度指标。产品的精度是指产品实现其规定功能的准确程度，它是衡量产品质量的重要指标之一。精度指标应根据精度要求确定，并作为产品设计的一个重要目标和用户选择产品的主要参考依据。一般来说，精度越高，制造成本就会越高，成本越高，销售价格就会越高，销量就会越低；另一方面，降低精度可以降低成本和价格，增加产品的销量，但降低精度后产品的使用范围将会减小，并可能导致产品销量的下降。因此，如何确定合理的精度指标是一个多变量优化问题。只有在确定精度与成本、价格与销量之间的关系后，才能进行最优计算，做出最优决策。

(3) 可靠性指标。产品的可靠性是指产品在规定的条件下，在规定的时间内完成规定的功能的能力。规定的条件包括工作条件、环境条件和储存条件；规定的时间是指产品的使用寿命或平均故障间隔时间；完成规定的功能是指产品性能指标没有发生破坏性或降级

性失效。

产品零、部件或元、器件的可靠性对整机可靠性的影响是"与"的关系，正如一只水桶能装多少水取决于它最短的那块木板，一个产品只有在全部零、部件或元、器件都有效时整机才会有效，一个高可靠性的零、部件或元、器件不能补偿其他零、部件或元、器件的低可靠性。

可靠性指标对成本、价格和销量的影响与精度指标类似，因此也需要在确定了可靠性与成本、价格与销量的基本关系后，才能对可靠性指标做出最优决策。应当指出，当因产品可靠性的提高使得"规定的时间"超过产品市场寿命期(即产品更新换代周期)时，继续提高可靠性将没有意义。

(4) 维修性指标。以目前的制造水平，在大多数情况下产品的平均故障间隔时间都小于使用寿命期，因此需要通过修理来保证产品的有效运行，以便在整个寿命期内完成既定的任务。

维修可分为预防性维修和修复性维修。预防性维修是指当系统工作一段时间后，在尚未失效时所进行的定期检修；修复性维修则是指产品在使用寿命内因系统失效而进行的维修。修复性维修所花费的代价(如时间、费用等)一般大于预防性维修。

在产品设计阶段充分考虑维修性要求，可以有效增加产品的可维修性，例如可把预计维修周期较短的局部或环节设计成易于查找故障、便于拆装的结构，以便于维修。维修性指标一般不会增加成本，不受其他要求的影响，因此可以按充分满足维修性要求来确定，并依据维修性指标来确定最合理的总体结构方案。

2. 经济性要求

产品的经济性要求是指用户对获得满足其所需功能和性能的产品付出的费用方面的要求。该费用包括购置费用和使用费用，用户总是希望这些费用越低越好，而在实际生产生活中，这些费用的降低不仅对用户有益，生产者也会因此在市场竞争中获取更大的收益。

(1) 购置费用。影响购置费用的最主要因素是生产成本，降低生产成本是降低购置费用的最主要途径。在降低生产成本方面，生产者与用户的利益是一致的，因此成本指标不像功能性指标一样存在最优值，在满足功能性和安全性要求的前提下，成本越低越好。成本指标一般按价格和销量关系定出上限，以作为衡量设计是否满足经济性要求的准则。

在设计阶段降低成本的主要方法有：① 合理选择各零、部件和元、器件的工作原理和结构，避免大材小用现象的发生；② 充分考虑产品的加工和装配工艺性，在不影响工作性能的前提下，尽可能简化结构，力求用最简单的机构或装置取代非必需的复杂机构或装置，去实现同样的预期功能和性能；③ 采用标准化、系列化和通用化的零件和器件，缩短设计和制造周期，降低成本；④ 合理选用新结构、新材料、新元件和新器件等，适时地进行技术更新换代，以提高产品质量、性能和生产技术，从而降低生产成本。

(2) 使用费用。使用费用包括运行费用和维修费用，这部分费用是在产品使用过程中体现出来的。在产品设计过程中，一般采取下述措施来降低使用费用：① 提高产品的自动化程度，以提高生产率，减少管理费用及劳务开支等；② 选转化效率高的机构或电器，以降低能源的消耗；③ 合理确定检修周期，以降低维护费用。

3. 安全性要求

安全性要求包括对人身安全的要求和对产品安全的要求。前者是指在产品运行过程中,不会因各种原因(如误操作等)而对操作者或周围其他人员产生人身危害;后者是指在产品运行过程中不会因各种原因(如偶然故障等)导致产品被损坏乃至永久性失效。安全性指标需根据产品的具体特点而定。

为保证人身安全常采取的措施有:

(1) 设置安全检测和防护装置,如数控机床的防护罩、互锁安全门,冲压设备的光电检测装置,工业机器人周围的安全栅等;

(2) 产品外表及壳罩等应进行倒角以及去毛刺处理,以防划伤操作人员;

(3) 在危险部位或区域设置警告性提示灯或安全标语等;

(4) 当控制装置和被控对象为分离式结构时,两者之间的电气连线应埋于地下或架在高空,并用钢管加以保护,以防导线绝缘层损坏而危及人身安全。

为保证产品安全常采取的措施有:

(1) 设置各种保护电器,如熔断器、热继电器等;

(2) 安装限位装置、故障报警装置和急停装置等;

(3) 采用状态检测及互锁等方法以防止因误操作等产生的危害。

7.2.2　性能指标

从使用要求的角度出发,系统的性能指标可划分为功能性指标、经济性指标和安全性指标,从设计的角度出发,性能指标可划分为特征指标、优化指标和寻常指标。不同的评价指标对产品总体设计的限定作用也不同。

(1) 功能性指标包括功能范围,如功能、规格、尺寸、速度等方面的指标。对功能性的要求还包括精度指标和可靠性指标。精度指标即实现规定功能的准确程度;可靠性指标是指在规定的条件下、规定的时间内,完成规定的功能的能力。如数控机床刀具的加工范围、最大切削功率、主轴转速等为功能范围,切削精度等为精度指标,使用寿命等为可靠性指标。

(2) 经济性指标是指系统的设计制造成本、系统作为产品的售价、产品在用户处的使用成本等。设计制造成本和加工工艺、标准化程度等有关;产品的售价与设计制造成本和管理水平等有关;产品的使用成本和产品的设计性质、易耗品种类及数量有关。比如用户购买汽车后,其使用成本除了消耗燃油外,还有汽车的定期保养、维修、更换配件所带来的费用。

(3) 安全性指标是指对系统自身的保护性能、对操作人员的保护性能、对环境的影响指标等。对系统的安全保护包括误操作的保护、故障诊断、故障避免等;对操作人员的保护包括危险区域防护,电、碰撞、高压、高温等主动防护等;对环境的影响指标包括对空气、水的污染程度,对周边产生噪声、振动的影响等。对于自动化程度较高的机电一体化设备,安全性指标尤为重要。

(4) 特征指标是决定产品功能和基本性能的指标,是设计中必须设法达到的指标。特征指标可以是工作范围、运动参数、动力参数、精度等指标,也可以是整机的可靠性指标等。特征指标在优化设计中起约束条件的作用。

(5) 优化指标是在产品优化设计中用来进行方案对比的评价指标。优化指标不像特征指标那样要求必须严格达到，而是有一定范围和可以优化选择的余地。在设计中，优化指标往往不是直接通过设计保证的，而是间接得到的。常被选作优化指标的有生产成本、可靠度等。

(6) 寻常性指标是指一些公认的、默认的指标，一般不定量描述。比如成本低、设计新颖、外形美观、符合人机工程学、体积小、重量轻、工艺性好、操作简单等。寻常性指标对一个产品往往是很重要的用户热点，但一般不参与优化设计，只需采用常规设计方法来保证。

7.2.3 优化指标

1. 生产能力

机电一体化系统的生产能力是指该机电一体化系统在单位时间内生产的产品数量，根据选用的计量和计时单位的不同，生产能力可表示为个/小时、块/小时、立方米/小时、千克/小时等。

1) 理论生产能力 G_{th}

G_{th} 是指机械系统在理想工作状态下单位时间内加工出的产品数量。

理论生产能力是机械系统的基本参数之一，设计者根据这个参数确定该产品的结构型式、工作机构的运转速度、各工序的步进速度以及与其他的机械或结构相衔接的相互关系。

理论生产能力的表达式为

$$G_{th} = \frac{60}{t_c} \cdot Z \tag{7-4}$$

$$t_c = t_1 + t_z \tag{7-5}$$

式中，t_c 为加工工作循环周期(min)；Z 为单工位型机械执行机构的头数；t_1 为工作时间，即直接用于加工或装配一个工件的时间(min)；t_z 为辅助操作时间，即在一个工作循环内除去 t_1 之外所消耗的时间，包括上、下料及夹紧移位等所消耗的时间(min)。

2) 实际生产能力 G

G 是指机械系统在正常运行期间单位时间内平均生产合格产品的实际数量。在实际生产中，生产能力与工作环境、操作水平、辅助操作时间、维护保养等因素有关。因此，实际生产力小于理论生产力。

2. 成本

对机电一体化加工机械来说，成本分为机器成本和生产成本。机器成本 C 是指制造机器本身需要的投资，是下述三项费用的总和：

(1) 材料及动力费用 C_1，包括系统制造所需的原材料、辅助材料、工具、外购件的费用及动力消耗；

(2) 工时费用 C_2，包括加工、装配、检验、试验时所支付的全部工资及附加工资；

(3) 间接费用 C_3，包括企业、车间管理费用，厂房及设备折旧等费用。

生产成本包括日常物化劳动消耗和活劳动消耗。其中日常物化劳动消耗是指用于产品生产所必需的备用零配件、电力、工具、燃料、润滑油、基本材料和辅助材料等方面的消耗；活劳动消耗是指用于产品的生产所需的工时、人员数量。

3. 柔性

机电一体化系统的柔性是指系统对外部环境变化的适应能力，用柔性系数 F 来表示：

$$F = \frac{T_g}{T_g + T_s} \tag{7-6}$$

式中，T_g 为系统工作时间；T_s 为系统适应时间。

根据系统适应外部环境变化的内容，加工机械的柔性分为工艺柔性和结构柔性。加工机械要通过系统局部调整来适应不同规格物料的加工，所以工艺柔性体现了系统对物料品种变换应具有的适应能力。物料加工时间可表达为

$$T_g = \sum_{i=1}^{n} K_i T_{g_i} \tag{7-7}$$

式中，T_{g_i} 为第 i 种物料的加工周期；K_i 为第 i 种物料批量大小；n 为系统调整次数，也就是被加工物料品种规格的数目。

加工机械的系统调整时间为

$$T_t = \sum_{i=1}^{n} T_{ti} \tag{7-8}$$

式中，T_{ti} 为系统对第 i 种物料加工前的调整时间。

若不考虑故障停机时间，系统的适应时间就等于系统调整时间，故工艺柔性系数 F_g 可表示为

$$F_g = \frac{T_g}{T_g + T_t} \tag{7-9}$$

由以上公式可知，在进行系统设计时，要根据规定的要求，求出 T_t、T_g 和 K 这几个参数之间的最佳组配。为了提高系统的工艺柔性，必须缩短系统调整时间和增加被加工物料的批量或加工周期(后者会造成生产率的下降)。

结构柔性是指在某一功能模块一旦出现故障时，系统仍能维持正常工作的能力。设系统不具备结构柔性时，执行功能的时间为 T_{z0}，工作能力恢复时间为 T_h，则系统总工作时间 T_{z1} 为

$$T_{z1} = T_{z0} + T_h \tag{7-10}$$

当系统具有结构柔性时，系统总工作时间 T_{z2} 为

$$T_{z2} = T_{z2}' + T_{z2}'' \tag{7-11}$$

式中，T_{z2}' 为无生产率损失的功能执行时间；T_{z2}'' 为有部分生产率损失的功能执行时间。

由于结构柔性的提高而缩短的停机时间 T_{ft} 为

$$T_{ft} = T_{z1} - T_{z2} = (T_{z0} + T_h) - T_{z2}' + T_{z2}'' \tag{7-12}$$

其结构柔性 F_j 表示为

$$F_j = \frac{T_{ft}}{T_h} \tag{7-13}$$

令 $T'_{z2} + T''_{z2} - T_{z0} = T_r$（为系统总工作时间和系统功能执行时间之差），由式(7-13)可以得到，如果 $T_h =$ 常数，即在系统工作能力恢复时间一定的情况下，随着 T_r 的增加，系统的结构柔性因生产率损失而降低。如果 $T_r =$ 常数，随着系统工作能力恢复时间 T_h 的增加，系统结构柔性因生产率保持原有水平而提高。

4. 自动化程度

机电一体化系统的最大特点是使人与机械的关系发生了根本的改变。

由于机电一体化系统中的微电子装置取代了人对机械绝大部分的控制功能，并加以延伸、扩大，克服了人体能力的不足和弱点，并且能够按照人的意图进行自动检测、信息处理、控制调节和记忆及故障自诊断，因而速度快，可靠性好，精度高，耐久力强。这样不但可减轻人的体力与脑力劳动，而且可克服传统机械中人机关系存在的人机之间速度、耐久性等不匹配现象。因此，在设计机电一体化系统时，应着重考虑系统的智能化和自动化。可用自动化程度系数 K_z 来评价机器的自动化程度。K_z 的定义为

$$K_z = \frac{实现了自动化辅助操作时间}{系统工作辅助操作时间} \tag{7-14}$$

式中，辅助操作时间是指机器在实现其主功能时，除了完成规定的工作运动外所需的时间，如机器的启动和停止、物料的装卸、机器工作参数调整、工作效果检查、机器加油润滑、例行检修等。

5. 可靠性

产品的可靠性是指产品在规定的条件下和规定的时间内，完成规定功能的能力。评价指标有可靠度、平均寿命和失效率。无故障性是指产品在某一时间内(或某一段实际工作时间内)，连续不断地保持其工作能力的性能。耐久性是指产品在达到极限状态之前，保持其工作能力的性能，也就是在整个使用期限内和规定的维修条件下，保持其工作能力的性能。

1) 可靠度

可靠度是产品在规定的条件下和规定的时间内，完成规定功能的概率。一般记为 R，它是时间 t 的函数，故也记为 $R(t)$，$R(t)$ 称为可靠度函数。

对于不可修复的产品，可靠度估计值是指在规定的时间区间 $(0, t)$ 内，能完成规定功能的产品数 $n_s(t)$ 与在该时间区间开始投入工作的产品数 n 之比，即

$$R(t) = \frac{n_s(t)}{n} = \frac{n - n_f(t)}{n} = 1 - \frac{n_f(t)}{n} \tag{7-15}$$

式中，$n_f(t)$ 为在规定时间区间内未完成规定功能的产品数，即失效数。

2) 平均寿命

由于可维修产品与不可维修产品的寿命有不同的意义，故平均寿命也有不同的意义。用 MTBF 表示可维修产品的平均寿命，称为平均故障间隔时间；用 MTTF(Mean Time To

Failure)表示不可维修产品的平均寿命，称为平均失效前时间。

不论产品是否可修复，平均寿命的估计值可用下式表示：

$$\hat{\theta} = \frac{1}{n}\sum_{i=1}^{n} t_i \tag{7-16}$$

式中，n 对不可修复的产品代表试验的产品数，对可修复的产品代表试验产品发生的故障次数；t_i 对不可修复产品代表第 i 件产品寿命，对可修复的产品代表每次故障修复后的工作时间。

3）失效率

失效率是工作到某时刻尚未失效的产品，在该时刻后单位时间内发生失效的概率。记作 $\lambda(t)$，称为失效率函数，有时也称为故障率函数。

$$R(t) = e^{-\int_0^t \lambda(t)\mathrm{d}t} \tag{7-17}$$

在正常工作期内机电一体化产品失效率为常数 λ，此时 $R(t) = e^{-\lambda t}$。

7.3　功能及性能指标的分配

经过对性能指标的分析，得到了实现特征指标的总体结构初步方案，对于初步方案中具有互补性的环节，还需要进一步统筹分配机与电的具体设计指标，对于具有等效性的环节，还需要进一步确定其具体的实现形式。在完成这些工作后，各环节才可采用常规方法进行详细设计。

7.3.1　功能分配

具有等效性的功能可有多种具体实现形式，在进行功能分配时，应首先把这些形式尽可能地全部列出来。用这些具体实现形式可构成不同的结构方案，其中也包括多种形式的组合方案。采用适当的优化指标对这些方案进行比较，可从中选出最优或较优的方案。优化过程只需计算与优化指标有关的变量，不必等各方案的详细设计完成后再进行。下面以某定量称重装置中滤除从安装基础传来的振动干扰的滤波功能的分配为例，说明等效功能的分配方法。

图 7.6 是定量称重装置的初步结构方案。

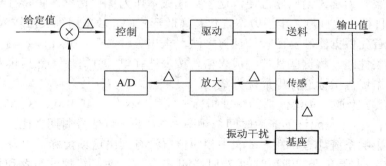

图 7.6　定量称重装置功能框图

图 7.6 中符号"△"表示装置中可建立滤波功能的位置。从安装基础传来的振动干扰经装置基座影响传感器的输出信号，该信号再经放大器、A/D 转换器送至控制器，使控制器的控制量计算受到干扰，因而使所称量产生误差。为保证称量精度，必须采用滤波器来滤除这一干扰的影响。

经过分析可知，可以采用三种滤波器来实现这一滤波功能，即安装在基座处的机械滤波器(又称阻尼器)、置于放大环节的模拟滤波器和以软件形式放在控制环节的数字滤波器。这三种滤波器在实现滤波功能这一点上具有等效性，但它们并不是完全等价的，在滤波质量、结构复杂程度、成本等方面它们具有不同的特点和效果。因此，必须根据具体情况从中择优选择一种最合适的方案。

通过对定量称重装置的工作环境和性能要求进行分析，可归纳出选择滤波方案的具体条件为：在存在最低频率为 ω_1、振幅为 h_1 的主要振动干扰的条件下，保证实现以 T 为工作节拍、精度为 K 的称量工作，并且成本要低。因此，可选择成本作为该问题的优化指标，对主要振动干扰的衰减率 α_1 和闭环回路中所允许的时间滞后 T_c 作为特征指标，其中衰减率 α_1 可根据干扰信号振幅 h_1 和要求的称量精度 K 计算得出，允许的滞后时间 T_c 可根据工作节拍 T 和称量精度 K 计算得出。详细计算方法这里不进行讨论。

滤波器放在不同位置，对系统的动态特性会产生不同的影响。从图 7.6 中可以看出，由基座形成的干扰通道不在闭环控制回路内，因此，如在这里安装机械滤波器，其衰减率及相位移不会影响闭环控制回路的控制性能，也就是说，不受特征指标的约束，不需要考虑相位特性，因而衰减率可以设计得足够大，容易满足特征指标 α_1 的要求。但是由于干扰信号的最低频率 ω_1 较低，机械式滤波器的结构较复杂，体积较大，因而成本也较高。

模拟式滤波器可以与放大器设计在一起，也可单独置于放大环节之后，但不论放在哪一位置，都是在闭环回路内。由于 ω_1 是干扰信号的低端频率，所以这里应采用低通滤波器。由低通滤波器的特性可知，当在控制回路内串入低通滤波器后，将使控制系统的阶跃响应时间增加，相位滞后增大，快速响应性能降低。因此，模拟滤波器性能的选择受特征指标 T_c 的约束，不能采用高阶低通滤波器，而低阶低通滤波器的滤波效果又较差。

数字滤波器的算法种类较多，本例采用算术平均值法来实现低通滤波。同模拟滤波器一样，由于数字滤波器需要计算时间，因此也受允许的滞后时间 T_c 的限制，且对较低频率的干扰信号，抑制能力较弱，但数字滤波器容易实现，且成本较低。

通过上述分析可见，三种滤波器各有特点，因此需要采用优化方法合理分配滤波功能，以得到最优方案。为了讨论问题方便，这里只选成本作为优化指标，将特征指标作为约束条件，构成单目标优化问题。由于方案优化是离散形式的，故采用列表法较为方便、直观。具体做法是：首先根据滤波器的设计计算方法，求出各种实现形式在满足约束条件下的一定范围内的有关性能，将这些性能列成表格，按表选择可行性方案，然后再对各可行方案进行比较，根据优化指标选择出最优方案。

表 7.2 列出了上述三种滤波器的特征指标和优化指标值，其中 A、B、C、D 是四个不同的品质等级；T_c/T_1 是允许的滞后时间与频率为 ω_1 的干扰信号周期之比。由于机械滤波器所在位置不影响系统动态特性，故表中相应位置没有列出这项指标。由表 7.2 可见，当干扰信号周期 T_1 大于允许的滞后时间 T_c 时，即 $T_c/T_1 < 1$ 时，模拟滤波器和数字滤波器都不能满足系统动态特性的要求，这时只能选择机械滤波器。

表 7.2　滤波器特性

滤波形式	项目	A	B	C	D
机械滤波器	衰减率/dB	−20	−30	−35	−40
	T_c/T_1	—	—	—	—
	成本/元	100	200	300	500
模拟滤波器	衰减率/dB	−5	−10	−15	−20
	T_c/T_1	1.47	3	5.5	10
	成本/元	20	20	20	20
数字滤波器	衰减率/dB	−12	−17	−20	−22
	T_c/T_1	1.5	2.5	3.5	4.5
	成本/元	10	10	10	10

　　现假设约束条件为 $T_c/T_1 \leqslant 5.5$，$\alpha_1 \leqslant -40$ dB。由表 7.2 可见，单个模拟滤波器和单个数字滤波器都无法满足该约束条件，因此必须将滤波器组合起来(即由几个滤波器共同实现滤波功能)才能构成可行性方案。

　　从表 7.2 中选出满足约束条件的可行性方案列于表 7.3，其中总特征指标值为构成可行性方案的各滤波器的相应特征指标值之和。依据成本这一优化指标，可从表 7.3 所列出的四种可行性方案中选出最合理的方案，即方案 3。该方案采用机械滤波器和数字滤波器分别实现对干扰信号的衰减，衰减率均为 −20 dB，也就是说，将滤波功能平均分配给机械滤波器和数字滤波器，同时还满足另一约束条件 $T_c/T_1 = 3.5 < 5.5$，而且该方案成本最低。

表 7.3　滤波方案

可行性方案	机械滤波器	模拟滤波器	数字滤波器	总衰减率/dB	总T_c/T_1	总成本/元
1	D			−40	—	500
2	A	A	B	−42	3.97	130
3	A		C	−40	3.5	110
4	B	B		−40	3	220

　　应当指出，表 7.3 中并未将所有可行性方案列出，因此，方案 3 并不一定是所有可行方案中的最优方案。此外，当约束条件改变时，将会得到不同的可行性方案组合及相应的最优方案。

7.3.2　性能指标分配

　　在总体方案中，一般都有多个环节对同一性能指标产生影响，即这些环节对于实现该性能指标具有互补性。合理地限定这些环节对总体性能指标的影响程度，是性能指标分配的目的。

　　在进行性能指标分配时，首先要把各互补环节对性能指标可能产生的影响作用范围逐一列出，对于不可比较的变量应先变换成相同量纲的变量，以便优化处理。在满足约束条件的前提下，采用不同的分配方法将性能指标分配给各互补环节，构成多个可行性方案。然后进一步选择适当的优化指标，对这些可行性方案进行评价，从中选出最优的方案。下面以车床刀架进给系统的进给精度分配为例，说明性能指标的分配方法。

图 7.7 是开环控制的某数控车床刀架进给系统的功能框图，该系统由数控装置、驱动电路、步进电动机、减速器、丝杠螺母机构和刀架等环节组成。现在的问题是要对各组成环节进行精度指标的分配。设计的约束条件是刀架运动的两个特征指标，即最大进给速度 $v_{max} = 14$ mm/s 和最大定位误差 $\delta_{max} = 16$ μm。由于这里只做精度分配，没有不同的结构实现形式，可靠性的差别不显著，因此只选择成本作为优化指标，构成单目标优化问题。

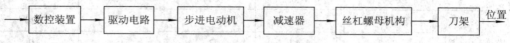

图 7.7　开环数控机床刀架功能框图

首先分析各组成环节误差产生的原因、误差范围及各精度等级的生产成本。产生误差的环节及原因如下：

(1) 刀架环节。为减少建立可行性方案及优化计算的工作量，可将以下环节合并，并用等效的综合结果来表达。因此，这里将床身各部分的影响也都列在刀架一个环节内，将刀架相对主轴轴线的径向位置误差作为定位误差。经分析可知，床身各部分影响定位误差的主要因素是床鞍在水平面内移动的直线度。其精度值与相应的生产成本见表 7.4。

表 7.4　各组成环节误差及对应成本

组成环节	指　标	A	B	C	D
刀架	床鞍移动直线度/μm	4	6	8	10
	成本/千元	10	5	2	1
丝杠螺母副	传动误差/μm	0.5	1	2	4
	成本/千元	5	3	2	1.2
减速器	齿轮传动误差/μm	1	1.2	2	2.5
	成本/千元	0.6	0.6	0.3	0.3
数控环节	最小脉冲当量/μm	3	7		
	成本/千元	3	2		

(2) 丝杠环节。丝杠螺母副的传动精度直接影响刀架的位置误差，它有两种可选择的结构形式，即普通滑动丝杠和滚珠丝杠，分别对应着不同的精度等级。如果假定丝杠螺母副的传动间隙已通过间隙消除机构加以消除，则传动误差是影响位置误差的主要因素，其具体数值及对应成本列于表 7.4，其中 A、B 两个精度等级对应着滚珠丝杠，C、D 两个精度等级对应着滑动丝杠。

(3) 减速器环节。该环节误差主要来自齿轮的传动误差，齿侧间隙产生的误差应采用间隙消除机构加以消除。床鞍移动误差和丝杠传动误差的方向与量纲和定位误差相同，不需要进行量纲转换，但齿轮的传动误差则需依据初步确定的参数，如丝杠导程、齿轮直径、传动比等，转换成与定位误差有相同方向和量纲的等效误差。考虑到两种可能的传动比和两个可能的齿轮精度等级，共得到四个品质等级的等效误差和相应的成本，并列于表 7.4 中。

(4) 数控环节。这个环节里包括了数控装置、驱动电路和步进电动机。步进电动机在不同载荷作用下，其转子的实际位置对理论位置的偏移角也不同，在不失步正常运行的情况下，该偏移角不超过 ±0.5 个步距角。此外，虽然数控装置的运算精度可达到很高，但由于大量的电磁信号以及电网的波动往往会扰乱系统的正常运行，降低系统的精度，因此，有必要讨论机电一体化系统中的抗干扰技术问题。

7.4　机电一体化系统抗干扰技术

各种干扰是引起机电一体化控制系统和产品出现瞬时故障的主要原因。作为机电一体化产品的设计者来说，就是要能从分析各种常见的干扰现象入手，从复杂的现象中找出一些规律，从而提出一些常用的抑制和处理各种干扰的措施与方法。从广义上讲，机电一体化系统的干扰包括电磁干扰、机械振动干扰、温度干扰、湿度干扰以及声波干扰等，其中电磁干扰对系统的影响尤为恶劣。

7.4.1　产生干扰的因素

1. 干扰的定义

干扰是指对系统的正常工作产生不良影响的内部或外部因素。从广义上讲，机电一体化系统的干扰因素包括电磁干扰、温度干扰、湿度干扰、声波干扰和振动干扰等，在众多干扰中，电磁干扰最为普遍且对控制系统影响最大，而其他干扰因素往往可以通过一些物理的方法较容易地解决。

电磁干扰是指在工作过程中受环境因素的影响，出现的一些与有用信号无关的，并且对系统性能或信号传输有害的电气变化现象。实际遇到的电磁干扰源可分为自然干扰源和人为干扰源。自然干扰源是指自然界的电磁现象产生的电磁噪声，比较典型的有大气噪声(如雷电)、太阳噪声(太阳黑子活动时产生的磁暴)、宇宙噪声(来自银河系)、静电放电等。人为干扰源指各种家用电器、民用设备、电力设备、电台等产生的干扰。在人为干扰源中，电源和地线引起的干扰比较突出。这些有害的电气变化现象使得信号的数据发生瞬态变化，增大误差，出现假象，甚至使整个系统出现异常信号而引起故障。例如传感器的导线受空中磁场影响产生的感应电势会大于测量的传感器输出信号，使系统判断失灵。

2. 形成干扰的三个要素

干扰的形成源于三个要素：干扰源、传播途径和接受载体。三个要素中缺少任何一项干扰都不会产生。

(1) 干扰源。产生干扰信号的设备被称作干扰源，如变压器、继电器、微波设备、电机、无绳电话和高压电线等都可以产生空中电磁信号。当然，雷电、太阳和宇宙射线也属于干扰源。

(2) 传播途径。传播途径是指干扰信号的传播路径。电磁信号在空中直线传播，并具有穿透性的传播称为辐射方式传播；电磁信号借助导线传入设备的传播被称为传导方式传播。传播途径是干扰扩散和无所不在的主要原因。

(3) 接受载体。接受载体是指受影响的设备的某个环节吸收了干扰信号，并转化为对系统造成影响的电器参数。接受载体不能感应干扰信号或弱化干扰信号，使其不被干扰影响就提高了抗干扰的能力。接受载体的接受过程又称为耦合，耦合分为传导耦合和辐射耦合两类。传导耦合是指电磁能量以电压或电流的形式通过金属导线或集总元件(如电容器、变压器等)耦合至接受载体。辐射耦合指电磁干扰能量通过空间以电磁场形式耦合至接受载体。

干扰之所以得名，是因为它对系统造成不良影响，反之，不能称其为干扰。从形成干扰的要素可知，消除三个要素中的任何一个，都会避免干扰。抗干扰技术就是针对三个要素的研究和处理。

7.4.2 干扰源

机电一体化系统易受到的干扰源包括供电干扰、过程通道干扰、场干扰等。

1. 供电干扰

大功率设备(特别是大感抗负载的启停)会造成电网的严重污染，使得电网电压大幅度涨落、浪涌，电网电压的欠压或过压常常超过额定电压的±15%，这种状况可持续几分钟、几小时甚至几天。由于大功率开关的通断、电动机的启停等原因，电网上常常出现几百伏甚至几千伏的尖峰脉冲干扰。对于电网中的噪声，国内外都做了大量的测试和研究，在高压电网上产生的脉冲噪声大多数为重复性的振荡脉冲，振荡频率约为 5 kHz～10 MHz，脉冲幅度约为200～3000 V；在 380/200 V 的低压电网上的脉冲噪声大多数是无规律的正负尖脉冲，有时振荡频率可达 20 MHz，脉冲峰值约为 100 V～10 kV。除尖峰脉冲外，电网的电压也经常产生瞬时扰动，一般为零点几秒，幅度可达额定电压的10%～50%。

由于我国采用高电压、高内阻电网，因此电网污染严重，尽管系统采用了稳压措施，但电网噪声仍会通过整流电路串入微机系统。据统计，由电源的投入、瞬时短路、欠压、过压、电网窜入的噪声引起 CPU 误动作及数据丢失，占各种干扰的90%以上。

2. 过程通道干扰

在机电一体化系统中，有的电气模块之间需用一定长度的导线连接起来，如传感器与微机、微机与功率驱动模块的连接，这些连线少则几条，多则几千条，连线的长短也由几米至几千米不等。通道干扰主要来源于长线传输(传输线长短的定义是相对于 CPU 的晶振频率而定的，当频率为 1 MHz 时，传输线长度大于 0.5 m 时视其为长线传输；频率为 4 MHz 时，传输线长度大于 0.3 m 时视其为长线传输)。当系统中有电气设备漏电，接地系统不完善，或者传感器测量部件绝缘不好等情况时，都会在通道中直接串入很高的共模电压或差模电压。各通道的传输线如果处于同根电缆中或捆扎在一起，各路间会通过分布电感或分布电容产生干扰，尤其是当 0～15 V 的信号线与交流的电源线同处于一根长达几百米的管道内时，产生的干扰相当严重。电磁感应产生的干扰也在通道中形成共模或差模电压，有时这种通过感应产生的干扰电压可达几十伏以上，使系统无法工作。多路信号通常要通过多路开关和采样-保持器进行数据采集后送入微机，若这部分的电路性能不好，幅值较大的干扰信号也会使邻近通道之间产生信号串扰，这种串扰会使信号产生失真。

3. 场干扰

系统周围的空间总存在着磁场、电磁场、静电场，如太阳及天体辐射电磁波，广播、电话、通信发射台的电磁波，周围中频设备(如中频炉、晶闸管变送电源、微波炉等)发出的电磁辐射等。这些场干扰会通过电源或传输线影响各功能模块的正常工作，使其中的电平发生变化或产生脉冲干扰信号。

由上所述，干扰源使得无用信号融入信号通道中，致使控制系统错误操作，造成系统不稳定，产生故障。控制系统由硬件电路和软件编程组成，为了使机电产品达到预期规定功能，可以从硬件与软件两方面进行抗干扰设计。

7.4.3 电源抗干扰的措施

当设备或元件共用电源线和地线时，设备或元件就会通过公共阻抗产生相互干扰，如共用电源则称共电源阻抗干扰，如共用地线则称共地线阻抗干扰。

电源为系统中所有设备共用，其电源内阻也为所有设备共用。当其中一个功率足够大的设备工作时，会使电源的电流增加，从而使电源内阻上的电压降增加，进而使其他设备的端电压降低，供电线路具有电感，瞬态变化的电流将在这些电感上产生电压降，当电压降超过数字逻辑元件的噪声容限时就会产生干扰。

1. 电网电压波动的抗干扰措施

对电网电压波动造成的干扰应采取以下措施：

(1) 计算机控制系统的供电应该与大功率的动力负载供电分开。

(2) 在经常停电的地方，计算机控制系统的供电应考虑安装不间断电源(UPS)。

(3) 对于长时间欠电压、过电压和电压波动的地方，应安装交流稳压器。交流稳压器的类型有电子磁饱和交流稳压器、铁磁谐振式稳压变压器、抽头式交流稳压器等。

2. 电子设备内部电源线抗干扰措施

对电子设备内部电源线带来的干扰问题，可通过把去耦合电容加在每个集成电路的电源端子之间去解决。去耦合电容为集成电路的瞬态变化电流提供了一个就近的高频通道，使该电流不至于通过环路面积较大的供电线路，从而大大减小了向外的辐射噪声。

3. 配电抗干扰

电源是控制系统电子电路的能量供应部分。控制系统的电子电路常采用由交流电源(例如 220 V，50 Hz)变换成直流(如 24 V，5 V)来供电。由于控制系统的电子电路是通过电源电路接到交流电源上去的，所以交流电源里的噪声通过电源电路干扰了控制系统的电子电路，这是控制系统的电子电路受干扰的主要原因之一。

抑制电源干扰首先从配电系统的设计上采取措施，可采用图 7.8 所示的配电方案。其中交流稳压器用来保证系统供电的稳定性，低通滤波器可以抑制电网的瞬态干扰。例如图 7.9 所示的低通滤波器，其中 $L = 100\ \mu H$，$C_1 = 0.1 \sim 0.5\ \mu F$，$C_2 = 0.01 \sim 0.05\ \mu F$，该低通滤波器对于 20 kHz 以上的干扰抑制能力较好。

图 7.8 系统配电方案

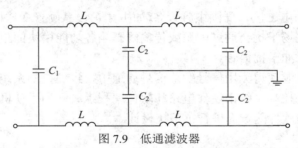

图 7.9 低通滤波器

当电源变压器初级线圈内靠铁芯的一端接火线时，称为热地；反之称为冷地。初级地与次级地之间会因变压器内绕组间的寄生电容产生高频干扰。因此，在电源变压器的初级线圈和次级线圈间加电容，即加静电屏蔽层。电源变压器干扰隔离电路如图 7.10 所示，图中 C_3 把耦合电容分隔成 C_2、C_1，使耦合电容隔离，断开高频干扰信号，能够有效地抑制共模干扰。

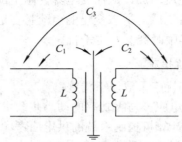

图 7.10 电源变压器干扰隔离电路

4. 开关电源抗干扰

机电一体化系统目前使用的直流稳压电源可分为常规线性直流稳压电源和开关稳压电源两种。常规线性直流稳压电源由整流电路、三端稳压器及电容滤波电路组成。开关稳压电源是利用 20 kHz 以上的频率(目前可达 250 kHz 以上)，并以开和关的占空比来控制稳定输出电压的，所以电源线路内的 $\mathrm{d}U/\mathrm{d}t$、$\mathrm{d}I/\mathrm{d}t$ 变化幅度很大，产生很大的浪涌电压和其他各类脉冲，形成一个强烈的干扰源。根据图 7.11 所示的开关电源的基本电路，可以分析出其产生干扰的原因。

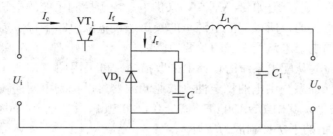

图 7.11 开关电源基本电路

(1) 开关电源的大功率开关管 VT_1 工作在高压大电流的高频切换状态，由导通切换到关断状态时形成的浪涌电压，或由关断切换到导通状态时形成的浪涌电流，它们的高次谐波成分通过向空间发射或通过电源线的传导构成了干扰源。

(2) 由关断切换到导通状态时续流二极管 VD_1 受反向恢复特性的限制,产生尖峰状的反向电流,它与二极管结电容以及引线电感形成了阻尼正弦振荡,通过传导和电磁辐射耦合将噪声传播出去,并含有大量的谐波成分,构成干扰。这种由二极管反向电流所造成的噪声是最主要的,它可以分为返回噪声、输出噪声和辐射噪声三类。返回噪声即返回到电网中的噪声,它通过电源变压器传播到电网中,影响着附近接在电网上的电子设备,返回噪声又可分为串模噪声和共模噪声;辐射噪声以电磁波的形式干扰其他电路或开关电源内部的电路。

开关电源的抗干扰设计主要从抑制干扰源的强度和衰减噪声两个方面考虑:

第一个方面,开关电源中的整流二极管 VD_1 所产生的噪声是最主要的,而该噪声的大小又取决于二极管反向电流的大小。如果将反向电流刚产生至恢复到零这段时间称作反向恢复时间,则反向电流的幅值是正比于反向恢复时间的。为了减少噪声干扰,要求二极管 VD_1 的反向恢复时间要短。将由 RC 组成的缓冲器并接在整流二极管 VD_1 上,可以减小输出噪声。

第二个方面主要从开关电源本身的屏蔽接地和开关电源多负载的合理布线两方面着手。另外,交流电的引入线应采用粗导线;直流输出线应采用双绞线,扭绞的螺距要小,并尽可能缩短配线长度。

7.4.4　控制微机抗干扰设计

在控制微机设计中,如果把抗干扰性能作为一个重要的问题来考虑,则系统投入运行后,抗干扰能力就强;反之,如等到现场发现问题才来修修补补,往往就会事倍功半。本小节主要对控制微机抗干扰设计中干扰源分析和硬件抗干扰设计两部分进行介绍。

1. 干扰源分析

控制微机的干扰分为两类:外部干扰和内部干扰。外部干扰包括空间感应和辐射干扰、导线传入的干扰(由电源线控制线、各信号线等外部线引入的干扰)、地线传入的干扰。内部干扰是控制微机本身的问题。外部干扰已在 7.4.2 小节介绍,下面主要探讨一下内部干扰。

内部干扰因控制微机不同而不同。PLC 为外购件,由于各生产厂家对 PLC 系统内部元器件及电路间相互电磁辐射抑制和屏蔽措施不同,其电磁兼容性有差别,从而各厂家的 PLC 系统的抗干扰性能优劣不一。在应用中一定要选择具有较多应用实例或经过考验的 PLC 系统。另外,有的厂家为提高 PLC 的抗干扰性能,在制造 PLC 系统时就进行了冗余设计,例如三菱公司的 A3VTS 系统是三 CPU 表决系统,双 CPU 设计的有欧姆龙公司的 C2000H、CVM1D 和三菱公司的 Q4ARCPU 等。

单片机控制系统多为专用设计,引起内部干扰的因素主要有元器件的布局不合理、元器件的质量较差以及元器件之间的连线不合理等。

2. 硬件抗干扰设计

硬件抗干扰设计主要从电源、抗电场磁场干扰、地线连接、施工布线、光电隔离等方面入手。其中电源抗干扰措施已在 7.4.3 小节中介绍,以下阐述其他几种硬件抗干扰措施。

1) 空间电、磁场干扰的屏蔽与抑制

为减小空间电磁场对信号线的干扰,可以采用多种技术。

(1) 将弱信号线远离强信号线路，尤其是动力线路，保持这些导线间的距离在 1 m 以上。

(2) 要避免平行走线，尽量使得强信号线与弱信号线相交而不是使这两条线呈平行走向，正交的接线可使线间的电容降至零。

(3) 对于传播信号的线路要进行分类，不能装在相同的电缆管或者电缆槽中，要保证电缆线在其中有足够的空间。

(4) 克服电磁干扰的另一个有效的办法是屏蔽和屏蔽层的正确接地。正确接地的屏蔽既能克服电场干扰又能减小磁场的干扰。

2) 地线连接及地线干扰的抑制

电路、设备机壳等与作为零电位的一个公共参考点(或面)实现低阻抗的连接，称之为接地。接地的目的有两个：一是为了安全，例如把电子设备的机壳、机座等与大地相接，当设备中存在漏电时，不致影响人身安全，称为安全接地；二是为了给系统提供一个基准电位(例如脉冲数字电路的零电位点等)，或为了抑制干扰(如屏蔽接地等)，称为工作接地。

接地目的不同，其"地"的概念也不同。安全接地一般是与大地相接。而工作接地，其"地"可以是大地，也可以是系统中其他电位参考点，例如电源的某一个极。模拟地直接连接电网，很容易引入电网的干扰，而数字地含有的高次谐波和辐射作用也比较大。

机电一体化系统常用的接地方式有并联一点接地、多点接地、复合接地、浮地等。机电一体化系统的接地，还应注意把交流接地点与直流接地点分开，避免由于地电阻把交流电力线引进的干扰传输到系统内部；应把模拟地与数字地分开，接在各自的地线汇流排上，避免大功率地线对模拟电路增加感应干扰。

此外，接地线应粗一些，以减小各个电路部件之间的地电位差，从而减小地环电流的干扰。屏蔽地、保护地不能与电源地、信号地等其他地扭在一起，只能独立接到地铜牌上。信号源接地时，屏蔽层应在信号侧接地；信号源不接地时，屏蔽层应在设备侧接地。

3) 对布线结构进行优化

对机电一体化设备及系统的各个部分进行合理的布局，能有效防止电磁干扰的危害。合理布局的基本原则是使干扰源与干扰对象尽可能远离，输入和输出端口妥善分离，高电平电缆及脉冲引线与低电平电缆分别敷设等。在进行布线的时候应该将弱电和强电分开，特别是针对交流电，应该尽量采用分槽走线的方式，交流线和直流线要分开捆扎。尽量在大面积的铜覆盖电路板以及信号连接线路当中采用屏蔽线。

4) 对光电进行隔离

通过光耦合器来对信号出入通道和中央处理单元进行有效隔离，这样可以在发光二极管的作用下，让系统的输入信号转换成光信号，然后又在光敏元件的作用下转换成电信号，这样对于通道过程干扰就能够起到有效的抑制作用，同时还能够有效地对电源地和信号地进行隔离。

5) 用电容或阻容环节抑制干扰

电容是一个储能元件，电压不能突变，从而对一些瞬时性的干扰或尖脉冲具有吸收的能力。因此，此法如果使用得当，相当一部分干扰都可以得到抑制。

图 7.12(a)为触点抖动抑制电路，对于抑制各类触点或开关在闭合或断开瞬间因触点抖

动所引起的干扰是十分有效的。图 7.12(b)为交流火花抑制电路，主要是为了抑制电感性负载在切断电源瞬间所产生的反电势。这种阻容吸收电路可以将电感线圈的磁场释放出来的能力转化为电容器电场的能量储存起来，以降低能量的消散速度。图 7.12(c)为输入信号的阻容滤波电路，类似的这种线路既可作为直流电源的输入滤波器，亦可作为模拟电路输入信号的阻容滤波器。图 7.12(d)为长线干扰抑制电路，主要为了抑制由于控制装置和控制对象长距离信号传输所造成的干扰。随着光纤通信技术的发展，长线传输采用光纤技术，获得了更高的可靠性。上述抑制电路并不是唯一的，不同的应用场合有不同的组合方式，阻容参数的选择亦与控制现场和具体的控制系统有关。

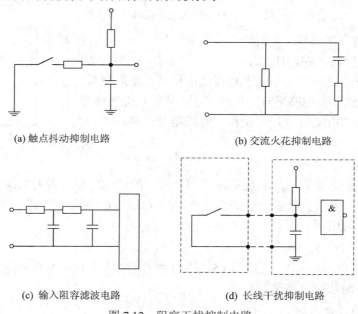

(a) 触点抖动抑制电路

(b) 交流火花抑制电路

(c) 输入阻容滤波电路

(d) 长线干扰抑制电路

图 7.12 阻容干扰抑制电路

7.4.5 感性负载瞬态噪声抑制及触点保护

如果电路的负载是感性的，在切断回路时电感两端产生很高的瞬间电压，使开关触点间产生飞弧而损坏触点。如果是电子开关，则起开关作用的晶体管等可能被损坏，同时产生强烈的脉冲噪声，通过辐射和传导向外发射，影响其他电路的正常工作。因此，必须在电感负载两端或开关触点处加装保护电路。

1. 电感负载两端并联放电通路

在电感两端并联放电通路的目的是在切断电感的电源时，给电感存储的能量提供一条释放能量的通路，避免产生触点间的火花放电和脉冲噪声。并联放电通路有以下几种形式。

1) 并联电阻通路

在电感负载两端并联电阻 R，如图 7.13 所示，R_L 是线圈的等效电阻，I_0 是开关断开之前电感中的电流，开关刚断开时电感两端的电压是 $U_L = -(R + R_L)I_0$，此后呈指数衰减，衰减时间常数为 $L/(R + R_L)$。调整 R 的阻值，就能调整电感两端的电压及过渡过程的长短。一般取 $R = (1 \sim 3)R_L$。并联电阻通路无极性要求，交直流都能用，其结构简单，常用在小电流电动机绕组和一般继电器中；该电路的缺点是工作过程中消耗功率，且释放电感储能所需时间较长。

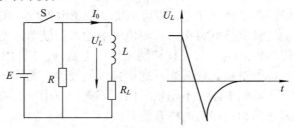

图 7.13　并联电阻通路及其电压波形

2) 并联压敏电阻通路

并联压敏电阻的电路与图 7.14 的不同之处是 R 为压敏电阻。压敏电阻的特性是当电压低于其阈值电压时，电阻变得很小，流过电流很大。该电路平时消耗功率小，释放储能时间短，常用于交直流电动机绕组、开关设备、变压器及一些功率较大的设备。

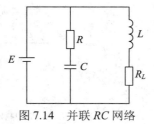

图 7.14　并联 RC 网络

3) 并联稳压管、二极管电路

并联稳压管、二极管电路利用稳压管和二极管的钳位作用，使开关断开时电感两端不会出现太大电压，若是二极管，电压约为 0.7 V。稳压管电路适用于交、直流情况，二极管电路只适用于直流电路。

4) 并联 RC 网络

由图 7.14 可知，开关断开后，电路成为自由阻尼振荡电路，电压和电流为衰减的正弦波形，交直流电源都可以使用。

5) 耦合线圈放电通路

直流电路中如有铁芯或磁环绕制的电感负载时可用这种方法。图 7.15 所示电路中负载电感作为初级 n_1，另外在铁芯上绕制一个线圈 n_2，与之紧耦合，作为次级回路，回路中串接二极管和小电阻，二极管的方向应使开关闭合时次级回路没有瞬态电流，而在开关 S 断开后次级回路有瞬态电流。由于是直流应用，因此平时次级回路没有功率损耗，只有在开关 S 断开时初级线圈的能量才会耦合到次级上，由于次级回路阻抗很小，所以能量很快就释放了。这个电路虽然抑制效果好，但制作麻烦，只适用于直流电路，且电感必须绕在铁芯或磁环上。

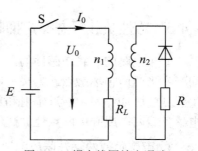

图 7.15　耦合线圈放电通路

6) 三极管放电通路

三极管放电通路如图 7.16 所示，图中二极管 VD_1 和三极管 VT_1 在正常工作时处于反偏置状态，所以电流仅流过负载电感 L，没有额外的功率损耗。一旦开关 S

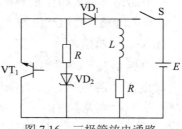

图 7.16　三极管放电通路

断开，电感 L 产生的反向高电压使 VT_1 和 VD_1 都导通，稳压管 VD_2 和电阻 R 确定了三极管 VT_1 的偏置电压。由于三极管有放大作用，可以流过很大的电流，所以电感 L 中的能量被释放了。

2. 开关触点的保护电路

切断电感性负载时防止开关触点产生火花放电的方法，除了在电感负载两端加能量释放通路外，也可在开关触点上加保护电路，最常用的是 RC 保护电路，如图 7.17(a)所示。

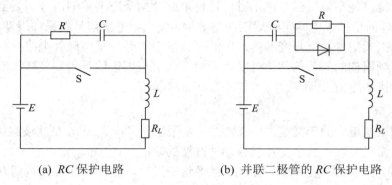

(a) RC 保护电路　　　　　　(b) 并联二极管的 RC 保护电路

图 7.17　触点保护电路

图 7.17(a)中，R 和 C 串联后跨接在开关的两端。当开关断开时电感中储存的能量通过 RC 电路释放，避免了触点间产生放电。R 的选择要考虑两个方面的因素，一方面在开关断开瞬间希望 R 越小越好，以便电感中储存的能量尽快地转移到电容中去；另一方面当开关闭合时希望 R 尽可能大，以免电容上的能量通过开关触点放电时电流太大而烧坏触点。开关触点间存在两种形式的击穿放电，即气体火花放电和金属弧光放电。要防止气体火花放电，应控制触点间电压低于 300 V；要防止金属弧光放电，应控制触点间的起始电压上升率小于 1 V/μs，并把触点间最小瞬态电流控制在 0.4 A 以下。根据这些原则可以选择 R 和 C。

RC 触点保护电路无极性要求，在交直流情况下都能应用。图 7.17(b)是一种 RC 保护电路的改进形式，即在 R 上并联二极管。开关断开时，二极管导通，R 不起作用；开关闭合时，二极管不导通，R 起作用，这样只要满足 $R > 10U_0/I_0$，即可以对开关触点起到保护作用。

7.4.6　软件抗干扰设计

各种形式的干扰最终会反映在系统的微机模块中，导致数据采集误差、控制状态失灵、存储数据被篡改以及程序运行失常等后果，虽然在系统硬件上采取了上述多种抗干扰措施，但仍然不能保证万无一失，因此，软件抗干扰措施的研究越来越受到人们的重视。

1. 实施软件抗干扰的必要条件

软件抗干扰属于微机系统的自身防御行为，采用软件抗干扰的必要条件是：

(1) 在干扰的作用下，微机硬件部分以及与其相连的各功能模块不会受到任何损毁，或易损坏的单元设置有监测状态可供查询；

(2) 系统的程序及固化常数不会因干扰的侵入而变化；

(3) RAM 区中的重要数据在干扰侵入后可重新建立，并且系统重新运行时不会出现不允许的数据。

2. 数据采样的干扰抑制

1) 抑制工频干扰

工频干扰侵入微机系统的前向通道后，往往会将干扰信号叠加在被测信号上，特别当传感器模拟量接口是小电压信号输出时，这种串联叠加会淹没被测信号。要消除这种串联干扰，可使采样周期等于电网工频周期的整数倍，使工频干扰信号在采样周期内自相抵消。实际工作中，工频信号频率是变动的，因此采样触发信号应采用硬件电路捕获电网工频，并将发出的工频周期的整数倍的信号输入微机。微机根据该信号触发采样，可提高系统抑制工频串模干扰的能力。

2) 数字滤波

为消除变送通道中的干扰信号，在硬件上常采取有源或无源 RLC 滤波网络，以实现信号频率滤波。微机可以用数字滤波模拟硬件滤波的功能。

(1) 防脉冲干扰平均值滤波。前向通道受到干扰时，往往会使采样数据存在很大的偏差，若能剔除采样数据中个别错误数据，就能有效地抑制脉冲干扰。具体操作是采用"采四取二"的防脉冲干扰平均值滤波的方法，在连续进行 4 次数据采样后，去掉其中最大值和最小值，然后求剩下的两个数据的平均值。

(2) 中值滤波是对采样点连续采样多次，并对这些采样值进行比较，取采样数据的中间值作为采样的最终数据。这种方法也可以剔除因干扰产生的采样误差。

(3) 一阶递推数字滤波。这种方法是利用软件实现 RC 低通道滤波器的功能，能很好地消除周期性干扰和频率较高的随机干扰，适用于对变化过程比较慢的参数进行采样。一阶递推滤波的计算公式为

$$y_n = ax_n + (1-a)y_{n-1} \tag{7-18}$$

式中，a 为与数字滤波器的时间常数有关的系数，a=采样周期/(滤波时间常数+采样周期)；x_n 为第 n 次采样数据；y_n 为第 n 次滤波输出数据(结果)。

a 取值越大，其截止频率越高，但它不能滤除频率高于采样频率二分之一(奈奎斯特频率)的干扰信号，对于高于奈奎斯特频率的干扰信号，应该用硬件来滤除。

3) 宽度判断抗尖峰脉冲干扰

若被测信号为脉冲信号，由于在正常情况时，采样信号具有一定的脉冲宽度，而尖峰干扰的宽度很小，因此可通过判断采样信号的宽度来剔除干扰信号，具体方法为：对数字输入口采样，等待信号的上升沿到来(设高电平有效)，当信号到来时，连续访问该输入口 n 次，若 n 次访问中该输入口电平始终为高，则认为该脉冲有效；若 n 次采样中有不为高电平的信号，则说明该输入口受到干扰，信号无效。在使用这种方法时，应注意 n 次采样时间总和必须小于被测信号的脉冲宽度。

4) 重复检查法

重复检查法是一种容错技术，是通过软件冗余的办法来提高系统的抗干扰特性，适用

于缓慢变化的信号的抗干扰处理。因为干扰信号的强弱不具有一致性，因此，对被测信号多次采样，若所有采样数据均一致，则认为信号有效；若相邻两次采样数据不一致，或多次采样的数据均不一致，则认为是干扰信号。

　　5) 偏差判断法

　　有时被测信号本身在采样周期内产生变化，存在一定的偏差(这往往与传感器的精度以及被测信号本身的状态有关)。这个客观存在的系统偏差是可以估算出来的，当被测信号受到随机干扰后，这个偏差往往会大于估算的系统偏差，可以据此来判断采样是否为真。判断偏差的方法为：根据经验确定两次采样允许的最大偏差 Δx，若相邻两次采样数据相减的绝对值 $\Delta y > \Delta x$，表明采样值 x 是干扰信号，应该剔除，而用上一次采样值作为本次采样值；若 $\Delta y \leqslant \Delta x$，则表明被测信号无干扰，本次采样有效。

　　3. 程序运行失常的软件抗干扰措施

　　系统因受到干扰侵害致使程序运行失常，是由于程序指针 PC 被篡改。当程序指针指向操作数，将操作数作为指令码执行时，或程序指针值超过程序区的地址空间，将非程序区中的数据作为指令码执行时，都将造成程序的盲目运行，或进入死循环。程序的盲目运行，不可避免地会盲目读/写 RAM 或寄存器，而使数据区及寄存器的数据发生篡改。可以采取以下两种措施应对程序运行失常的情况。

　　1) 软件"陷阱"

　　从软件的运行来看，瞬时电磁干扰可能会使 CPU 偏离预定的程序指针，进入未使用的 RAM 区和 ROM 区，引起一些莫名其妙的现象，其中死循环和程序"跑飞"是常见的。为了有效地排除这种干扰故障，常采用软件"陷阱"法。这种方法的基本指导思想是，把系统存储器(RAM 和 ROM)中没有使用的单元用某一种重新启动的代码指令填满，作为软件"陷阱"，以捕获"跑飞"的程序。一般当 CPU 执行该条指令时，程序就自动转到某一起始地址，从这一起始地址开始存放一段使程序重新恢复运行的热启动程序，该热启动程序扫描现场的各种状态，并根据这些状态判断程序应该转到系统程序的哪个入口，使系统重新投入正常运行。

　　2) 软件"看门狗"

　　"看门狗"(Watchdog)就是用硬件(或软件)的办法使用监控定时器定时检查某段程序或接口，当超过规定时间系统没有检查这段程序或接口时，可以认定系统运行出错(干扰发生)，可通过软件进行系统复位或按事先预定的方式运行。软件"看门狗"是工业控制机普遍采用的一种软件抗干扰措施。当侵入的尖峰电磁干扰使计算机程序"跑飞"时，Watchdog 能够帮助系统自动恢复正常运行。

7.4.7　屏蔽技术

　　屏蔽是利用导电或导磁材料制成的盒状或壳状屏蔽体，将干扰源或干扰对象包围起来从而割断或削弱干扰场的空间耦合通道，阻止其电磁能量的传输。按需屏蔽的干扰场的性质不同，可分为电场屏蔽、磁场屏蔽和电磁场屏蔽，根据屏蔽方法又可把屏蔽分为主动屏蔽与被动屏蔽。

1. 静电场的屏蔽

静电场的屏蔽分为主动屏蔽和被动屏蔽。主动屏蔽是用金属体把带电体包围起来,并使起屏蔽作用的金属体接地。被动屏蔽是用金属体把敏感设备包围起来,并使起屏蔽作用的金属体接地。它们的屏蔽原理可以用物理上的静电场知识来解释。

2. 交流电场的屏蔽

静电场是由静止电荷产生的,不随时间的变化而变化。在实际的电路中,电荷都是流动的,电场也是交变的,因此研究交变电场的屏蔽更有实际意义。

无论是静电场还是交变电场,电场屏蔽的必要条件是有屏蔽金属体和接地。对于电场屏蔽只要把任何很薄的金属体接地就能达到良好的效果。

3. 低频磁场屏蔽

铁芯变压器是主动屏蔽低频磁场的例子,因为线圈电流产生的磁力线绝大部分被铁芯束缚住,不会对其他敏感设备产生太大影响。用高磁导率的材料把敏感设备包围起来是被动屏蔽低频磁场的例子。

4. 高频磁场屏蔽

高频磁场屏蔽是用金属良导体(如铜、铝等)把干扰源包围起来,由于涡流效应,高频磁场在良导体内部产生很大的涡电流,使可能发射的高频磁力线的能量耗尽,从而达到磁屏蔽的效果。

5. 电磁场屏蔽

电磁场屏蔽用于抑制噪声源和敏感设备距离较远时通过电磁场耦合产生的干扰。电磁场屏蔽必须同时屏蔽电场和磁场,通常采用电阻率小的良导体材料。空间电磁波在入射到金属表面时会产生反射和吸收,电磁能量被大大衰减,从而起到屏蔽作用。

7.5 机电一体化系统创新设计方法

7.5.1 机电一体化系统设计流程

一般机电一体化系统的设计具有以下规律:首先根据设计要求确定所需功能要素及其逻辑关系,随后依据逻辑关系研究其相互间的物理关系,最后得到产品结构关系,完成全部设计工作。其中确定逻辑关系是设计过程的关键步骤,只有通过合理的逻辑关系,才能得到满足需求的结构,这一阶段往往需要进行功能分解,确定逻辑关系和功能结构。一般来说,机电一体化系统所需具备的功能往往不止一种,不能用某种简单的结构达成需求。这时就需要对产品进行功能分解,将产品应具备的总功能分解成若干子功能,将子功能进一步分解为功能单元,确定这些子功能或功能单元的逻辑关系并按一定结构联系起来,就形成了功能结构,通过功能结构将子功能和功能单元连接起来,使其满足总功能的要求。功能结构一般可分为以下三种形式:串联结构、并联结构以及有反馈过程的连接结构。使用现代化的设计方法,依据逻辑关系进行功能分解,利用比较简单的功能单元的组合替代抽象复杂的总功能，可以极大地降低功能实现的复杂程度。

　　机电一体化系统设计是一项涉及层面十分广的系统性工程，包含市场调研、理论分析、结构设计等方面。从产品生命周期观点出发，产品的设计过程包括了从理论设计到产品回收的整个流程，因此机电一体化设计不仅要考虑高质量产品的生产与组装，而且要考虑产品的维修与调试以及产品的适用性、可靠性、可装配性、可维护性、可升级性、可报废性等一些重要的生命周期因素。因此，从产品生命周期角度来看，机电一体化系统的开发过程分为以下几个阶段。

　　1. 准备阶段

　　(1) 需求分析。该阶段的任务包括市场调研、需求分析、产品目标设计。在进行机电一体化系统设计之前，需要对开发的产品所面向的市场进行调研，针对该产品潜在的用户，调查其对产品功能、性能、价格等方面的期望，对市场未来的不确定因素和条件做出预计、测算和判断，系统性收集所设计产品的市场需求方向，撰写市场调研报告。市场调研的结果应能为系统(产品)的方案设计提供理论与数据支撑，并依据市场调研结果对产品目标进行初步设定。

　　(2) 可行性分析。该阶段的任务包括总体方案设计、可行性分析。在对系统(产品)进行需求分析之后，首先要进行产品总体方案的设计，设计一个好的产品构思，建立数学与物理模型及初步技术规范，分析求解模型并进行试验模拟，产品方案初步设计完成后要对其进行可行性的论证，可行性论证一般包括技术可行性、组织可行性、财务可行性和存在的风险及对策等。这是系统开发前期工作中的一项重要内容，对系统开发具有重要意义。

　　2. 设计阶段

　　(1) 功能模块设计。根据系统的组成，依据模块化理论，将系统(产品)划分为机械系统设计、控制系统设计、驱动系统设计等模块，并确定各模块之间的接口功能。

　　(2) 整体评价。根据综合评价后确定的系统方案，对所划分的各模块从技术层面上对其进行详细设计。在机电一体化系统设计过程中，详细设计是最烦琐费时的步骤，需要反复修改，逐步完善。根据子系统的功能与结构，详细设计又可以分解为硬件系统设计与软件系统设计。在完成各子系统的详细设计之后，即可进行样机试制，验证产品性能及可靠性是否满足要求。

　　3. 设计实施阶段

　　(1) 系统装配与调试。根据设计任务书和验收标准，在样机组装之后即可进行试验运行阶段，通过试验对样机可靠性及各项性能指标进行测试。如果样机性能指标不满足设计要求，则修改设计并重新制造样机，直至通过验收。

　　(2) 技术评价与审核。组织技术人员及专家对样机进行评价与审核，根据审核意见对系统设计做进一步修改与调整，随后进入小批量生产销售阶段，通过跟踪调查产品在市场上的情况，收集用户意见，发现产品在设计和制造方面存在的问题，并进一步修改后，进入正式生产阶段。

　　4. 定型阶段

　　进行批量生产并投入市场，同时进行定期运行维护、故障检修等售后服务，经过一段时间后对产品进行报废回收处理。

机电一体化系统设计的详细流程如图 7.18 所示。

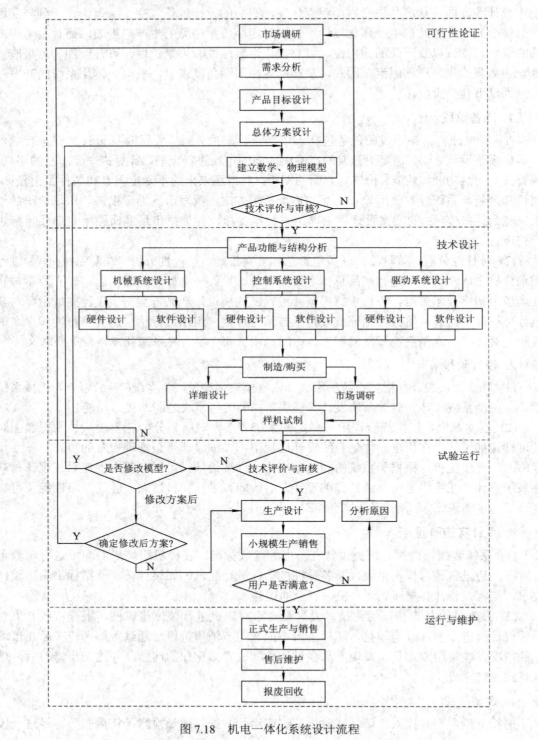

图 7.18　机电一体化系统设计流程

7.5.2　创新设计方法

创新设计作为一种不同于传统设计的现代设计方法，一直以来得到了许多国家的高度重视。发达国家在 20 世纪 60 年代就已经开展了相关方面的研究，我国的创新设计相关研究起步较晚，但也取得了许多成果。随着科学技术的快速发展，创新设计的理论和方法得到了越来越广泛的研究与应用。创新设计通过利用计算机技术、自动控制技术、机械技术和信息技术等，融合认知科学、心理学等学科，完成开发新产品和改进现有产品的功能，使之更加高效、可靠地工作，辅助甚至代替人类完成更加复杂的任务。

1. 创新设计的原理

创新设计的原理一般包括以下几种。

(1) 拓展原理。应用新的技术原理更新拓展旧技术原理，实现对已有问题的解决。例如通过利用计算机技术、电子技术、信息技术等设计的无人搬运小车(AGV)已大规模应用于仓储物流行业中，代替人力实现高效可靠作业。

(2) 发展原理。运用创新思维，针对已有设计应用新技术原理，打破旧框架，进而发展建立新机电一体化系统。例如目前广泛应用的 3D 打印机就是打破减材制造的传统制造方式，采用增材制造的新方法而创造出来的。

(3) 组合创新原理。针对已有的技术原理、材料、产品、方法、功能等，按照一定的目的进行创新性组合，最终形成具有新功能的机电一体化系统。例如通过将农作物灌溉相关技术与电子技术相结合制作的智能立体绿化装置，能够大大减少人力成本的同时节省环境资源。

(4) 发散原理。从不同的方向、途径和角度去思考，发散创新思维，探求多种答案，最终得到解决问题的方法。例如，面对冰箱市场长期被美国人垄断的局面，日本人发散思维，创新设计，从不同角度去思考问题，最终发明创造了微型冰箱，使人们不仅可以在家里使用，还可随身携带，将其安装在野营车上等。日本人摆脱了传统思维方式，并未对其工作原理进行重新设计，而是从办公室、旅游等其他生活场景去思考问题，有意识地去改变产品的使用环境，在一定程度上引导和开发了人们潜在的消费需求，进而拓宽了它的市场应用范围，从而达到了创造需求、开发新市场的目的。

2. 创新设计的特点

创新设计通过具有创新才能的人才，利用先进技术，在正确的设计方法下进行系统设计，完成新一代机电一体化系统的设计。创新设计往往具有以下特点：

(1) 创新设计涉及多种学科，是多种学科交叉融合的过程，因此对其设计成果的评价也是多角度、多层次的；

(2) 创新设计注重设计的先进性和新颖性；

(3) 创新设计具有继承性，是人们长期智慧的结晶；

(4) 创新设计具有实用性，创新设计的最终目的在于具有实际需求和应用价值；

(5) 创新设计是一种探索的过程，其设计过程具有模糊性和不可知性，不一定所有的创新都是有用的，需要取其精华去其糟粕。

针对某一产品来讲，其创新设计是一个创造性的综合信息处理过程，它运用现代科学技术手段，通过某些具体的载体，将人的某些需求转换为一个具体的形式表达出来。以设计过程中创造性比例为依据，产品创新设计通常分为产品常规设计、产品革新设计和产品创新设计。根据是否改变产品工作原理，产品创新设计又可细分为两种：一种需要对原有产品工作原理进行改变，称之为产品开发性设计，如科技发明等；另一种不改变其基本工作原理，在第一类的基础上进行功能方面的改进与优化，使之更符合用户行为习惯和个性需求，称之为产品改进性设计，如不断更新换代的 Android 操作系统。

3. 创新设计的流程

产品创新设计和传统设计一样，需要遵循科学的设计流程和方法。虽然不同设计人员因所设计产品不同而在设计流程上有所差别，但总体来看，可以将产品创新设计的流程概况为以下四个方面，如图 7.19 所示。

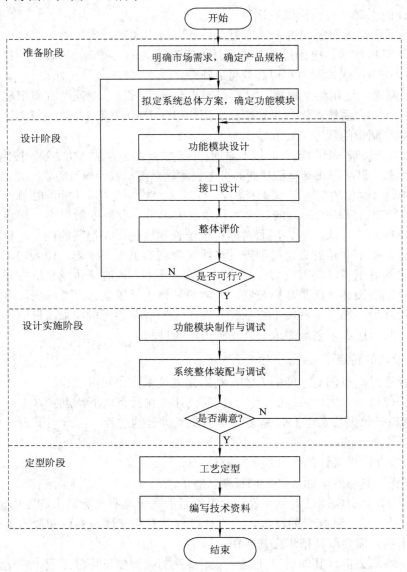

图 7.19 产品创新设计典型流程

(1) 准备阶段。在进行产品创新设计之前，首先需要对所设计产品信息进行全方面了解，对设计对象进行机理分析，确定产品的使用环境、使用方式、规格、性能参数等，然后进行技术分析，拟定系统总体方案，划分组成系统的各功能要素和功能模块，最后对各种方案进行可行性对比研究，确定最佳总体方案。

(2) 设计阶段。前期准备工作完成后，根据设计目标、功能要素，画出产品结构图和产品工作原理图，并进行分析，计算各功能模块之间的输入/输出参数，确定各功能模块之间接口的功能，然后依据设计方案对执行机构、动力源、控制系统、机械本体等硬件进行选型、组配与设计。最后对所进行的设计进行整体技术经济评价，对系统进行细节优化与完善。

(3) 设计实施阶段。在设计实施阶段，首先根据前期设计的机械、电气图样，制造并装配各功能模块；然后对各功能模块分别进行调试；最后进行系统整体的安装调试，检查系统的可靠性及抗干扰性并根据需要进一步修改。

(4) 定型阶段。定型阶段的主要任务是对调试成功的系统进行工艺定型与产品设计，整理出设计图样，编写设计说明书，为产品投产时的工艺设计、材料采购和销售提供详细技术档案资料。

习题与思考题

1. 什么是机电一体化系统总体设计？
2. 简述机电一体化系统总体设计流程。
3. 机电一体化系统有哪些性能指标？如何根据产品要求分配性能指标？
4. 机电一体化系统有哪些优化指标？
5. 机电一体化系统优化设计方法有哪些？
6. 干扰形成需要哪些条件？
7. 机电一体化系统干扰源主要包括哪些？
8. 抗电源干扰的方法有哪些？
9. 机电一体化系统软件抗干扰设计的内容包括哪些？

第8章 典型机电一体化产品

8.1 典型案例1——便携式按摩机器人

随着社会竞争力的不断提高，越来越多的工作者患上颈椎、腰肌劳损等疾病，对按摩的需求量也逐年增加。另外，经济的迅速发展使居民可支配收入比重越来越高，对生活质量的需求越来越高，对身体健康也越来越重视，这一现象使中国保健按摩行业迅速发展。

已有市场中的按摩器械大多为手持式或固定式，手持式使用时需用户自己操作，使用麻烦，且按摩效果也由于按摩模式的单一而有所欠缺。固定式按摩器械往往体积庞大、成本较高，比如按摩椅。为改善现有按摩器械的不足，课题组研发出一种移动轮式按摩机器人，可在人背部自主行走按摩，通过传感器及路径规划算法保证机器人的按摩部位，同时实现滚压、振动、叩击三种按摩手法，具有小巧便携、智能化程度高、仿人按摩、安全性高等特点。

8.1.1 结构设计

1. 中医按摩手法分析

按摩手法种类丰富，常见手法有叩击、掌推、滚压、捏拿、旋拧、掌搓等。基于对按摩手法特征的分析，并综合开率背部按摩环境和要求，最终选择上述的六种按摩手法进行研究，开展关于实现这六种按摩手法的结构以及控制系统设计。

2. 叩击按摩手法结构设计

对叩击按摩手法的按摩力度进行采集，将各按摩专家叩击按摩手法的力度值进行划分，分为重度、中度和轻度三种，中医按摩师叩击按摩手法的力度数据如表8.1所示。

表 8.1 中医叩击按摩手法的力度数据

分 类	按摩力度/N
重度	15～30
中度	10～15
轻度	0～10

实现叩击功能，需要实现 z 轴方向上的直线运动。按摩机器人直接作用于人体，尽管不要求很高的位置精度，但需要根据所处环境灵活调节，即具有一定的柔顺性、自适

应性，需要在按摩作业过程中加入柔顺控制。综合考虑到其体积以及效率问题，可采用为按摩机器人配备外部柔顺机构，即弹簧阻尼机构来进行被动柔顺控制，从而调节自身适应环境。

采用凸轮机构来达到往复按摩的效果，其具有响应快速、机构简单紧凑的特点。其中凸轮采用盘式类 S 形凸轮，推杆采用作往复直线运动的直动推杆变形结构，由连接杆、按摩杆以及与按摩杆端部连接的按摩头组成。为保证叩击的舒适性以及稳定性，在按摩杆上部配有弹簧结构，起到缓冲力度以及稳定按摩的柔顺控制作用。凸轮机构如图 8.1 所示。

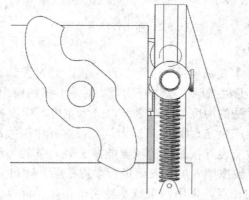

图 8.1 凸轮机构

叩击过程如下：双轴电机转动带动类 S 形凸轮转动，从而推动横轴向上运动，进而带动按摩头连接杆与按摩头的向上运动(图 8.2(a))；随着类 S 形凸轮的转动，类 S 形凸轮对横轴的支撑解除(图 8.2(b))；通过弹簧的拉力作用与叩击按摩机构的重力作用，完成向下叩击动作(图 8.2(c))；其后转动 90° 的类 S 形凸轮再次支撑住横轴(图 8.2(d))，如此往复，实现叩击按摩。类 S 形凸轮的解除支撑与弹簧的拉力作用可明显增大按摩头向下冲击的冲量，因此可明显提高按摩头按摩力度。同时，刚性电机转子的转动带动类 S 形凸轮转动，对按摩头起到抬升的作用，即恢复按摩头的初始位置；而叩击运动的驱动力主要由弹簧提供，即有弹性的弹簧为原动件。因此，进行叩击运动时叩击驱动力的反作用力是作用在弹簧上的，而非刚性电机转子，其所做的功可被弹簧吸收为弹性势能，机器人不会受到叩击的反作用力导致的整体振动。与电机直接驱动叩击对比，采用此机构的按摩机器人整体振动较小，增强了在凹凸不平的背部皮肤上按摩的稳定性与安全性。

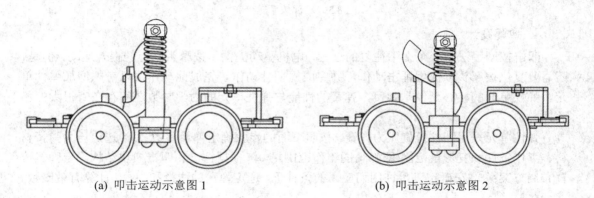

(a) 叩击运动示意图 1   (b) 叩击运动示意图 2

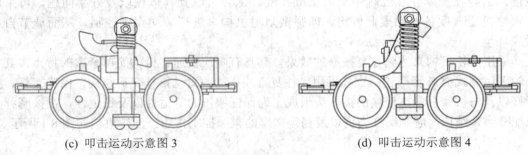

(c) 叩击运动示意图 3　　　　　　　　　(d) 叩击运动示意图 4

图 8.2　叩击按摩示意图

3. 掌、指按摩机构设计

为了简化结构设计，本案例使用同一种按摩结构，通过控制方式的改变来对掌推、掌搓、滚压、捏拿、旋拧这五种按摩手法进行实现。对掌、指按摩手法的按摩力度进行采集，将各按摩专家每种按摩手法的力度值进行划分，分为重度、中度和轻度三种。

掌、指按摩手法需要产生 z 轴上的施加力，且在实际中医按摩中往往采用双手进行按摩，按摩接触点较多，故所设计按摩结构需要能在 x 轴与 y 轴方向进行移动调整，且需要进行 z 轴的旋转运动，与被按摩者皮肤表面进行多点接触，才可完成掌、指按摩动作。

为实现灵活与便携的特点，采用四个按摩轮实现按摩功能。为保证多接触点按摩，将按摩轮外圈设计成橡胶材质的密集凸点形状，该橡胶外圈嵌套在按摩轮上。通过对按摩程序的控制，可以使用此按摩结构实现不同的按摩手法。该按摩结构实现了机器人的背部移动，极大地节省了占用空间。底部按摩轮分布如图 8.3 所示。

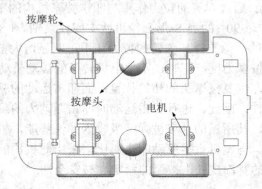

图 8.3　底部按摩轮分布

4. 弹簧设计

叩击按摩手法是一个上下往复的过程，电机驱动提供了按摩头向上的提升运动，但是，还需要复位按摩头以提供锤击动作，并完成周期性动作。完成此动作可以考虑增加弹性单元。弹性单元的核心元件是弹簧，弹簧的性能与弹性单元的力学参数之间存在着很大的相关性。

弹性单元采用圆柱螺旋压力弹簧，按照下面的步骤确定弹簧参数：① 选定压力弹簧材料、工作条件和变形量范围(即弹簧的工作范围)；② 根据锤击和叩击模块结构确定弹簧位置布局方案；③ 在确定满足许用切应力的条件下，选定弹簧的线径和中径，计算有效圈数。

进行结构设计时，需要沿着按摩杆截面位置均匀布置弹簧。因为弹簧力在锤击过程中起到阻力作用，为提高按摩输出效率，应尽量减小弹簧阻力。弹簧个数应尽可能少，同时为保证结构的相对稳定，最终确定弹簧数量为 4，间隔 25 mm 均匀分布在截面上，如图 8.4 所示。

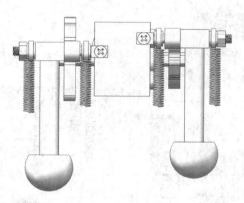

图 8.4　弹簧布局图

5. 电机选择

由于按摩机器人初步设想的作用部位是人体背部，按摩机器人在人体背部移动速度较慢，一般电机的负载转速很大，所以需要另外添加齿轮组减速机构，但是，考虑到人体背部的尺寸范围，按摩机器人需要严格的尺寸限制。综合考虑负载要求和电机尺寸等因素，最终选用微型 GA12-N20 减速马达，满足体积小、质量轻的需求。同时，因为有两个按摩杆，此处负载转矩稍大，结合实际使用体积考虑，可选用 LX44WG 双轴蜗轮蜗杆电机。所选电机如图 8.5 所示。

(a) 直流减速电机　　　　　　　　(b) 双轴蜗轮蜗杆电机

图 8.5　电机实物图

6. 按摩机器人结构装配

先组装按摩头，将其嵌入按摩杆中，再将按摩杆穿过底座槽孔固定处，将尼龙连杆固定，使其与弹簧扣连。将凸轮系统组装完成后，最后将按摩轮、电机组安装完毕。该按摩机构的工作原理为：通过类 S 形凸轮机构带动连杆，间接带动推杆，在双轴电机的旋转运动下带动按摩杆进行间歇往复运动，且通过弹簧系统储存释放能量，达到叩击按摩的效果。按摩轮有 4 个，其表面设计成密集凸起阵列，通过控制程序的差速变化来实现掌、指按摩。

机器人的运动包括垂直于按摩部位的直线运动以及机器人底座在按摩体表两个方向上的移动。依据中医按摩原理，机器人进行按摩操作时需要参考以下参数：按摩力≤30 N；按摩力的误差≤5%；按摩机构在工作空间的运动范围为 600 mm × 600 mm。按摩机器人的部分零件图和整体装配如图 8.6 所示。

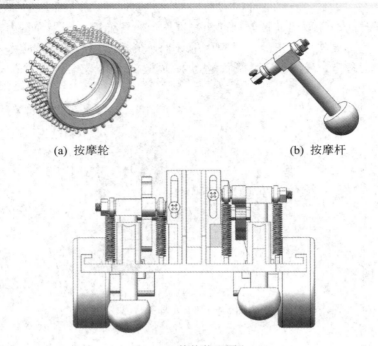

(a) 按摩轮   (b) 按摩杆

(c) 整体装配图

图 8.6 按摩机器人结构图

8.1.2 控制系统设计

按摩机器人对控制的精准性、系统的速度响应、系统可靠性以及稳定性等都有一定的要求，具体如下：

(1) 在按摩过程中运行稳定；

(2) 应具有多种运行方式，以提高按摩效果；

(3) 与使用者直接接触，需要具有简单、易操作的人机交互形式；

(4) 作为康复保健产品需要具有较好的安全性。

基于上述的控制要求分析，得到控制系统所需具有的功能如图 8.7 所示。

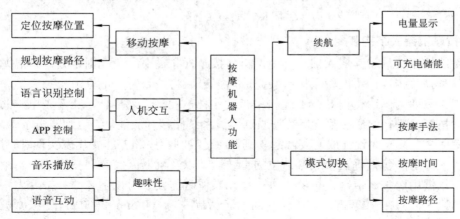

图 8.7 按摩机器人功能框图

按摩机器人控制系统设计方案如图 8.8 所示，总体硬件结构包括：主控模块、姿态感应模块、驱动模块、电源模块、上位机模块和人机交互模块。通过无线通信模块将上位机模块与主控模块相连，在上位机模块中用户可发出指令信号。在人机交互模块中，设计了两种交互方式：语言交互以及触摸交互，方便用户使用。在供电方面，考虑到不同电子器件的使用环境不同，对供电模块进行设计。在移动按摩方面，对驱动模块以及姿态感应模块进行设计，完成对背部的定位数据采集以及按摩轨迹的控制。

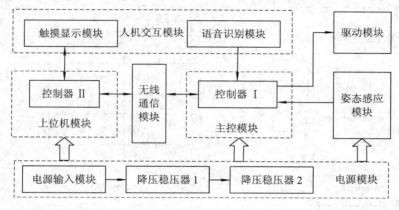

图 8.8　机器人整体框架

8.1.3　人机交互设计

1. 人机交互模块

为了实现在进行背部按摩时直接操作机器人，设计了语音控制与 APP 控制两种方式。在按摩过程中，用户可通过语音或者 APP 对机器人的按摩手法、按摩时间等进行控制。

本案例选用 LD3320 作为按摩机器人的语音识别芯片。LD3320 采用"基于关键词列表"的识别技术，其工作流程如图 8.9 所示。在开发时通过 USB 转串口通信的方式将用户输入指令转换成数字序号以及拼音字符串对应的格式输入从控制器 ROM 中。每次接收到语音采集模块的信号输入时，芯片会对信号进行处理并识别，与寄存器中的特征词进行匹配，匹配成功后反馈给单片机，做出相应动作。

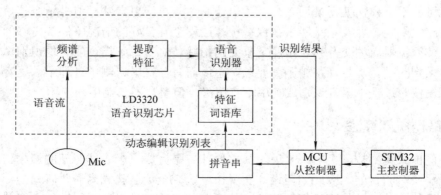

图 8.9　LD3320 芯片工作流程

语音识别算法流程图如图 8.10 所示。虚线框内部为语音识别主程序,在机器人运动过程中不断循环。虚线框左侧循环部分则是包含中断处理函数的中断程序。在中断时主程序停止,待中断程序执行完毕继续执行主程序的语音识别过程。

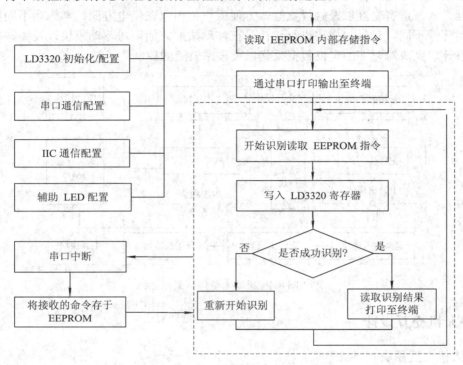

图 8.10　语音识别算法流程图

2. 语音识别测试实验

离线语音识别系统主要是针对非特定人进行识别的,首先对系统进行简单的识别试验:在已经存入的词语库中,让测试者说出其中五个命令,系统识别后将结果通过串口助手打印出来。

本实验是在 Windows 操作系统下进行的,运用串口助手完成指令的发送和数据的接收;然后,在按摩过程中对机器人语音识别的成功率进行进一步试验。在具体试验中,每个指令的长度可能不一样,使得说话人在下达语音命令时显得更自然。但是指令长短是否会对识别效果产生影响,以及系统能否在保持按摩过程交互良好的情况下保持良好的识别准确率,对于按摩机器人的交互来说是非常重要的指标。对于每条指令的平均识别率应进行计算统计,来判断是否满足识别精确度要求。总体而言,在串口测试过程中,语音识别成功率很高。在按摩过程中语音识别成功率略有下降,但整体不影响用户使用。

8.1.4　路径规划算法

对于便携式背部按摩机器人来说,其主要任务是完成整个人体背部的按摩,达到使人放松、缓解疲劳的目的,因此如何设计实现按摩区域全覆盖就成为需要研究的一个重点内容。为了设计一种高效的路径规划算法,按摩区域全覆盖是指背部区域的全覆盖,暂时不考虑中医按摩中的每种按摩手法对应不同的按摩区域。这就要求它能够按照某个轨迹运行，同时遍历整个按摩区域。所谓遍历性，是指按摩机器人要按摩到所有需要按摩的区域，它直接反映了按摩机器人的工作效果。基于所提出的便携式背部按摩机器人结构，其按摩工具主要有两处：一处为按摩轮，实现掌推、掌搓、滚压、捏拿、旋拧按摩动作；一处为按摩头，实现叩击按摩动作。所以，按摩机器人需要完成规划的按摩路径主要有两条，即叩击路径和掌推等按摩动作路径。其中，叩击路径为按摩头路径，掌推等按摩动作路径为按摩轮路径。

针对所设计的便携式背部按摩机器人，为了达到更好的按摩效果，对按摩机器人的路径规划提出以下要求：

(1) 按摩路径必须以较高的覆盖率覆盖整片按摩区域；

(2) 能否有效避开所有背部边缘及障碍物；

(3) 行走路径由简单运动轨迹组成(直线、圆弧等)，使其便于控制；

(4) 由于背部按摩区域狭小，故要求覆盖的过程可以存在重复路径。

按摩机器人相对于人体背部不能看作质点，为提高区域覆盖率，改善按摩效果，提出了一种高效全覆盖路径规划算法。该算法主要由改进的往返式路径规划算法和广度优先搜索(Breadth-First Search，BFS)算法组成，其基本思想为：

利用改进的往返式路径规划算法开始运行，如果前方遇到区域边缘，则采取回退方法；如果按摩机器人周围均为已按摩区域，则采用 BFS 算法搜索最近未覆盖区域；如果没有找到，说明按摩区域已完全覆盖，否则把该区域作为按摩机器人下一个要覆盖区域，以此确定按摩机器人运动方向，直到整个环境区域均被覆盖。

覆盖率是衡量全区域覆盖路径规划算法有效性的一个重要指标，计算方法为，覆盖率=已覆盖栅格/所有栅格。以叩击路径作为分析对象，采用改进的往返式路径规划算法进行仿真实验，仿真结果如图 8.11 所示，将改进的往返式路径规划算法与 BFS 算法结合后的仿真结果如图 8.12 所示。两者对照，改进的往返式路径规划算法适用于形状规则的小区域工作环境，且无需预先知道环境的具体信息。

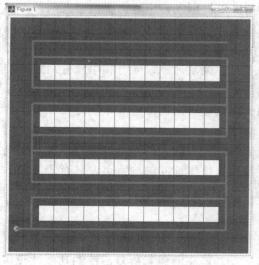

图 8.11 改进算法运行路径

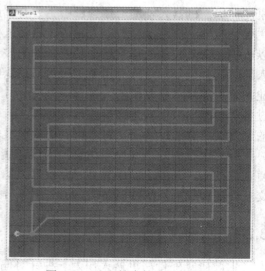

图 8.12 BFS 搜索算法运行路径

8.1.5 人体背部实验

将便携式背部按摩机器人放置于人体背部进行实验，如图 8.13 所示。按摩机器人在人体背部进行路径按摩，同时按摩区域不超过边界区域，在保证按摩效果以及不跌落的情况下实现按摩覆盖率的最大化。

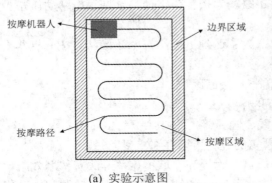
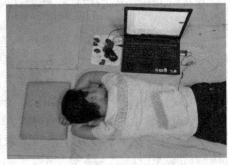

(a) 实验示意图   (b) 实验测试图

图 8.13 背部实验

8.2 典型案例 2——上肢康复外骨骼机器人

中风发病率、死亡率和复发率随年龄增长呈现升高的趋势，传统有效的治疗方法是康复理疗师对运动功能障碍患者进行重复性的人工康复训练。以神经康复理论为依据的康复训练在给偏瘫运动功能障碍患者带来希望的同时，由于康复理疗师与患者比例的严重失衡，也让大量患者在最佳的治疗时间内未得到有效的康复治疗。外骨骼机器人因其灵敏、科学、高度机电一体化的特点，在降低理疗师工作负担的同时，能为患者提供更加科学、合理的康复训练。机器人辅助治疗领域中主要有辅助型康复机器人与康复训练机器人两种，前者主要是起辅助作用，如机器人轮椅、机器人假肢等；后者则通过辅助患者进行康复训练，以改善、恢复肢体的正常运动功能，如上肢训练机器人、行走训练机器人等。外骨骼机器人能够代替康复治疗师对患者进行大量枯燥的重复性康复训练，同时利用康复治疗师的专业知识也能够对康复机器人进行调整优化，使其更加符合真实需求。外骨骼机器人能够通过各类传感器获得较为准确的训练数据，有利于治疗师根据训练情况，制定更加科学合理的康复训练方法，从而让患者得到更加精准的治疗。

针对上肢康复训练应用场合，为保证康复训练过程中病人的安全性、舒适性，提高康复训练效果，开发上肢康复外骨骼机器人需要符合人体生理的结构特点，具有较好的人机交互性能和柔顺控制性能。

8.2.1 结构设计

上肢康复外骨骼机器人作为一种针对偏瘫运动功能障碍患者康复治疗的功能性设备，

有望在未来替代传统理疗师对患者进行一定程度上的独立训练。本节通过对人体上肢运动解剖学的分析，得出自然的人体上肢动作模式，然后确立设计要求与方案。根据预期功能与设计要求，研制一款多自由度的灵活外骨骼机器人。

1. 人体上肢运动解剖学分析与外骨骼方案设计

针对运动功能障碍患者设计上肢康复外骨骼机器人，使患者或被动或主动或者主被动结合地在外骨骼机器人的辅助下共同完成康复训练动作。整个动态训练过程外骨骼机器人与患肢始终都通过物理连接耦合，外骨骼机器人能否按照患者意愿的运动模式进行康复训练起到了决定性的作用。因此有必要对上肢正常的运动机理进行探究，从而了解其结构特征与运动规律，作为上肢康复外骨骼机器人设计的理论依据，使得样机方案能够最大限度地完成人体正常的运动模式。

人体上肢主要由肩部、肘部以及腕部组成，因此对应来讲上肢的三大关节分别是肩关节、肘关节以及腕关节。首先对人体上肢骨骼生理结果进行分析，如图 8.14 所示，根据人体上肢的运动模式，可以分别将肩关节归类为球窝关节，肘关节归类为铰链关节，腕关节归类为髁状关节。但是由于肩部是一个复杂的骨骼链，除了肩胛骨与肱骨组成的负责肩关节绝大运动范围的盂肱关节，另外锁骨外侧端与肩胛骨肩峰通过肩锁韧带连接组成了肩锁关节(平面关节)，胸骨柄与锁骨内侧端组成了胸锁关节(鞍状关节)。作为复合关节的肘关节由肱骨下端以及尺骨和桡骨的上端构成。其中肱骨和尺骨组成肱尺关节，肱骨和桡骨组成肱桡关节，二者实现肘关节的屈曲/伸展运动。桡骨和尺骨的近端和远端(即桡尺近侧和远侧关节)均互相连接，二者共同发挥作用使前臂进行旋前和旋后运动。腕部的主要关节则为桡腕关节，由桡骨下端以及腕部中间的舟骨、月状骨、三角骨组成。

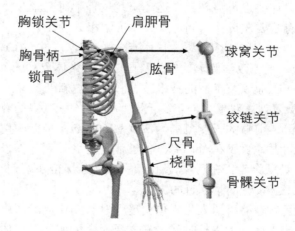

图 8.14　人体上肢骨骼关节分析图

根据人体结构分析得到上肢各关节的生理运动范围如表 8.2 所示。对于前臂的内外旋运动，有文献将其归为腕关节的自由度。但从运动解剖学角度上分析其转动过程更多的是在旋前圆肌、旋前方肌以及旋后肌的带动下，由尺骨的桡骨切迹和桡骨头环状关节面组成的桡尺近端关节实现，可以将其归属于肘关节。因此在表 8.2 中，肩关节的三个自由度、肘部两个自由度与腕关节的两个自由度，一共七个自由度。

表 8.2　人体上肢各关节生理运动范围

关节	动作名称	活动范围
肩关节	外展/内收	0~100° / 0~20°
	前屈/后伸	0~150° / 0~40°
	内旋/外旋	0~75° / 0~60°
肘关节	屈曲/伸展	0~145° / 0°
	内旋/外旋	0~90° / 0~90°
腕关节	前屈/后伸	0~80° / 0~60°
	外展/内收	0~20° / 0~30°

由于腕关节的外展/内收运动范围较小，考虑到康复训练运动的可行性以及患者日常动作使用的频率高低，本案例上肢康复外骨骼机器人腕关节设计中不考虑对于该动作的训练恢复，只考虑对于前屈、后伸动作的训练恢复。在康复外骨骼机器人的辅助下，患者患肢的肌力恢复到一定程度，有了一定自主运动能力时，可以利用其自身的力量去扩大其活动范围与形式。这样不仅可以大大减轻设计的复杂度，也避免由于机构复杂而影响设计美观性，增加控制难度，影响康复治疗效果。

2. 人体工学尺寸设计

通过人体工学设计，使得设备或者生产工具的使用方式符合人体的自然形态，人在使用过程中身体和精神处于自然舒适的状态，不需要主动调整适应，降低使用工具造成的疲劳。康复外骨骼作为一种与患者肢体通过柔性物理绑缚结构连接的设备，如果在人体工学设计上没有达到一定设计要求，势必会在运动康复过程中对患者肢体造成额外的负担，甚至于二次伤害，因此有必要在设计初期进行人体工学相关设计。

我国于 1988 年发布了中国成年人人体尺寸数据的国家标准 GB 100000—1988《中国成年人人体尺寸》，根据人类工效学要求提供了我国成年人人体尺寸的基础数值，适用于工业产品、建筑设计、军事工业以及工业的技术改造和设备更新及劳动安全保护。基于上述标准数据，综合考虑到康复训练对象人群年龄范围，参考 36~60 岁的数据最终选择大臂的长度范围为 280~320 mm，前臂的长度范围为 220~260 mm。依据中位数显示，该长度能够覆盖 90%的人体尺寸，故本案例外骨骼基本能够满足患者的尺寸需求。其中大臂与小臂分别具有 40 mm 的尺寸调节余量，在后续设计过程中将设计连续调长机构，以保证患者能够舒适穿戴，达成人体工学设计的预期目的。

所设计的上肢康复外骨骼机器人为六自由度，具有动作灵活、康复方式多样化、更好的自然人体运动方式等优点。因为长时间的站立反而会增加患者整体体能消耗，降低康复效果。因此本案例将上肢康复外骨骼机器人设计成座椅结构形式，使患者以坐姿进行上肢康复训练。

外骨骼与座椅固定架通过与负责肩关节外展/内收自由度的电机输出轴相连的轴进行连接，将该自由度的执行器置于患者冠状面后侧的肩关节处，因此固定接口参考上文所列数据中的坐姿肩高及小腿加足高进行设定，最终将座椅固定架座椅平面的高度定为 450 mm，座椅平面到肩峰点的距离为 590 mm，额外地可以通过在座椅平面添加坐垫灵活调整患者与外骨骼的相对位置，实现较好的人机相容性。

3. 关节自由度配置方案设计

具有运动功能障碍的脑卒中患者，一方面是由于肌肉萎缩导致的肌力不足而造成运动功能缺失，另一方面是在关节活动度和运动灵活性上有极大的缺失。因此作为面向运动功能障碍的脑卒中患者的外骨骼机器人需要兼顾上述提到的两个方面，在设计之初的自由度配置阶段，就必须考虑到不能因自由度的设置问题而极大地限制外骨骼的运动灵活性和运动范围。考虑到肩关节的外旋/内旋自由度，将肩关节设定为 3 个自由度来模拟人体肩关节的灵活运动方式。肘关节的屈曲/伸展设置 1 个自由度，内旋/外旋设置 1 个自由度，腕关节的前屈/后伸设置 1 个自由度，具体的关节自由度配置方案如图 8.15 所示。

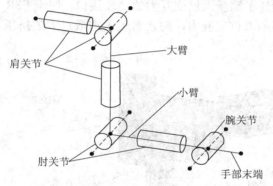

图 8.15　外骨骼关节自由度配置方案图

4. 总体构型设计方案

本案例所设计的上肢康复外骨骼机器人主要由两大部分组成：座椅式铝合金桁架和外骨骼本体结构，如图 8.16 所示。其中座椅式铝合金桁架一方面起着固定支撑外骨骼结构的作用，使得外骨骼本体的重量均通过连接件传导到座椅式铝合金桁架上，消除患者穿戴外骨骼之后的负重感与压迫感；另一方面，患者以坐姿完成对其而言无论是体能还是精力、情绪控制方面都具有一定挑战的康复训练过程，可以降低患者负担，提升康复舒适性与效果。

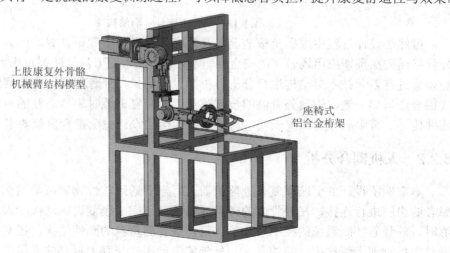

图 8.16　上肢康复外骨骼机器人整体图

外骨骼本体结构三维模型如图 8.17 所示，能够实现肩关节的外展/内收、前屈/后伸、外旋/内旋三个自由度，肘关节的屈曲/伸展和作为复关节绕垂直轴的旋前/旋后两个自由度，以及腕关节的前屈/后伸自由度，共计六个自由度。基于人体工学数据进行的人机相容性设计，大臂和小臂的臂体结构均分别具有 40 mm 的尺寸调节余量，以满足不同病患群体的需求，并提升患者使用体验。预留的软性物理绑缚结构接口使得患者能够舒适、方便地通过柔性绑带穿戴外骨骼，进行后续康复过程。由于外骨骼要与运动功能障碍患者的患肢直接接触，因此保证人机交互过程中的安全性为首要设计准则。在物理结构上设计了相应的物理限位结构，充分保证患者从穿戴外骨骼到训练过程结束整个流程的安全性，避免由于控制系统的不稳定性或者其他意外因素致使执行器驱动异常，对患者造成二次伤害。另外本案例外骨骼腕关节处设计了测量人机交互力的物理接口，便于 FSR 压力传感器的安装，从而监测患者康复过程中的人机交互力，防止对组织造成过大的挤压，保证患者康复训练过程的安全性。

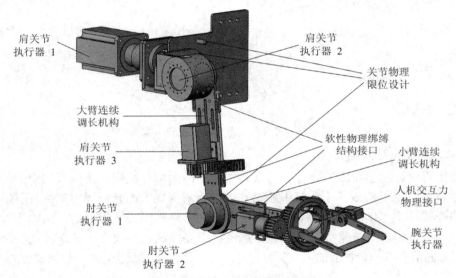

图 8.17　六自由度外骨骼结构图

虽然在设计过程中根据负载情况以及强度条件进行了理论计算，但为了保证所设计的外骨骼结构在预期应用场景下的安全性，防止出现应力变形甚至断裂对患者造成二次伤害，必须通过有限元技术对结构进行分析。根据设计结果，外骨骼通过桁架固连件固定在座椅式铝合金桁架一侧，因此外骨骼的全部重量以及康复训练时患者患肢的重量均通过桁架固连件传导。有限元分析结果表明，材料选择和结构设计完全符合负载要求。

8.2.2　人机耦合分析

本案例所设计的上肢康复外骨骼机器人，需要通过软性物理绑缚结构与运动功能障碍患者的患肢进行连接，在外骨骼的带动或者辅助下完成康复训练动作。因此在进行康复训练时，外骨骼控制系统的控制对象不仅仅是外骨骼自身的刚性结构，还有由患肢与外骨骼通过柔性物理绑缚结构连接的及人与外骨骼通过柔性交互力耦合的人机耦合系统。为防止交互力不合理引起患肢二次损伤，有必要对人与外骨骼耦合系统的动力学特性进行分析研究。

1. Simscape multibody 人机耦合模型构建

通过 Simscape multibody 产品库中提供的各种代表机械系统实体部件(如传送带、齿轮、弹簧、刚体、弹性体、关节)连接以及一些物理元素(如力、力矩、重力等模块)为用户提供了一个极为方便的多体仿真环境，该模块也支持用户自定义导入含有质量、惯量以及关节连接约束的三维 CAD 装配文件。基于 Simscape multibody 的人机耦合模型主要由外骨骼机器人和人体上肢两部分组成，如图 8.18 所示。

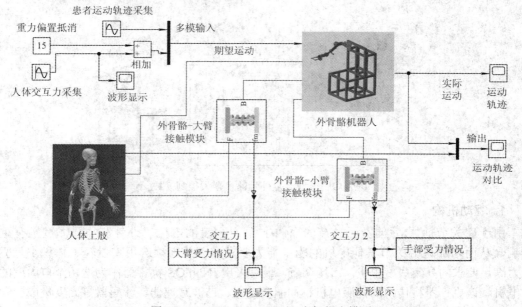

图 8.18　Simscape multibody 人机耦合模型

2. 人机耦合仿真实验与分析验证

以人机交互力作为切入点，首先分析得出 Newton-Euler 动力学方程组表示的外骨骼系统的人机耦合动力学理论模型。为了验证所得理论模型的正确性与合理性，利用 Simscape multibody 产品库搭建了人机耦合动力学的物理仿真模型。

对外骨骼的关节采用 motion control 模式，设定其动态轨迹为 $q_2 = 45 \sin(t - \pi/2) + 45$，$q_4 = 15 \sin(t - \pi/2) + 15$，其余关节均保持零位。模拟的患肢关节均不提供驱动力，表示真实情况下完全丧失运动能力的患者只能通过柔性绑带在外骨骼的带动下运作。

8.2.3　控制系统设计

上肢康复外骨骼控制系统采用上位机/下位机结构，控制系统方案如图 8.19 所示。上位机为 PC，主要用于控制程序开发调试、指令发送以及存储数据。下位机包括作为微控制器的 F429 开发板，二者通过 SWD 调试接口和串口分别进行程序下载调试与通信。步进电机与驱动器和 F429 开发板相互连接，关节执行器则根据其产品要求通过 INNFOS 执行器综合连接线进行串接之后通过 USB 转 CAN 板与上位 PC 连接。

上位 PC 的总控制程序在一个控制循环周期内利用 API 控制函数接口给不同地址的执

行器发送控制命令。执行器通过伺服系统底层的电流闭环、速度闭环及位置闭环完成该步控制指令的实现，然后给串口发送特定指令数据，微控制器一旦检测到来自串口的数据则开始运行其控制器的控制程序，实现对于步进电机的控制。人机交互力数据则通过力传感器经 RFP 转接板将电阻变化转为模拟电压输出，微控制器进行采集并实时通过串口传送到 PC 上位机进行监测。

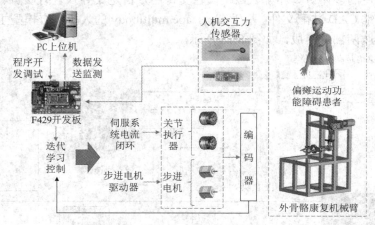

图 8.19　上肢康复外骨骼机器人控制系统

1. 驱动机构

由于肩关节前屈/后伸及肘关节的屈曲/伸展自由度的电机对外骨骼的总体重量有重要影响，从而增加近端关节其他电机的驱动能力要求，因此必须选用重量轻、体积小且驱动能力满足要求的高集成度电机。市场调查，最终采用 INNFOS 执行器作为这两个自由度的执行电机。该执行器将传统的伺服电机、伺服驱动器、谐波减速器、编码器等高度集成在一个空间中，具有体积小、性能高、高集成度的特点。具体型号及性能如表 8.3 所示。

表 8.3　执行器参数表

型号	QDD Pro-3510-50	QDD Pro-6010-50-80
电机类型	无刷伺服电机	无刷伺服电机
功率	200 W	500 W
额定扭矩/Nm	6.6	25
峰值扭矩/(N·m)	17	32
额定电流/A	4.8	12
电压范围/V	24～45	24～45
额定转速(RPM)	80	60
重量/kg	0.9	1.3
减速比	50∶1	50∶1
减速器类型	谐波减速器	谐波减速器
传感器	多圈绝对式编码器	多圈绝对式编码器
通信接口	CAN	CAN

　　表 8.3 中 QDD Pro-3510-50 用于肘关节，QDD Pro-6010-50-80 用于肩关节控制前屈/后伸自由度的运动。由于肩关节外展/内收自由度的电机布置位置可以通过设计电机固定架将其重力传递到铝合金桁架，采用 86 闭环步进电机行星减速器。肩关节内外旋自由度对力矩要求较小，则采用闭环 51 步进电机。

2. 传感器

　　上肢康复外骨骼通过柔性物理绑缚带与患者患肢耦合的状态下，测量患者与外骨骼结构之间的人机交互力比较困难。主要原因是人体是柔性组织，要想获得较为稳定的交互力信息必须制造刚性硬接触，通过压力传感器进行测量。RFP 压力传感器作为新型的压力传感器，通过将施加在薄膜感应区域的压力转换成电阻信号，利用电阻和力之间的标定关系得到压力的变化信息，其实物如图 8.20 所示，具体选型的参数指标如表 8.4 所示。

图 8.20　RFP 压力传感器

表 8.4　压力传感器基本参数表

参数指标	数值
感应区直径/mm	15
感应区厚度/mm	0.2
工作温度/℃	−25～70
量程/N	0～50
反应时间/ms	< 5
漂移/(%)	< 3

　　由研究所采用的控制算法的控制律公式可知，控制算法的实现需要将关节的位置即关节实时角度信号反馈到控制回路中，利用其实际值与期望值做差再进行一定的调整，最后作为输入值发送给电机进行驱动。由于臂体与电机之间是刚性连接，因此通过测量电机旋转的角度来获取关节位置。电机的旋转角度主要通过在电机尾部集成编码器来进行测量。

　　编码器是将角位移或者直线位移转换为电信号的设备，主要包括增量式和绝对式两种。二者的区别在于工作原理，增量式编码器在码盘转轴旋转时产生相应的脉冲输出，由于是增量式，计数的起点任意设定，能够实现多圈无限累加和测量。编码器光栅的线数是固定的，因此计数脉冲的数目即可表示位移的大小。绝对式编码器的输出则为二进制码或 BCD 码，与位置互相对应，根据代码的大小变化可以判别位移的方向与当前所处的位置。

　　根据驱动机构的选型过程可知，INNFOS 执行器利用末端配置的多圈绝对式编码器获取关节电机位置，所选取的步进电机也为闭环步进电机套装，可以通过控制器对编码器的反馈数据进行读取，从而得到控制算法所需的关节位置信息。

3. 控制实验

　　搭建实验测试平台如图 8.21 所示。为了实现示教重现的康复运动模式，需要先通过动作捕捉采集运动轨迹位置信号。由健康人穿戴外骨骼进行特定康复运动动作展示,在主控制器模块中记录下对应外骨骼每个运动关节的实时转动轨迹数据。

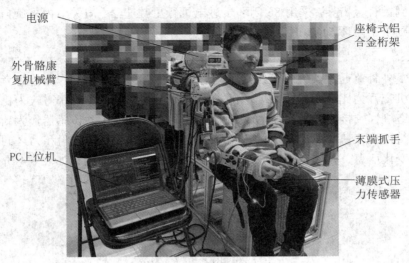

图 8.21 实验样机平台

将动态轨迹 $q_2 = 45\sin(t - \pi/2) + 45$ 与 $q_4 = 15\sin(t - \pi/2) + 15$ 进行离散化取点,作为实验的期望康复训练轨迹,控制周期为 50 ms。在 Visual studio 2015 软件中基于 C++ 编程语言对迭代学习控制算法的逻辑进行代码实现。实验过程开始后,首先在控制界面中采用位置模式对关节进行零位操作,使外骨骼在迭代开始前处于预设位置,然后进行第一次迭代。在后续每一次迭代结束,下一次迭代开始前,都需要进行零位操作,以保证外骨骼在迭代域上初始条件的一致性。实验人员在掌握实验流程的基础上,应尽量保证每次迭代运行的发力一致,以模拟真实患者在当前康复周期下肌肉状态的稳定性。

针对康复经典动作——喝水动作进行示教运动轨迹采集,喝水动作需要人体上肢主要四个关节协同参与动作。采集的轨迹保存在相应文件中,后续直接提取作为预期轨迹输出到控制系统。喝水动作示教与重现实验的示意图如图 8.22 所示,零点位置对应上肢自由下落位置,且编码器数据已转换为关节运动角度数据,肩关节 M1、M2、M3 对应外展/内收、前屈/后伸、内旋/外旋自由度。

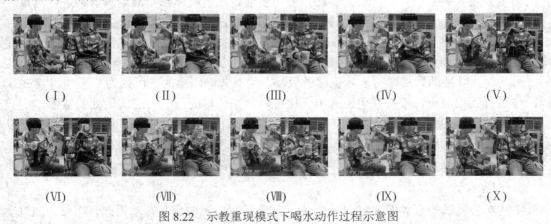

图 8.22 示教重现模式下喝水动作过程示意图

习题与思考题

1. 按摩机器人面临哪些有待解决的关键技术？
2. 外骨骼机器人在康复领域有哪些用途？
3. 联系实际思考机电一体化技术在工业领域有哪些典型应用。
4. 数控机床作为一款典型的机电一体化产品未来的发展方向是什么？

参 考 文 献

[1] 刘宏新. 机电一体化技术[M]. 北京：机械工业出版社，2015.

[2] 张秋菊. 机电一体化系统设计[M]. 北京：科学出版社，2016.

[3] 张发军. 机电一体化技术[M]. 北京：中国水利水电出版社，2018.

[4] 郑堤. 机电一体化设计基础[M]. 北京：机械工业出版社，1997.

[5] 王春行. 液压控制系统[M]. 北京：机械工业出版社，1999.

[6] 王丰. 机电一体化系统[M]. 北京：清华大学出版社，2017.

[7] 祁文军. 机电一体化系统设计及应用[M]. 上海：华东师范大学出版社，2017.

[8] 陈勇. 机电控制技术及应用[M]. 北京：人民邮电出版社，2015.

[9] 史仪凯. 电子技术：电工学 II [M]. 3 版. 北京：科学出版社，2016.

[10] 王纪坤. 机电一体化系统设计[M]. 北京：国防工业出版社，2013.

[11] 中国机械工程学会机械设计分会组，芮延年. 机电一体化系统设计[M]. 北京：机械工业出版社，2014.

[12] 俞竹青. 机电一体化系统设计[M]. 北京：电子工业出版社，2011.

[13] 刘龙江. 机电一体化技术基础[M]. 2 版. 北京：北京理工大学出版社，2012.

[14] 张旭辉. 机电一体化系统设计[M]. 武汉：华中科技大学出版社，2020.

[15] 戴夫德斯·谢蒂，理查德 A. 科尔克. 机电一体化系统设计[M]. 薛建彬，译. 北京：机械工业出版社，2016.

[16] William Bolton. 机械电子学：机械和电气工程中的电子控制系统[M]. 付庄，等译. 北京：机械工业出版社，2014.

[17] 陶栋材. 现代设计方法学[M]. 北京：中国石化出版社，2010.

[18] 郑羽. 传感器与医学工程[M]. 天津：天津大学出版社，2019.

[19] 吴盘龙. 智能传感器技术[M]. 北京：中国电力出版社，2015.

[20] 迈克 J. 麦格拉思. 智能传感器：医疗、健康和环境的关键应用[M]. 胡宁，王君，王平，译. 北京：机械工业出版社，2017.

[21] 凯文·亚鲁，克日什托夫·印纽斯基. 智能传感器及其融合技术[M]. 王卫兵，徐倩，等译. 北京：机械工业出版社，2019.